SENSING TECHNOLOGY

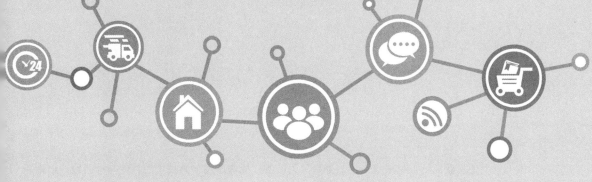

新型传感技术
与应用

李成◎编著

人民邮电出版社
北京

工信学术出版基金
Industry and Information Technology
Academic Publishing Fund

图书在版编目（ＣＩＰ）数据

新型传感技术与应用 / 李成编著. -- 北京 ：人民
邮电出版社，2024.1
ISBN 978-7-115-62283-9

Ⅰ．①新… Ⅱ．①李… Ⅲ．①传感器 Ⅳ．①TP212

中国国家版本馆CIP数据核字(2023)第187094号

内 容 提 要

本书以"信息获取—数据采集—误差处理"为链条，梳理新型传感技术的共性基础问题，包括测量的基本知识、传感器的特性、传感器敏感材料、传感信号的数据采集、测量数据的误差与不确定度评定等内容，并结合传感技术及应用方面的发展趋势，总结传感器与测量技术领域的相关研究进展，以新材料、新机理、新应用为主线，介绍近年来广受关注的石墨烯传感器、织物传感器、谐振式传感器，以及无线传感器和无线传感器网络等。

本书可作为开设传感器相关课程的仪器科学与技术、电气工程与自动化、控制科学与工程、机械工程及自动化等专业的本科生、研究生教材，也可供相关的工程技术人员参考。

◆ 编　著 李　成
责任编辑 张　斌
责任印制 王　郁 胡　南

◆ 人民邮电出版社出版发行　　北京市丰台区成寿寺路 11 号
邮编 100164　电子邮件 315@ptpress.com.cn
网址 https://www.ptpress.com.cn
北京隆昌伟业印刷有限公司印刷

◆ 开本：787×1092　1/16
印张：12.5　　　　　　　2024 年 1 月第 1 版
字数：359 千字　　　　　2024 年 1 月北京第 1 次印刷

定价：59.80 元
读者服务热线：(010)81055256　印装质量热线：(010)81055316
反盗版热线：(010)81055315
广告经营许可证：京东市监广登字 20170147 号

前　言

　　党的二十大报告中提到，推动战略性新兴产业融合集群发展，构建新一代信息技术、人工智能、生物技术、新能源、新材料、高端装备、绿色环保等一批新的增长引擎。作为信息获取的关键环节，传感器在当代科学技术中占有十分重要的地位。目前，传感器产业发展已进入新的常态，传感技术已成为衡量一个国家科技水平的重要标志。传感技术和计算机技术、通信技术并称为现代信息技术的三大基础。近年来，传感技术发展迅速，传感器新材料、新机理、新效应和新方法的研究更加广泛和深入，传感器新品种、新结构、新应用不断涌现。同时，我国传感器产业近年来也快速增长，应用模式日渐成熟，从材料、器件、系统到网络，已形成较为完整的传感器产业链。

　　本书正是在信息技术快速发展大背景下，围绕近年来出现的先进传感技术，基于作者在传感技术领域的教学、科研与工程实践的经验与切身体会，结合当前传感技术与应用的发展现状编著而成。

　　本书主要特点如下。

　　（1）充分展示传感器围绕新材料、新机理、新效应、新应用的微型化、集成化、智能化、网络化发展的大趋势，突出介绍传感技术发展的最新成果。

　　（2）注重创新性与可读性的有机统一。本书介绍了传感器中的新型敏感材料、传感特性与测量不确定度，以及测量模型与优化设计等内容，重点介绍了石墨烯传感器、柔性织物传感器、无线传感器等新研究成果，拓展读者学习新型传感技术的深度和广度，了解前沿发展信息。

　　（3）强调理论基础与工程应用的紧密结合。作者将多年来积累形成的科研成果有序地转化到专业特色教材建设中，并综合相关传感器领域的最新研究进展，注重新型传感器在工业和国民经济领域中创新应用的介绍。

　　（4）本书提供了丰富的传感技术实例分析。这些实例有许多是作者近年来积累的教学、科研与工程实践的成果，也有部分传感技术领域学术前沿的典型案例，能为读者提供很好的实践参考。

　　本书汇聚了近年来传感技术领域取得的教学、科研成果，有助于我国具有自主知识产权的高性能传感器的前沿创新研究及产业化发展。

　　本书由北京航空航天大学仪器科学与光电工程学院李成副教授编著。本书中的一些内容，是作者近年来在国家自然科学基金、航空科学基金、北京市自然科学基金、深圳市科技计划基础研究（学科布局）等项目资助下取得的阶段性研究结果。

在本书的编写过程中，作者参考了许多专家、学者的论文和著作，特别感谢清华大学丁天怀教授、北京航空航天大学樊尚春教授等在传感技术领域科研成果转化教材和教学方面给予的帮助指导。同时，博士研究生刘宇健、卢杉杉、范文静、万震和硕士研究生余希彧、刘洋、刘蕊、钱禄林、董书萱、朴慧瑛等为本书的编写进行了调研，并查阅了大量文献资料，梳理了图文素材，在此一并表示衷心感谢。

尽管经过了多次的整理与修改，但限于作者水平，加之相关技术领域内容广泛且发展迅速，书中难免存在一些不足和疏漏之处，敬请读者批评指正。

李成

2023 年 10 月

目　录

第 1 章

绪论

　　本章从测量的基本概念出发，介绍测量的定义、作用、方式，以及测量与计量的关系，并通过测量系统的概念，引出传感器的重要性，阐述传感器测量系统的基本内容，包括基本组成、选用原则、评价指标、发展趋势等。在此基础上，本章介绍作为信息获取源头的传感器的基本作用、功能、分类、技术特点和发展方向，为系统地学习本书提供总体架构与知识脉络。

1.1　测量的基本概念与意义

1.1.1　测量的基本定义

测量是为了确定被测对象量值（即被测量）而进行的操作过程。更准确地说，测量是指将一个被测量与一个预定标准进行定量比较，从而获得被测对象的测量结果。测量结果由测量数值与测量单位两部分共同组成。具体可从以下几方面来理解测量的内涵。

（1）被测对象，即被测对象的相应量值信息，如物体密度、环境湿度、大气压力等。

（2）测量过程，即通过实验测量被测对象的过程。

（3）测量方法，即比较方式，通常有直接比较与间接比较两种方式，这个比较过程一般需要借助测量仪器来完成。

（4）测量单位，即根据约定定义和采用的标量，任何其他同类量可与其比较，使两个量之比用一个数表示，故同类量具有相同的测量单位。

（5）测量结果，即最终需要确定的结果。

在实际测量过程中，需要由测量人员在某个测量环境，使用一定的测量技术和测量仪器对被测对象进行测量操作。因此，测量的基本要素包括被测对象、测量仪器、测量技术、测量人员和测量环境，它们之间的关系如图1.1所示，其中所用的测量仪器为整个测量过程的核心。

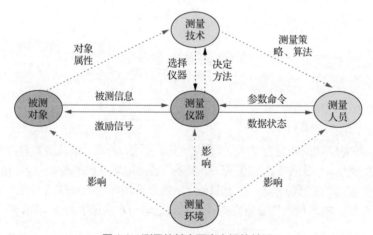

图1.1　测量的基本要素之间的关系

一个完整的测量过程应包含4个部分：被测量、测量单位、测量方法和测量精度。其具体含义如下。

（1）被测量

被测量主要指几何量，包括长度、面积、高度、角度、表面粗糙度以及形位误差等。由于几何量具有种类繁多的特点，因此测量人员必须掌握被测量的定义、特性以及标准等，以便进行测量。

（2）测量单位

测量单位简称单位，是用来进行定量比较的预定标准。为了保证对同一被测量在不同的时间、地点进行测量时可得到相同结果，必须采用公认的且固定不变的单位。因此，测量单位的确定和统一是非常重要的。

单位制的种类很多，目前普遍使用的是国际单位制（International System of Units，SI），其基本单位和辅助单位如表1.1所示。国际单位制具有严格的统一性、突出的简明性与广泛的实用性，已成为工业生产与社会生活中广泛应用的单位制，我国也采用国际单位制。

表1.1　国际单位制基本单位和辅助单位

量	单位名称（单位符号）	量	单位名称（单位符号）
基本单位		基本单位	
长度	米（m）	物质的量	摩［尔］（mol）
质量	千克（kg）	发光强度	坎［德拉］（cd）
时间	秒（s）	辅助单位	
电流	安［培］（A）	［平面］角	弧度（rad）
热力学温度	开［尔文］（K）	立体角	球面度（sr）

（3）测量方法

测量方法是指在进行测量时所用的按类叙述的一组操作逻辑次序。对几何量的测量而言，则要根据被测对象的特点，如大小、质量、材质、属性等，分析、研究被测量与其他参数的关系，最后确定被测量的测量方法。测量方法的选取对测量过程至关重要，它可以推动测量技术的进一步发展。

（4）测量精度

测量精度是指测量结果与真值的一致程度。由于任何测量过程总会不可避免地出现测量误差，误差大则表明测量结果偏离真值远、测量精度低。测量精度和误差是两个相对的概念。由于存在测量误差，因此任何测量结果都以近似值来表示。通过优化测量方法、使用更精密的测量仪器，可有效提高测量精度。

从广义上讲，测量不仅包括对被测量进行定量测量，还包括对更广泛的被测对象进行定性测量。例如，遥感遥测、定位测姿、故障诊断、无损探伤、震源测定等。测量结果不仅可以是由量值和单位来表征的一维信息，还可以用二维或多维的图形、图像来显示被测对象的属性特征、空间分布、拓扑结构等。广义测量原理可以通过信息获取过程来说明，包括信息感知和信息识别两个环节。

1.1.2　测量的作用

从历史的发展来看，人类早期的测量活动涉及对长度（距离）、时间、面积和质量等的测量。秦朝统一后建立的统一的度量衡制度，不仅维持了物质交换、土地划分、资源分配等的稳定，而且通过民生的稳定促进了社会发展，这些都说明了测量对促进当时生产发展和社会进步的重要性。随着社会进步和科学发展，测量活动的范围不断扩大，测量的工具和手段不断精细和复杂化，从而不断地丰富和完善了测量的理论。

尤其是我国装备制造要由中低端向中高端迈进，首先要解决制造质量问题，其核心是解决超精密测量能力问题。例如，中等精度的光刻机有 3 万多个光机零件，其中 70% 是精密级和超精密级的，需要 600 多种专用精密和超精密测量仪器。由此可见，超精密测量对提升高端装备制造质量具有基础支撑作用，并在制造全过程中的质量控制发挥决定性作用。国际测量联合会和国际标准化组织曾经联合制定了一个国家质量保障体系，把标准、计量、合格评定三个方面定位为未来世界经济可持续发展的三大支柱。

1.1.3　测量和计量

与"测量"相近的一个词是"计量"。在《通用计量术语及定义》中，计量的定义是实现单位统一、量值准确可靠的活动。在计量过程中，认为所使用的量具和仪器是标准的，用它们来校准、检定受检量具和仪器，以衡量和保证使用受检量具和仪器进行测量时所获得的测量结果的可靠性。计量涉及计量单位的定义和转换，以及量值的传递和保证量值统一所必须采取的措施、规程和法制等。简而言之，计量是一种特殊形式的测量，是在规定环境下、用规定设备、由专门人员按照检定规程的要求而进行的有一定精度要求的测量。

1. 测量与计量的主要区别

（1）计量学是关于测量的科学，它涵盖有关测量的理论与实践的各个方面。计量学的一个主要任务是逐步将不可测量的量转化为可测量的量，从而达到改善和控制该量的目的，起到推动社会发展和进步的作用。

（2）计量是可以追溯到标准量的测量，除了获得量值外、还要有系列"活动"；而测量则是为了获得量值，通常会忽略溯源的问题。

（3）"测量"表示"以确定量值为目的的一组操作"。而汉语使用习惯中的"计量"作为一类操作，其含义为：为实现量值传递或溯源而对测量仪器进行的测量。从这个角度看，"计量"作为一类操作在实际工作中表现为检定、校准、对比及对测量仪器进行测试等活动。在《通用计量术语及定义》中，将"计量"对应于英文 Metrology，而非 Measurement；定义的主体是"活动"，而非"测量"。从这个定义出发，我们不难理解为何唯有计量部门从事的测量才被称作"计量"。因为计量部门从事的测量是"实现单位统一、量值准确可靠的活动"，即"计量"工作包括测量单位的统一，测量方法（如仪器、操作、资料处理等）的讨论，量值传递系统的建立和治理，以及与这些工作有关的法律、法规的制定和实施等。

2. 计量的基本特征

（1）准确性

准确性是计量最基本的特征，也是计量工作的核心。只有被测量数据准确无误才能保障产品的质量和安全，它体现了测量结果和被测量的真值之间的一致程度。由于受到多种环境因素的影响，现实生活中的测量是存在误差的，但是这个误差的区间必须在合理范围之内，因此在测量时不仅要给出被测量的值，还要给出该量值允许的误差范围，这样测量值才具有意义。

（2）一致性

一致性是计量最本质的特征。计量的基本任务是保证单位与量值一致，这是开展计量活动的根本目的。单位统一和量值统一是计量一致性的两个方面：单位统一是量值统一的前提，量值统一是指在规定的准确度内量值要一致。一致性是指在统一计量单位的基础上，无论在何时、何地，采用何种方法，使用何种测量仪器，以及由何人测量，进行同一测量所得的测量结果应在给定的区间内一致。也就是说，测量结果应是可重复、可再现、可比较的，量值是确实可靠的，否则计量就失去其社会意义。

（3）溯源性

溯源是开展计量活动时确保单位统一和量值准确可靠的重要途径。溯源性指任何一个测量结果或计量标准的量值，都应能通过一条具有规定不确定度的连续比较链与计量基准联系起来。计量有两种传递方式：由上往下传递叫量值传递；由下往上传递叫量值溯源。为了让测量结果准确、一致，所有的量值都应传递到相同的计量基准（国家计量基准或国际计量基准），否则量值出于多源，不仅无准确、一致可言，而且会造成技术和应用上的混乱。"量值溯源"是指自下而上通过校准而构成溯源体系；而"量值传递"则是指自上而下通过逐级检定而构成检定系统。

（4）法制性

法制性是开展计量活动的重要手段。1985 年，我国颁布了《中华人民共和国计量法》，其标志着我国计量实现了法制化，是我国计量史上一个重要的里程碑。与国际计量接轨和交流、走上法制化的道路、建立科学的计量技术管理和行政管理体系、实现计量科学研究的现代化是现代计量必不可少的重要指标。

在测量的基础上，计量已发展成为一个成熟的学科——计量学。按照国际计量局、国际电工委员会、国际临床化学和实验医学联合会、国际标准化组织、国际纯粹与应用化学联合会、国际纯粹与应用物理联合会和国际法制计量组织等 7 个国际组织联合制定的《国际通用计量学基本术语》（1993 年版），计量学被定义为"测量学科"，并在注解中说明："计量学包括涉及测量理论和实用的各个方面，不论其不确定度如何，也不论其用于什么测量技术领域。"计量学涵盖有关测量的理论与实践的各个方面。计量学研究的对象涉及有关测量的各个方面，如可测的量，计量单位和单位制，计量基准、标准的建立、复现、保存和使用，测量理论及其测量方法，计量检测技术，测量仪器（计量器具）及其特性，以及量值传递和量值溯源，包括检定、校准、测试、检验和检测。计量学作为一门学科，它同国家法律、法规和行政管理条例紧密结合的程度，在其他学科中是少有的，不仅涉及有关计量科学技术，而且涉及法制计量和计量管理的内容。

1.1.4　量值传递与量子测量

量值传递是将国家计量基准所复现的计量单位量值，通过检定（或其他传递方式）经各级计量标准传递到工作用计量器具，以保证对被测对象所测得的量值准确和一致的过程。量值准确、一致的意思是，同一量值，用不同的计量器具进行测量，其测量结果应在要求的准确度范围内达到统一。量值准确、一致的前提是测量结果必须具有溯源性。溯源性是指通过一条具有规定不确定度的不间断的比较链，使测量结果或计量标准的值能与规定的计量基准（通常是国家计量基准或国际计量基准）联系起来的特性。这条不间断的比较链称为溯源链。

各种计量的目的不同，所要求的计量准确度也不一样。当计量误差满足规定的准确度要求时，则可认为计量结果接近真值，可用来代替真值，称为"实际值"。在计量检定中，通常将高等级（根据准确度高低所划分的等级或级别）的计量标准复现的量值作为实际值，用它来校准其他等级的计量标准或工作计量器具，作为其定值。在全国范围内，具有最高准确度的计量标准就是国家计量基准。国家计量基准具有保存、复现和传递计量单位量值 3 种功能，是统一全国量值的法定依据。量值传递一般是自上而下、由高等级向低等级传递，具有强制性的特点。

量值传递是统一计量器具量值的重要手段，是保证计量结果准确可靠的基础。任何计量器具都具有不同程度的误差。新制造的计量器具，由于设计、加工、装配和元件质量等各种原因引起的误差是否在允许范围内，必须用适当等级的计量标准来检定，判断其是否合格。经检定合格的计量器具，使用一段时间后，环境的影响或使用不当、维护不良、部件的内部质量变化等因素将引起计量器具的计量特性发生变化，因此需定期用规定等级的计量标准对其进行检定，根据检定结果进行修理或继续使用，经过修理的计量器具是否达到规定的要求，也需用相应的计量标准进行检定。

量值传递和量值溯源应遵循的基本原则是：按照国家计量检定等级图或国家溯源等级图进行量值传递和量值溯源；执行计量检定规程；按照本单位编制的溯源等级图进行量值传递和量值溯源；各级之间的检定或校准方法一般应满足量值传递关系。

1. 我国的量值传递方式

目前我国的量值传递方式主要有以下 4 种。

（1）通过实物标准进行逐级传递

通过实物标准进行逐级传递是一种传统的量值传递方式，也是我国目前在长度、温度、力学、电学等领域常用的一种量值传递方式。根据《中华人民共和国计量法》的有关规定，这种量值传递方式由计量检定机构或授权有关部门或企事业单位计量技术机构（以下简称"上级计量检定机构"）进行。实物标准量值传递方式如图 1.2 所示。

该方式是常用的量值传递方式之一，但具有一些缺点，如费时、费钱；有时检定好的计量器具经过运输后，受到振动、撞击、潮湿或温度的影响，会丧失原有的准确度；只能对送检的计量器具进行检定，不能考核使用时的操作方法、操作人员的技术水平、辅助设备及环境条件；对计量器具两次周期检定之间缺乏必要考核，很难保证日常测试中量值的可靠。

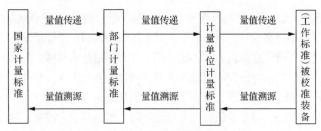

图1.2　实物标准量值传递方式

（2）通过发放有证标准物质进行逐级传递

有证标准物质（Certified Reference Material，CRM）是在规定条件下具有稳定的物理、化学或计量学特征，并经正式批准作为标准使用的物质或材料。CRM一般分为一级CRM和二级CRM两种。前者主要用于标定二级CRM或检定高精度计量器具；后者主要用来检定一般计量器具。企业或法定计量检定机构根据需求均可购买CRM来检定计量器具或评价计量方法，检定合格的计量器具才能使用。发放有证标准物质量值传递方式如图1.3所示。

该方式的优点在于，可以避免送检仪器，在现场快速评定，以及可以衡量计量人员的素质及操作过程的规范性。该方式主要应用于化学计量领域。

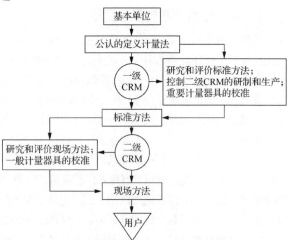

图1.3　发放有证标准物质量值传递方式

（3）通过发播标准信号进行逐级传递

通过发播标准信号进行逐级传递是最简便、迅速和准确的量值传递方式之一，但目前只限于时间频率计量。我国通过无线电台，早就发播了标准时间频率信号。随着国家通信广播事业的发展，中国计量科学研究院将小型铯束原子频标放在中央电视台发播中心，由中央电视台利用彩色电视副载波定时发播标准频率信号，并于1985年开始试播标准时间信号。这样，用户可直接接收并可在现场直接校正时间频率计量器具。发播标准信号量值传递方式如图1.4所示。

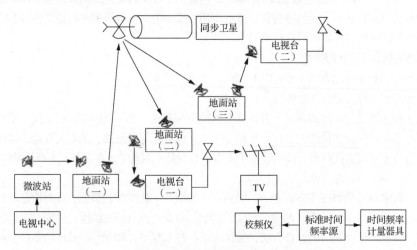

图1.4　发播标准信号量值传递方式

（4）通过计量保证方案进行逐级传递

20 世纪 70 年代初，美国在某些计量领域采用了计量保障方案（Measurement Assurance Program，MAP）进行逐级传递。这种量值传递方式的目的是使参加 MAP 活动的计量技术机构的量值能更好地溯源到国家计量基准。它用统计的方法对那些机构的校准质量进行控制，定量地确定校准的总不确定度，并对其进行分析，因此能及时地发现问题，使误差尽量减小。这是一种新型的量值传递方式，可以更好地溯源到国家计量基准，保证测量过程的长期可靠性。计量保证方案量值传递方式如图 1.5 所示。

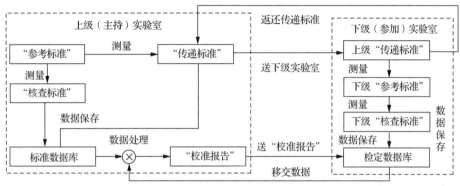

图 1.5　计量保证方案量值传递方式

2. 量子测量的主要领域

随着量子力学基础研究的突破和实验技术的发展，人们着眼于量子精密测量，利用量子态进行信息处理、传递和传感。量子测量方法在时间、频率、加速度、电磁场等物理量上可以获得前所未有的测量精度。2018 年第 26 届国际计量大会正式通过决议，从 2019 年开始实施新的国际单位定义，从实物计量标准转向量子计量标准，这标志着精密测量已经进入"量子时代"。目前在量子测量领域中发展较迅速的是：时间频率的精密测量、量子导航和单量子探测。

（1）时间频率的精密测量

目前测量精度最高的基本物理量是原子钟所给出的频率和时间标准。在微波段运行的原子钟已被广泛应用于导航、通信等领域。被广泛使用的卫星定位系统（例如我国的北斗卫星导航系统、美国的全球定位系统等）中的每一颗卫星都载有多台微波段原子钟，通过对信号到达的时间做精确测量来给出用户定位信息。由于在导航系统中的关键作用，星载微波段原子钟被喻为卫星导航系统的心脏。2018 年，我国科学家在国际上首次实现了利用激光冷却技术的空间冷原子钟，如今正在积极发展下一代更高精度的星载微波段原子钟。

由于量子测量方法的突破，在光波段运行的原子钟（简称光钟）具有更高的精度与稳定度，有望达到 10^{-21} 量级（即万亿年的误差不超过 1 秒）。光钟技术在近 20 年来迅猛发展，例如，美国国家标准局研制的锶原子光钟，不确定度达到 10^{-18} 量级、稳定度达到 10^{-19} 量级，相比微波原子钟提高了至少两个数量级；我国科学家发展的钙离子光钟的不确定度与稳定度均达到 10^{-18} 量级。同时，我国已布局发展空间光钟，目标是在太空中把时间频率测量精度提高两个数量级。新一代时间测量与传递技术将为洲际光钟比对、国际"秒"定义的发展做出贡献，为未来引力波探测、暗物质探测等物理学基本原理检验提供新方法。

（2）量子导航

惯性导航系统是一种不依赖于外部信息且不向外部辐射能量的自主式导航系统，具有高隐蔽性、全时空间工作的优势，在国家安全等领域具有重要的应用价值。根据公开报道的当前最好的经典惯性导航技术，水下航行 100 天之后的定位误差将达到 100km 量级，还不足以支持长时间的完全自主导航。通过对原子的量子调控，基于原子自旋、冷原子干涉效应的量子陀螺仪和重力仪可实现超高灵敏度的惯性测量，有望达到水下航行 100 天之后的定位误差小于 1km，实现长时间的完全自主导航。因此，基于量子精密测量的陀螺仪及惯性导航系统具有高精度、小体积、低成本等优势，将为无缝定位导航领域提供颠覆性新技术。

（3）单量子探测

单量子探测对单光子、单电子、单原子、单分子等量子系统的高灵敏度探测具有广泛的应用价值，成为近年来国际物理学研究的热点前沿领域。单自旋量子探测技术在量子计算、生命科学、材料科学等领域有广泛应用。例如，我国研究人员利用以金刚石 NV 色心为代表的固态单自旋体系实现了同时具有高空间分辨率与高灵敏度的磁场探测技术，在室温大气条件下获得了国际上首张单个蛋白质分子的磁共振谱，为研究单分子、单细胞层面的生物学问题提供了测量基础。该技术也可用于探索微观尺度的磁性质、磁结构等。

近年来，我国学者在量子精密测量方面不断追赶国际先进水平，技术突飞猛进，成果斐然。例如，在原子钟、量子陀螺仪等方面的关键技术已经接近国际先进水平；在量子雷达、痕量原子示踪、弱磁场测量等方面已经达到国际先进水平，并取得了一批国际领先的成果。随着研究水平的不断提升和核心竞争力的进一步增强，我国量子精密测量领域将在科学研究、经济生活和国家安全等重大战略需求中发挥重要作用。

1.2　测量方式

1.2.1　直接测量和间接测量

按测量手段的不同，测量方式可分为直接测量和间接测量。二者的差别在于是否可以直接测量出所需的量值，具体如下。

（1）直接测量

直接测量是指将被测量与标准量直接进行比较的测量方式。被测量的测量结果可以直接由测量仪器的输出（示数）得到，而无须经过数值的变换或计算。例如，用游标卡尺测量小尺寸轴工件的直径时，游标卡尺的示数即被测工件的直径。

（2）间接测量

间接测量是指直接测量与被测量有函数关系的量，通过函数关系求得被测量的测量方式。例如，用游标卡尺测量大尺寸轴工件的直径时，因游标卡尺的量程不够，可以测量弦长与矢高，通过计算间接得到工件的直径。

这两种测量方式各有优缺点：直接测量方式的测量过程简单、迅速；间接测量方式可能包括较多步骤，花费时间较长，在计算测量结果时需根据函数表达式进行换算，涉及较多过程量，但由于将整体的被测量拆分成若干分量，可通过提升各部分的测量精度而获得较高的整体精度。

1.2.2　开环测量与闭环测量

按测量结果是否独立于测量系统，测量方式可分为开环测量和闭环测量。二者的差别在于测量结果是否可以作为反馈量对测量系统产生影响，具体如下。

（1）开环测量

开环测量是指测量结果独立于测量系统，不对测量系统产生影响的测量方式，即仅对测量结果进行采集、记录，而使用的测量系统不随测量结果而改变。

（2）闭环测量

闭环测量是指测量结果会作为测量系统输入的一部分，能对测量系统实时产生影响的测量方式。例如将测量结果再作为输入馈入测量系统，形成闭环测量系统。

总之，开环测量是传统的测量方式，也是最常见的测量方式之一。但随着测量技术的不断发展，越来越多的测量系统具有自动控制、自反馈等闭环测量功能，从而提供更高精度的测量结果。

1.2.3　能量变换型测量与能量控制型测量

按测量结果与被测量的能量关系，测量方式可分为能量变换型测量和能量控制型测量。二者的差别在于测量结果是否由被测量的能量转化而来，具体如下。

（1）能量变换型测量

能量变换型测量是指测量结果直接由被测量的能量转化而来的测量方式，其使用的仪器一般为无源传感器，即直接由被测对象输入能量使传感器工作。例如热电偶温度计、弹性压力计等，这类传感器在转换过程中需要吸收被测物体的能量，因此容易产生测量误差。

（2）能量控制型测量

能量控制型测量是指测量结果的能量由外部能源提供，但受被测量控制的测量方式，其使用的仪器一般为有源传感器，即由外部供给辅助能量使传感器工作。例如电桥电路应变仪，电桥电路的电源由外部提供，被测量引起应变片电阻变化，从而导致电桥输出变化。

总之，能量转换型测量涉及能量的转换，因此这种测量有时也被称为"换能器"，但无须外加电源，一般无能量放大作用，同时从被测对象获取的能量越少越好；能量控制型测量是从外部供给辅助能量使其工作的，并由被测量来控制外部供给能量的变化，或被测对象对激励信号反映被测对象的性质或状态，例如，超声波探伤、X 射线测残余应力等。

1.2.4　接触式测量与非接触式测量

按测量设备与物质的接触情况，测量方式可分为接触式测量和非接触式测量。二者的差别在于测量设备是否与被测对象接触，具体如下。

（1）接触式测量

接触式测量是指在测量过程中测量设备或其一部分与被测对象直接接触的测量方式。例如，水银体温计通过与身体进行直接接触以达到热平衡，实现对体温的测量。

（2）非接触式测量

非接触式测量是指被测对象不与测量设备直接接触，而是依靠调制载有信息的波或场（如借助声波、电磁波等手段）实现对被测对象的测量。例如基于远场涡流的金属缺陷探测、基于红外线的物体表面测温等。

这两种测量方式各有优缺点，接触式测量受到的外界干扰往往较少，结果可靠，而缺点是仪器自身也可能成为原信息的干扰源；非接触式测量往往用于条件恶劣、无法直接接触被测对象的场合，或者仪器与被测对象接触会破坏原有信息的场合，但缺点是在波、场传递过程中容易受到干扰。

1.2.5　静态测量与动态测量

按被测对象在测量过程中所处的状态，测量方式可分为静态测量和动态测量。二者的差别在于被测对象在测量过程中状态是否发生变化，具体如下。

（1）静态测量

静态测量是指在测量过程中被测对象不随时间而变化或变化极慢，在所观察的时间内可忽略其变化而将其视作常量，则认为其状态固定不变或基本不变，不需要考虑时间因素对测量结果的影响。

（2）动态测量

动态测量是指被测对象在测量过程中会随时间（或其他影响量）发生变化。动态测量可以作为一种随机过程的问题处理。

日常工作中大多数的接触式测量都是静态测量，静态测量中的被测对象和测量误差可作为随机变量被处理。而在动态测量中，测量系统需尽量为线性系统，这是因为目前对线性系统的数学处理和分析方法比较完善；而动态测量中的非线性校正较困难。许多实际的测量系统，只能在一定的工作范围和误差允许范围内当作线性系统来处理。

1.3　测量与传感器的关系

1.3.1　传感器测量系统

典型的传感器测量系统如图 1.6 所示。在测量中，被测量通常是一些非电量的物理量，如力、位移、速度、加速度等，而计算机方便处理的信号为电信号，故需将被测的非电量转换为电量，然后用电测仪表或装置对电信号进行处理和分析，这种方法称为电测法。其中，电量分为电能量和电参量，电流、电压、电场强度和功率等属于电能量；电阻、电容、电感、频率、相位等属于电参量。由于电参量不具有能量，因此要将其进一步转换为电能量。电测法具有测量范围广、精度高、灵敏度高、响应速度快等优点，特别适用于动态测量。

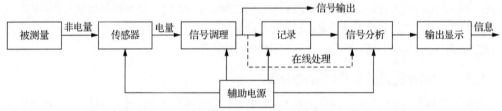

图 1.6　典型的传感器测量系统

由图 1.6 可知，传感器是测量系统中的第一个环节，用于从被测对象获取有用信息，并将其转换为适合测量的电信号。因此，传感器作为信息获取的源头，在整个测量系统中具有十分重要的作用。信号调理部分对传感器输出信号进行进一步的加工和处理，包括对信号的转换、放大、滤波、储存、重放和一些专门的信号处理。被测量的测量结果可以用示波器、记录仪、打印机等输出装置显示或记录，完成信号检测任务。总之，信号调理、信号分析和输出显示等功能，都是通过传感器和有关的测量仪器与装置来实现的。传感器获得信息的正确与否，关系到整个测量系统的精度；如果传感器的误差很大，后续测量电路、放大器、指示仪表等的精度再高也难以提高测量系统的精度。

1.3.2　传感器的标定与校准

传感器的标定与校准是指通过试验建立传感器输入量与输出量之间的关系。

1. 传感器的标定

标定的基本方法是利用一种标准标定设备产生的已知非电量（如压力、位移等）作为输入量，输入被校传感器中，得到传感器的输出量，如图 1.7 所示。这样，通过构建被校传感器的输出量 y_m 与输入量 x 之间的关系，可得到一系列的标定曲线。

传感器的标定分为静态标定和动态标定两种，静态标定主要用于检验、测量传感器（或整个传感系统）的静态特性指标，如静态灵敏度、线性度、迟滞、重复性等；动态标定主要用于检验、测量传感器（或传感系统）的动态特性，如动态灵敏度、频率响应等。

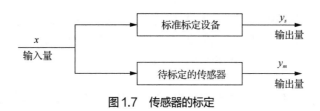

图 1.7 传感器的标定

2. 传感器的校准

"校准"在《通用计量术语及定义》中的定义是："在规定条件下的一组操作，其第一步是确定由测量标准提供的量值与相应示值之间的关系，第二步则是用此信息确定由示值获得测量结果的关系，这里测量标准提供的量值与相应示值都具有测量不确定度。"

传感器的校准在某种程度上说也是一种标定，它是指传感器在经过一段时间储存或使用后，需要对其进行复测，以检测传感器的基本性能是否发生变化，判断传感器是否可以继续使用。因此，标定与校准在本质上是相同的，校准可理解为再次的标定。

1.4 传感器测量系统概述

1.4.1 基本组成与选用原则

传感器测量系统的功能在于用物理、化学或生物的方法，获取被测对象的信息，通过信息转换（如信号化、图像化），通过显示系统显示出来，以便于观测、处理、保存；或直接进入自动化、智能化的控制系统中。因此，一般传感器测量系统的基本组成包括信息获取、信息转换和信息显示、处理等环节。

由于任何一个传感器测量系统都是为了完成某个特定的测量任务而设计的，因此系统设计要充分考虑使用要求、测量目的以及使用环境特点等因素，遵循一定的原则，按照一定的步骤进行，主要包括以下几点。

（1）了解被测量的特点、持续时间、幅值范围等。

（2）测量场景所要求的精度。

（3）安装条件、安装方法及技术要求。

（4）测量环境，包括温度、湿度、气压等。

（5）了解国内外同类产品的类型、原理、技术水平和应用特点。

（6）了解有关加工工艺水平及关键元器件的市场应用情况。

这些信息直接影响测量的方案、测量系统的结构、功能、静/动态特性等，获取这些信息是测量系统设计的重要前提。同时，要根据测量目的和实际条件合理地选用传感器。一些基本的传感器选用原则如下。

（1）灵敏度

一般来讲，传感器灵敏度越高越好。灵敏度越高意味着传感器所能感知的变化量越小，即被测量有微小变化时，传感器的输出就有较大的变化。

与灵敏度紧密相关的是测量范围。当输入量增大时，除非有专门的非线性校正措施，否则传感器不应进入非线性区域，更不能进入饱和区域。某些测量工作要在较强的噪声干扰下进行。这时对传感器来讲，其输入量不仅包括被测量，也包括干扰量。因此，过高的灵敏度会影响传感器的测量范围。

（2）线性范围

任何传感器都有一定的线性范围，在线性范围内输出与输入成比例关系。线性范围越宽，则表明传感器的工作量程越大。

传感器工作在线性区域内，是保证测量精确度的基本条件。不过，传感器都难以保证其绝对线性，在某些情况下，在限定的测量精度范围内，也可以在近似线性区域应用。因此，选用传感器时必须考虑被测量的变化范围，令其非线性误差在允许范围之内。

（3）精确度

传感器的精确度表示传感器的输出与被测量的对应程度，简称精度，也称准确度。不过，传感器的精确度并非越高越好，还应考虑其经济性。传感器精确度越高，价格越昂贵，因此应从实际出发来选择。

首先应了解测量目的，判定是定性分析还是定量分析。对于相对比较的定性实验研究，只需获得相对比较值即可，应要求传感器的测量结果具有较高的一致性或吻合程度，而无须要求绝对量值。对于定量分析，必须获得精确量值，则要求传感器有足够高的精确度。

（4）稳定性

稳定性表示传感器经过长期使用以后，其输出特性不发生变化的性能。影响传感器稳定性的主要因素是时间与环境条件。

为了保证稳定性，在选定传感器之前，应对使用环境进行调查，以选择较合适的传感器类型。例如，对于电阻应变式传感器，湿度变化会影响其绝缘性，温度变化会导致零点漂移，长期使用会产生蠕变现象；对于变间隙型的电容传感器，环境湿度变化或油剂浸入间隙时，会改变电容器介质；光电传感器的感光表面有尘埃或水汽时，会改变其感光性质；磁电式传感器或霍尔元件等在电场、磁场中工作时，也会受到电磁干扰的影响而引入测量误差。

（5）响应特性

传感器的响应特性反映了传感器输入和输出的对应关系。大多数情况下，传感器的输入信号是随时间变化的，这就要求传感器时刻精确地跟踪输入信号，并按照输入信号的变化规律输出信号。输入信号变化时，引起输出信号也随之变化，这个过程称为响应。传感器对于输入量随时间变化的响应程度，称为响应特性。

传感器的频率响应特性决定了被测量的频率范围，必须在允许频率范围内保持不失真。实际上传感器的响应总有一定延迟，而且延迟时间越短越好。传感器的频率响应越高，可测的信号频率范围就越宽。在动态测量中，应根据信号的特点（稳态、瞬态、随机等）调整响应特性，以免产生过大的误差。

一般情况下，利用光电效应、压电效应等原理工作的传感器响应时间短、可工作频率范围宽。而结构型传感器，如电感、电容、磁电式传感器等，由于受到结构特性的影响和受机械质量的限制，其固有频率低。在动态测量中，传感器的响应特性对测量结果有直接影响，在选用时，应充分考虑到被测量的变化特点，如稳态、瞬变、随机等。

（6）测量方式

传感器在实际条件下的工作方式，也是选用传感器时应考虑的重要因素。例如，接触式测量与非接触式测量；在线测量与非在线测量等。

在机械系统中，运动部件的被测量（如回转轴的运动、振动、扭力矩）往往需要非接触式测量。对部件进行接触式测量不仅会对被测系统造成影响，而且会有许多实际困难，诸如探头的磨损、接触状态的变动、信号的采集都不易妥善解决，易造成测量误差。这样，采用电容式、电涡流式等非接触式传感器采集信号会很方便。

在线测量是与实际情况更接近的测量方式。特别是实现自动化过程的控制与检测系统往往要求具有较高的真实性和可靠性，因此必须在现场实时条件下才能达到检测要求。例如，在加工过程中，若要实现表面粗糙度的检测，以往的光切法、干涉法、触针式轮廓检测法等都不适用，但可采用激光检测法。

（7）其他因素

除了以上选用传感器时应充分考虑的一些因素外，还应尽可能地兼顾结构简单、体积小、质量轻、性价比高、易于维修与更换等因素。

1.4.2　主要评价指标

传感器测量系统常用技术指标主要包括以下几项。

（1）输入量的性能指标：量程、测量范围、过载能力等。

（2）静态特性指标：线性度、迟滞、重复性、精度、灵敏度、分辨率、稳定性和漂移等。

（3）动态特性指标：固有频率、阻尼比、频率特性、时间常数、上升时间、响应时间、超调量、稳态误差等。

（4）可靠性指标：工作寿命、平均无故障时间、故障率、疲劳性能、绝缘性、耐压、耐温等。

（5）环境要求指标：工作温度范围、温度漂移系数、灵敏度漂移系数、抗潮湿能力、抗介质腐蚀能力、抗电磁场干扰能力、抗冲击振动要求等。

（6）使用及配接要求：供电方式（直流、交流、频率、波形等）、电压幅度与稳定度、功耗、安装方式（外形尺寸、质量、结构特点等）、输入阻抗（对被测对象的影响）、输出阻抗（对配接电路的要求）等。

1.5　传感器的概述

1.5.1　作用与功能

传感器直接的作用与功能就是测量，即获取被测量的信息。利用传感器，可以实现对被测对象（被测目标）特征参数的测量，在此基础上进行分析、反馈（监控）、处理，从而掌握被测对象的运行状态与趋势。

GB/T 7665—2005《传感器通用术语》对传感器的定义是：能感受被测量并按照一定的规律转换成可用输出信号的器件或装置，通常由敏感元件和转换元件组成。敏感元件是指传感器中能直接感受或响应被测量的部分；转换元件是指传感器中能将敏感元件感受或响应的被测量转换成适于传输或测量的电信号的部分。

根据国家标准的定义和传感器的内涵，传感器应当从以下 3 个方面来理解。

（1）传感器的作用体现在测量上。获取被测量是应用传感器的目的。

（2）传感器的工作机理体现在其敏感元件上。敏感元件是传感技术的核心，也是研究、设计和制作传感器的关键。

（3）传感器的输出信号形式体现在适于传输或测量的电信号上。输出信号时需要解决非电信号向电信号转换，以及不适于传输或测量的微弱电信号向适于传输与测量的可用的电信号转换的技术问题。

传感器的基本结构如图 1.8 所示，其核心是敏感元件，通过转换元件将感受的被测量转换成电信号（如电阻、电容、电感、电荷等），经调理电路形成适于传输或测量的输出信号。

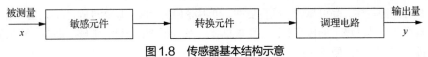

图1.8　传感器基本结构示意

事实上，人类的日常生活、生产活动和科学实验都离不开测量。从本质上说，测量的功能就是人类感觉器官（眼、耳、鼻、舌、身）所产生的视觉、听觉、嗅觉、味觉、触觉的延伸和替代。如果把计算机看作自动化系统的"大脑"，就可以把传感器形象地比喻为自动化系统的"五官"。由此可见，传感器是信息系统、自动化系统中信息获取的首要环节。如果没有传感器对原始参数进行准确、可靠、在线、实时的测量，那么无论信号转换、信息分析和处理的功能多么强大，都没有任何实际意义。因此，大力发展传感技术在任何领域、任何时候都是重要的和必要的。

1.5.2　分类形式

1. 按被测量分类

（1）机械量：位移、力、速度、加速度等。

（2）热工量：温度、热量、流量（速）、压力（差）、液位等。

（3）物性参量：浓度、黏度、相对密度、酸碱度等。

（4）状态参量：裂纹、缺陷、泄漏、磨损等。

2. 按工作原理分类

传感器按工作原理可分为电阻式传感器、电容式传感器、电感式传感器、压电式传感器、磁敏式传感器、光电式传感器、光纤传感器、超声波传感器等。现有传感器的测量原理都是基于物理、化学和生物等各种原理或定律的。这种分类方法便于从原理上获取输入与输出之间的转换关系，有利于专业人员从原理、设计及应用上进行归纳性的分析与研究。

3. 按能量关系分类

（1）能量转换型传感器：直接由被测对象输入能量使其工作，如热电偶、光电池等，这种类型的传感器也称为有源传感器。

（2）能量控制型传感器：从外部获得能量使其工作，由被测量的变化控制外部供给能量的变化，如电阻式、电感式传感器等，这种类型的传感器必须由外部提供激励源（电源等），因此也称为无源传感器。

除以上分类方法外，还可按照输出类型将传感器分为模拟式传感器和数字式传感器，按照测量方式将传感器分为接触式传感器和非接触式传感器等。

1.5.3　技术特点

传感技术涉及传感器的机理研究与分析、设计与研制，以及性能评估与应用等。因此，传感技术具有以下特点。

（1）涉及多学科与技术，包括物理学科中的各个门类（力学、热学、电学、光学、声学、原子物理等），以及各个技术领域（材料科学、机械、电工电子、微电子、控制、计算机技术等）。由于传感技术发展迅速，敏感元件与传感器产品的更新换代周期也越来越短，一些新型传感器具有原理新颖、机理复杂、技术综合等鲜明的特点。

（2）品种繁多。被测量包括热工量（温度、压力、流量等）、电工量（电压、电流、功率、频率等）、物理量（光、磁、湿度、声、射线等）、机械量（力、力矩、位移、速度、加速度、角速度、振动等）、化学量（氧、氢、一氧化碳、二氧化碳、二氧化硫等）、生物量（酶、细菌、细胞、受体等）、状态量（开关、二维图形、三维图形等），故需要发展多种多样的敏感元件和转换元件。除了基本类型外，还要根据应用场合和不同具体要求来研制大量的派生产品。

（3）具有高稳定性、高可靠性、高重复性、低迟滞和快响应，做到准确可靠、经久耐用。对于处于工业现场和自然环境下的传感器，还要求具有良好的环境适应性，能够耐高温、耐低温、抗干扰、耐腐蚀、安全防爆，便于安装、调试与维修。

（4）应用领域十分广泛。无论是工业、农业和交通运输业，还是能源、气象、环保和建筑业；无论是高新技术领域，还是传统行业；无论是大型成套技术装备，还是家用电器，都需要采用大量的传感器。例如，我国自主研制的商用飞机 C919 上就安装了数千类传感器，它们组成了飞机的"神经网络"，全方位地监测着飞机飞行时的各项数据；我国首次火星探测任务中，"天问一号"携带的"祝融号"火星车搭载的次表层探测雷达能够对巡视区地下浅层结构进行精细成像，深化人们对乌托邦平原演化、地下水/冰分布等关键科学问题的认识。

（5）应用要求千差万别，有量大、面广、通用性强的，也有专业性强的；有单独使用的，也有与主机密不可分的。有的要求高精度，有的要求高稳定性，有的要求高可靠性，有的要求耐振动，有的要求防爆等。因此，不能用统一的评价标准进行评估，也不能用单一的模式进行生产。

（6）相对于信息技术领域的其他技术（特别是信息处理技术），传感技术发展缓慢；但一旦成熟，其生命力强；不会轻易退出竞争舞台；可长期应用，持续发展的能力非常强。例如，应变式传感技术已有 80 多年的历史，硅压阻式传感器也有 50 多年的历史，目前仍然在传感技术领域占有重要的地位。

1.5.4　发展方向

近年来，微电子、光电子、生物化学、信息处理等多学科、各种新技术的互相渗透和综合利用，科学家可望据此研制出一批新颖、先进的传感器。技术推动和需求牵引共同决定未来传感技术的发展趋势，突出表现在以下几个方面：一是开发新原理、新材料、新工艺的新型传感器；二是实现传感器的微型化、集成化、多功能化、高精度和智能化；三是多传感器的集成融合，以及传感器与其他学科的交叉融合，实现无线网络化。具体如下。

1. 新型传感器

传感器的工作机理是基于各种物理（或化学、生物）效应，由此启发人们进一步探索具有新效应的敏感材料，并以此研制具有新原理的新型传感器，这是发展高性能、多功能、低成本和微型化传感器的重要途径。

敏感材料是传感技术的重要基础。无论是何种传感器，都要选择恰当的材料来制作，而且要求所使用的材料具有优良的机械特性，不能有材料缺陷。近年来，在传感器技术领域所应用的新型材料主要有石墨烯材料、半导体硅材料、石英晶体材料、功能陶瓷材料等。此外，一些化合物半导体材料、复合材料、薄膜材料、压电材料等，在传感器领域也得到了成功的应用。随着研究的不断深入，未来将会有更多更新的传感器敏感材料被研发出来。开发新型功能材料是发展传感器的关键之一。

2. 传感器的微型化与集成化

微传感器的特征之一就是体积小，其敏感元件的尺寸一般为微米级，由微机械加工技术制作，包括光刻、腐蚀、淀积、键合和封装等工艺。利用各向异性腐蚀、牺牲层技术和 LIGA（德文 Lithographie，Galvanoformung 和 Abformung，即光刻、电铸和注塑的缩写）工艺，可以制造出层与层之间有很大差别的三维微结构，包括可活动的膜片、悬臂梁、桥以及凹槽、孔隙、锥体等。这些微结构与特殊用途的薄膜和高性能的集成电路相结合，已成功地用于制造各种微传感器乃至多功能的敏感元阵列，实现了诸如压力传感器、加速度传感器、角速率传感器、应力传感器、应变传感器、温度传感器、流量传感器、成像传感器、磁力传感器、湿度传感器、pH 传感器、气体成分传感器、离子和分子浓度传感器以及生物传感器等。

集成化技术包括传感器与 IC（Integrated Circuit，集成电路）的集成制造技术以及多参量传感器的集成制造技术。研制基于微/纳机电系统（Micro/Nano Electro Mechanical System，MEMS/NEMS）的传感器，缩小了传感器的体积、提高了传感器的抗干扰能力。采用敏感结构和检测电路的单芯片集成技术，能够避免多芯片组装时引脚引线引入的寄生效应，改善器件的性能，已成为传感技术研究的主流方向之一。

3. 传感器的智能化

智能化传感器就是将传感器获取信息的基本功能与专用的微处理器的信息分析、处理功能紧密结合在一起,形成具有诊断、数字双向通信等新功能的传感器。由于微处理器具有强大的计算和逻辑判断功能,故可方便地对数据进行滤波、变换、校正补偿、存储记忆、输出标准化等处理;同时实现必要的自诊断、自检测、自校验以及通信与控制等功能。而且,近年来模糊传感器、符号传感器等新概念在传感技术领域得到关注,从而丰富智能化传感器功能,优化测量精度和可靠性。

2018 年,我国成立了国家智能化传感器创新中心,致力于先进传感技术创新,联合传感器上下游及产业链龙头企业开展共性技术开发,组建了智能化传感器联合实验室,形成"产学研用"协同创新机制,全力打造世界级智能化传感器创新中心。随着我国"信息化"和"中国制造 2025"等战略的推进,智能化传感器产业也迎来新的增长点。智能化传感器作为一种系统的前端感知器件,对助推传统产业升级有很大作用,也能推动创新应用,如机器人、无人机、智慧家庭、智慧医疗等,为构建产业生态,建设创新平台,推动产业实现高质量发展提供了重要支撑。

4. 传感器的网络化

由于单传感器不可避免地存在不确定性或偶然不确定性,缺乏全面性与鲁棒性。针对这些问题,多传感器不仅可以描述同一环境特征的多个冗余信息,而且可以描述不同的环境特征,其显著特点是冗余性、互补性、及时性和低成本性。

多传感器的集成与融合技术已经成为智能机器与系统领域的一个重要的研究方向,它涉及信息科学的多个领域,是新一代智能信息技术的核心基础之一。从 20 世纪 80 年代初以军事领域的研究为开端,多传感器的集成与融合技术迅速扩展到军事和非军事的多个应用领域,如自动目标识别、自主车辆导航、遥感、生产过程监控、机器人、医疗等。

传感器网络综合了传感技术、嵌入式计算技术、分布式信息处理技术和通信技术,能够协作地实时监测、感知和采集网络分布区域内的各种环境或监测对象的信息,并对这些信息进行处理,以获得详尽而准确的信息,传送到需要这些信息的用户。传感器网络可以广泛地应用于国防军事、国家安全、环境监测、交通管理、医疗卫生、抢险救灾等领域。目前,传感器网络化的发展重点之一是无线传感器网络(Wireless Sensor Network,WSN)。物联网已成为信息科技发展趋势,各种智能设备将作为传感器的载体,实现人、机、云端的无缝交互,让智能设备与人工智能结合从而拥有"智慧",使人体感知能力得到拓展和延伸,有力推动我国制造强国和网络强国建设。

习题

1. 简述完整的测量过程包括的内容。
2. 国际单位制中包含哪几个单位?分别用于哪些物理量的测量?
3. 结合计量的定义,说明计量和测量的联系和区别。
4. 简述计量的 4 个基本特征。
5. 简述我国目前使用的 4 种量值传递的方式。
6. 结合测量系统的发展,简述对传感器在测量中重要性的理解。
7. 简述如何根据测量目的和实际条件选用合适的传感器。
8. 简述对传感器未来发展方向的理解。
9. 结合传感器主要的性能指标,说明如何综合性地判断传感器性能的优劣。
10. 传感器是一门综合的交叉性学科,简述对这句话的理解。

第 2 章
传感器的静态特性
与动态特性

本章从传感器性能指标需求的角度出发，介绍了传感器的静态响应模型、标定条件和标定过程，引出传感器的主要静态性能指标，并讨论各指标的定义、求解模型与综合误差计算方法；在此基础上，结合传感器动态测试的必要性，阐述传感器输入输出特性的动态模型，给出主要动态性能指标，从而为传感器的静态特性和动态特性分析与性能优化设计提供理论与模型基础。

2.1　传感器的静态标定

静态标定是在一定的标准条件下,利用一定等级的标定设备对传感器进行多次往复测试的过程。

2.1.1　静态响应模型

传感器在被测量的各个值处于稳定状态时,输出量和输入量之间的关系称为静态特性。通常,要求传感器在静态状态下的输出-输入保持线性关系。实际上,其输出量和输入量之间的关系(不考虑迟滞及蠕变效应)可由下列方程确定:

$$Y = a_0 + a_1 X + a_2 X^2 + \cdots + a_n X^n \tag{2.1}$$

式中,Y 为输出量;X 为输入量;a_0 为零位输出;a_1 为传感器的灵敏度,常用 K 表示;$a_2, a_3, \cdots, a_n$ 为非线性项待定常数。

由式(2.1)可知,如果 $a_0=0$,表示静态特性曲线通过原点。此时静态特性曲线是由线性项($a_1 X$)和非线性项($a_2 X^2, \cdots, a_n X^n$)叠加而成,一般可分为以下 4 种典型情况。

(1)理想线性曲线,如图 2.1(a)所示。

$$Y = a_1 X \tag{2.2}$$

(2)具有奇次阶项的非线性曲线,如图 2.1(b)所示。

$$Y = a_1 X + a_3 X^3 + a_5 X^5 + \cdots \tag{2.3}$$

(3)具有偶次阶项的非线性曲线,如图 2.1(c)所示。

$$Y = a_1 X^0 + a_2 X^2 + a_4 X^4 + \cdots \tag{2.4}$$

(4)具有奇、偶次阶项的非线性曲线,如图 2.1(d)所示。

$$Y = a_1 X + a_2 X^2 + a_3 X^3 + a_4 X^4 + \cdots \tag{2.5}$$

由此可见,除图 2.1(a)所示为理想线性关系外,其余均为非线性关系。其中,对于图 2.1(b)和图 2.1(c)所示的曲线,在原点附近一定范围内基本上具有线性特性。

实际应用中,若非线性项的次数不高,则在输入量变化不大的范围内,可用切线或割线代替实际的静态特性曲线的某一段,使传感器的静态特性接近线性,这称为传感器静态特性的线性化。在设计传感器时,应将测量范围选取在静态特性曲线最接近直线的一小段,此时原点可能不在零点。以图 2.1(d)为例,如取 ab 段,则原点在 c 点。传感器静态特性的非线性,使其输出不能成比例地反映被测量的变化情况,对动态特性也有一定影响。

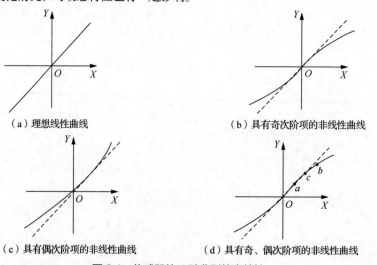

(a)理想线性曲线　　(b)具有奇次阶项的非线性曲线

(c)具有偶次阶项的非线性曲线　　(d)具有奇、偶次阶项的非线性曲线

图 2.1　传感器的 4 种典型静态特性

2.1.2　静态标定条件

传感器的静态特性是在静态标定的标准条件下测定的。在标准条件下，利用一定精度等级的标定设备，对传感器进行往复循环测试，即可得到输出-输入数据。将这些数据列成表格，再画出各被测量值（正行程和反行程）对应输出平均值的连线，即传感器的静态标定曲线。

静态标定的标准条件主要反映在标定的环境、所用的标定设备和标定过程上。

1. 对标定环境的要求

（1）无加速度，无振动，无冲击。

（2）温度为 15～25℃。

（3）相对湿度不大于 85%。

（4）大气压力为 0.1MPa。

2. 对所用的标定设备的要求

当标定设备和被标定的传感器的确定性系统误差较小或可以补偿，而只考虑它们的随机误差时，应满足如下条件：

$$\sigma_s \leqslant \frac{1}{3}\sigma_m \qquad (2.6)$$

式中，σ_s 为标定设备的随机误差；σ_m 为被标定的传感器的随机误差。

若标定设备和被标定的传感器的随机误差比较小，只考虑它们的系统误差，应满足如下条件：

$$\varepsilon_s \leqslant \frac{1}{10}\varepsilon_m \qquad (2.7)$$

式中，ε_s 为标定设备的系统误差；ε_m 为被标定的传感器的系统误差。

对于高性能传感器或测量装置的标定，有时很难有满足式（2.6）、式（2.7）的合适的标定设备，这时可进行间接评估，如根据被测量的单位所包含的基本量的不确定度进行评估。

例如，压力的单位为 Pa，包含长度（m）、质量（kg）和时间（s）3 个基本量，压力测量的不确定度应溯源到对长度（m）、质量（kg）、时间（s）3 个基本量的测量不确定度。

3. 对标定过程的要求

在上述条件下，在标定的范围（即被测量的输入范围）内，选择 n 个测点 x_i，$i=1,2,\cdots,n$；共进行 m 个循环，可以得到 $2mn$ 个测试数据。

正行程的第 j 个循环，第 i 个测点为 (x_i, y_{uij})；反行程的第 j 个循环，第 i 个测点为 (x_i, y_{dij})；$j=1,2,\cdots,m$。

需要说明的是：上文提到的 n 个测点 x_i 通常是等分的，但根据实际需要也可以是不等分的，并可借助线性回归的方法获取等分测点处的响应。通常第一个测点 x_1 为被测量的最小值 $x_{\min}$，第 n 个测点 x_n 为被测量的最大值 $x_{\max}$。

2.1.3　传感器的静态特性

基于上述标定过程得到的 $\left(x_i, y_{uij}\right)$、$\left(x_i, y_{dij}\right)$，对其进行处理，可获知传感器的静态特性。

对于第 i 个测点，基于上述标定值，平均输出为

$$\overline{y_i} = \frac{1}{2m}\sum_{j=1}^{m}(y_{uij} + y_{dij}), \qquad i = 1,2,\cdots,n \qquad (2.8)$$

通过式（2.8）可得到传感器 n 个测点对应的输入输出关系 (x_i, y_i)（$i=1,2,\cdots,n$），这就是传感器的静态特性。在具体表述形式上，可以将 n 个 $(x_i, \overline{y_i})$ 用有关方法拟合成标定曲线来表述，如图 2.2 所示（图中 $\overline{y_i}$ 可表示在同一输入测点 x_i，经上述几次重复测重后的输出平均值），即由此得到静态标定曲线。对于数字式传感器，一般直接利用上述 n 个离散的点进行分段（线性）插值来表述传感器的静态特性。

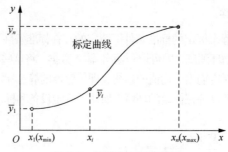

图 2.2　传感器的标定曲线

2.2　传感器的主要静态性能指标

2.2.1　测量范围与量程

传感器的测量范围是指传感器能测量到的最小被测量 x_{min} 到最大被测量 x_{max}，即$[x_{min}, x_{max}]$。传感器的量程是指传感器测量范围上限 x_{max} 与下限 x_{min} 的差值，即 $x_{max} - x_{min}$。

2.2.2　静态灵敏度

传感器的静态灵敏度定义为单位被测量变化所引起的输出量变化。某一测点处的静态灵敏度是其静态特性曲线的斜率，如图 2.3 所示。其表达式为

$$S = \lim_{\Delta x \to 0} \left(\frac{\Delta y}{\Delta x} \right) = \frac{dy}{dx} \qquad (2.9)$$

由此可见，对于线性传感器，其静态灵敏度为常数，如图 2.3（a）所示；对于非线性传感器，其静态灵敏度随测点而变化，如图 2.3（b）所示。

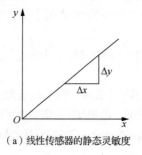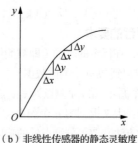

（a）线性传感器的静态灵敏度　　　　（b）非线性传感器的静态灵敏度

图 2.3　灵敏度

静态灵敏度是传感器的重要性能指标。在选择敏感元件时，要使敏感元件对被测量的灵敏度尽可能大，对干扰量的灵敏度尽可能小。

2.2.3　分辨力与分辨率

传感器的输入输出关系在测量范围内不可能处处连续。当输入量变化太小时，输出量不会产生变化。有些传感器在输入由小变大时，会出现起初的一定范围内输出无变化的现象，这个范围称为死区。

在传感器静态标定的某测点 x_i 处，产生可观测的输出量 y 变化时所对应的最小 Δx_i，即该测点处的分辨力。相应地，分辨率为 Δx_i 与量程 $x_{max} - x_{min}$ 的比值。

每个测点处的分辨力与分辨率不同。在传感器的整个测量范围内，各测点处的分辨力的最大值

即传感器的分辨力；各测点分辨率的最大值即传感器的分辨率。

传感器的分辨力与分辨率反映了传感器检测微小输入变化的能力。限制传感器分辨率的因素很多，例如电路中模数转换的量化精度、机械部件的干摩擦等。

2.2.4　时漂与温漂

传感器会产生时漂与温漂现象，导致输入输出关系的波动与偏离。

（1）时漂是指当传感器的输入与环境温度不变时，输出量仍随时间变化的现象，是反映传感器稳定性的指标。其原因在于传感器内部各个环节性能不稳定或内部温度变化。由于存在时漂现象，传感器需要定期校准，稳定性指标越好的传感器，其校准周期越长。

（2）温漂是指当外界环境温度变化时，输出量也发生变化的现象。传感器的温漂可以从零点漂移和满量程漂移两方面考查。反映传感器静态特性曲线平移而斜率不变的漂移即零点漂移。对于线性传感器，反映传感器静态特性曲线斜率变化的漂移即满量程漂移，也可用灵敏度漂移或刻度系数漂移描述。

2.2.5　线性度

传感器的线性度用于描述传感器输出与输入之间的线性程度。

实际上许多传感器的输入输出特性是非线性的，一般可用下列方程表示

$$y = a_0 + a_1 x + a_2 x^2 + a_3 x^3 + \cdots + a_n x^n \tag{2.10}$$

式中，$a_i(i=0,1,\cdots,n)$ 为传感器的标定系数。一般的输入输出特性由线性项 $a_0 + a_1 x$ 和非线性项 $a_2 x^2 + a_3 x^3 + \cdots + a_n x^n$ 构成。

实际使用时，若非线性项可忽略，则可直接用线性项近似处理；也可引入各种补偿环节，如采用补偿电路或软件进行线性化处理，从而使传感器的输入输出特性为线性或接近线性。

即便经过了线性化设计或处理，传感器经过标定得到的静态特性曲线也会存在一定程度的非线性。可选取参考直线来近似描述传感器的静态性曲线。

实际静态特性曲线与参考直线的偏差即传感器的非线性误差。将偏差的最大值作为线性度指标 ξ_L，即

$$\xi_L = \frac{|\Delta L_{\max}|}{y_{FS}} \times 100\% \tag{2.11}$$

式中，y_{FS} 为满量程输出，$\Delta L_{\max}$ 为输出的最大偏差。

参考直线的选取方法有多种。选取不同的参考直线，计算出的线性度不同。图 2.4 给出了一些选取参考直线的例子。

在图 2.4（a）中，拟合直线为传感器的理论特性曲线，与实际测试无关，对应的线性度称为理论线性度或绝对线性度；在图 2.4（b）中，使 $\Delta L_1 = |\Delta L_2| = \Delta L_{\max}$，最大正负偏差绝对值相等，这种拟合方法的误差相较于前一种更小；在图 2.4（c）中，采用端点连线拟合，对应线性度称为端基线性度，但由于只考虑了两个端点，该种方法偏差分布不够合理；在图 2.4（d）中，使 $|\Delta L_1| = \Delta L_2 = |\Delta L_3| = \Delta L_{\max}$ 误差较小。

除了上述方法外，还可以用最小二乘法求取拟合直线，对应的线性度称为最小二乘线性度，如图 2.5 所示。该种方法的精度非常高，在工程上被广泛采用，其具体计算方法如下。

设参考直线方程为

$$y = kx + b$$

参考直线上对应值的残差平方和为

$$J = \sum_{i=1}^{n} v_i^2 = \sum [y_i - (kx+b)]^2 \tag{2.12}$$

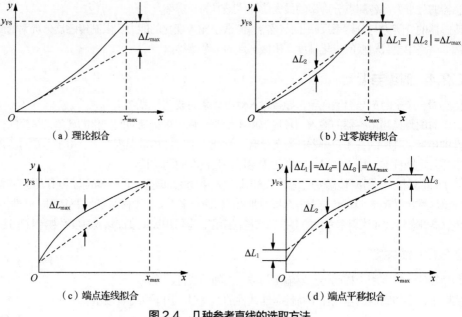

（a）理论拟合　　　　　　　　　　（b）过零旋转拟合

（c）端点连线拟合　　　　　　　　（d）端点平移拟合

图 2.4　几种参考直线的选取方法

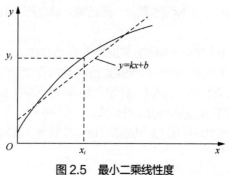

图 2.5　最小二乘线性度

为使残差平方和最小，利用 $\dfrac{\partial J}{\partial k}=0$，$\dfrac{\partial J}{\partial b}=0$，可以得到最佳的 k 值和 b 值，为

$$k=\frac{n\displaystyle\sum_{i=1}^{n}x_iy_i-\sum_{i=1}^{n}x_i\sum_{i=1}^{n}y_i}{n\displaystyle\sum_{i=1}^{n}x_i^{2}-\left(\sum_{i=1}^{n}x_i\right)^{2}} \tag{2.13}$$

$$b=\frac{\displaystyle\sum_{i=1}^{n}x_i^{2}\sum_{i=1}^{n}y_i-\sum_{i=1}^{n}x_i\sum_{i=1}^{n}x_iy_i}{n\displaystyle\sum_{i=1}^{n}x_i^{2}-\left(\sum_{i=1}^{n}x_i\right)^{2}} \tag{2.14}$$

2.2.6　符合度

对于静态特性具有明显非线性的传感器，仍采用直线拟合方法会引入较大误差，因此必须用非线性参考曲线进行拟合。

符合度是指实际标定得到的测点相对于该参考曲线的偏差程度。参考曲线的选取应使拟合误差尽量小，且函数形式尽量简单，一般多采用多项式拟合的方法。

2.2.7　迟滞与非线性迟滞

传感器的同一测点处正行程和反行程的输出可能不一致，如图 2.6 所示。这一现象称为传感器的迟滞现象。产生该现象的主要原因是传感器机械部分的缺陷，例如弹性敏感元件的弹性滞后、运动部件的摩擦、传动机构的间隙等。

传感器的迟滞可以通过下面的方法计算。

对于第 i 个测点，记其正反行程的平均校准点为 $(x_i, \overline{y}_{ui})$ 和 $(x_i, \overline{y}_{di})$，第 i 个测点的正反行程偏差为 $\Delta y_{i,\mathrm{H}} = |\overline{y}_{ui} - \overline{y}_{di}|$。则传感器的迟滞为

$$\Delta y_{\mathrm{H}} = \max\left(\Delta y_{i,\mathrm{H}}\right) \tag{2.15}$$

传感器的迟滞误差为

$$\xi_{\mathrm{H}} = \frac{\left(\Delta y_{\mathrm{H}}\right)_{\max}}{2y_{\mathrm{FS}}} \times 100\% \tag{2.16}$$

传感器的非线性迟滞是指传感器正行程和反行程标定曲线与参考直线不一致的程度，如图 2.7 所示。

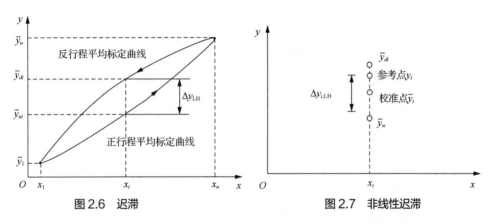

图 2.6　迟滞　　　　　　　　　　　　图 2.7　非线性迟滞

对于第 i 个测点，正反行程的平均校准点为 $(x_i, \overline{y}_{ui})$ 和 $(x_i, \overline{y}_{di})$，传感器的标定校准点为 $(x_i, \overline{y}_i)$，相应参考直线上的参考点为 (x_i, y_i)。正反行程的平均校准点与参考点偏差的较大者为非线性迟滞，即

$$\Delta y_{i,\mathrm{LH}} = \max\left(\left|\overline{y}_{ui} - y_i\right|, \left|\overline{y}_{di} - y_i\right|\right) \tag{2.17}$$

整个测量范围内，非线性迟滞为

$$\left(\Delta y_{\mathrm{LH}}\right)_{\max} = \max\left(\Delta y_{i,\mathrm{LH}}\right) \tag{2.18}$$

非线性迟滞误差为

$$\xi_{\mathrm{LH}} = \frac{\left(\Delta y_{\mathrm{LH}}\right)_{\max}}{y_{\mathrm{FS}}} \times 100\% \tag{2.19}$$

2.2.8　重复性

重复性是传感器在输入量按同一方向进行全量程多次测试时，所得特性曲线不一致的程度，如图 2.8 所示。传感器输出特性的不重复性主要由传感器的机械部分的磨损、间隙、松动，部件的内摩擦、积尘，电路元件老化、工作点漂移等原因导致。

传感器的重复性可采用极差法和贝塞尔公式法两种方法计算。

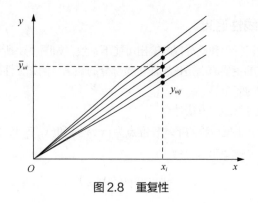

图 2.8　重复性

1. 极差法

考虑正行程的第 i 个测点，有

$$s_{ui} = \frac{W_{ui}}{d_m} \tag{2.20}$$

$$W_{ui} = \max\left(y_{uij}\right) - \min\left(y_{uij}\right) \tag{2.21}$$

式中，s_{ui} 为正行程的标准偏差；W_{ui} 为极差，指第 i 个测点正行程的 m 个标定值中最大值与最小值之差；d_m 为极差系数，与测量的循环次数 m。

极差系数 d_m 与 m 的关系如表 2.1 所示。

表 2.1　极差系数与测量的循环次数的关系

m	2	3	4	5	6	7	8	9	10	11	12
d_m	1.41	1.91	2.24	2.48	2.67	2.83	2.96	3.08	3.18	3.26	3.33

参考式（2.20），可类似得到反行程的极差 W_{di} 及相应 s_{di}。

2. 贝塞尔公式法

考虑正行程的第 i 个测点，将测量值视为正态分布的随机变量，其标准偏差的最佳估计可通过贝塞尔公式计算，即

$$s_{ui} = \sqrt{\frac{1}{m-1}\sum_{j=1}^{m}\left(y_{uij} - \overline{y}_{ui}\right)^2} \tag{2.22}$$

参考式（2.22），可类似得到反行程的标准偏差 s_{di}。

在此基础上，对于前述的极差法或贝塞尔公式法的所得结果，综合考虑正反行程，并假设测量过程为等精度测量，则第 i 个测点的标准偏差 s_i 及整个测试过程的标准偏差 s 可分别计算为

$$s_i = \sqrt{0.5\left(s_{ui}^2 + s_{di}^2\right)} \tag{2.23}$$

$$s = \sqrt{\frac{1}{n}\sum_{i=1}^{n}s_i^2} \tag{2.24}$$

由此可知，传感器的重复性可表示为

$$\xi_R = K\frac{s}{y_{FS}}\times100\% \tag{2.25}$$

式中，K 为置信因子，与所选的置信概率有关。一般可取 $K=3$（对应的置信概率为 99.73%）。

ξ_R 的物理意义为：在整个测量范围内，传感器相对于满量程输出的随机误差不超过 ξ_R 的置信概率为 99.73%。

2.2.9　综合误差

误差可分为系统误差和随机误差。非线性、迟滞或非线性迟滞误差属于系统误差，重复性属于随机误差。目前，在讨论传感器综合误差方面的方法并不统一。下面以线性传感器为例简要介绍以下几种方法。

1．综合考虑非线性、迟滞和重复性

可以采用各误差分量的代数和或均方根来表示综合误差，相应的综合误差为

$$\xi_a = \xi_L + \xi_H + \xi_R \tag{2.26}$$

或

$$\xi_a = \sqrt{\xi_L{}^2 + \xi_H{}^2 + \xi_R{}^2} \tag{2.27}$$

代数和表明所考虑的各个误差分量是线性相关的，而均方根表明各个误差分量是相互独立的。

2．综合考虑非线性迟滞和重复性

由于非线性和迟滞都属于系统误差，因此可以按非线性迟滞误差统一考虑，相应的综合误差为

$$\xi_a = \xi_{LH} + \xi_R \tag{2.28}$$

3．综合考虑迟滞和重复性

目前的传感器在设计时大多应用微处理器对校准点进行计算，将平均校准点作为参考点。这时只考虑迟滞与重复性，非线性误差可以不考虑，相应的综合误差为

$$\xi_a = \xi_H + \xi_R \tag{2.29}$$

由于不同参考直线会影响各个误差分量的具体数值，并且系统误差与随机误差的最大值不一定出现在相同测点等，因此上述 3 种方法虽较为简单，但人为因素影响大。

4．极限点法

对于第 i 个测点，其正反行程的平均校准点为 $(x_i, \bar{y}_{ui})$ 和 $(x_i, \bar{y}_{di})$，将测量值视为正态分布的随机变量，s_{ui}、s_{di} 分别为正反行程的标准偏差，则第 i 个测点的正行程输出值以 99.73% 的置信概率落在区域 $(\bar{y}_{ui} - 3s_{ui}, \bar{y}_{ui} + 3s_{ui})$，反行程输出值以 99.73% 的置信概率落在区域 $(\bar{y}_{di} - 3s_{di}, \bar{y}_{di} + 3s_{di})$。记

$$y_{i,\min} = \min\left(\bar{y}_{ui} - 3s_{ui}, \bar{y}_{di} - 3s_{di}\right) \tag{2.30}$$

$$y_{i,\max} = \max\left(\bar{y}_{ui} + 3s_{ui}, \bar{y}_{di} + 3s_{di}\right) \tag{2.31}$$

$y_{i,\min}$ 与 $y_{i,\max}$ 称为第 i 个测点的极限点。共有 $2n$ 个极限点，它们可以限定传感器静态特性的不确定区域。

如果以极限点的中间值作为参考值，那么该点的极限点偏差为

$$\Delta y_{i,\text{ext}} = 0.5\left(y_{i,\max} - y_{i,\min}\right) \tag{2.32}$$

所有测点的极限点偏差的最大值记为 Δy_{ext}，可以给出综合误差为

$$\xi_a = \frac{\Delta y_{\text{ext}}}{y_{\text{FS}}} \times 100\% \tag{2.33}$$

其中

$$y_{\text{FS}} = 0.5\left(y_{n,\min} + y_{n,\max}\right) - 0.5\left(y_{1,\min} + y_{1,\max}\right) \tag{2.34}$$

因此，用极限点法评价综合误差，人为因素影响更小。

2.3　传感器输入输出特性的动态模型

在测试过程中，输入量 $x(t)$ 总是不断变化的，传感器的输出 $y(t)$ 也是不断变化的。而测试的任务就是通过传感器的输出 $y(t)$ 来获取输入量 $x(t)$，因此需要研究传感器的动态特性。动态特性是指传感

器对于随时间变化的输入量的响应特性。传感器所检测的非电量信号大多数随时间变化。为了使传感器输出信号和输入信号随时间变化的曲线一致或相近，一般要求传感器不仅应具有良好的静态特性，而且应具有良好的动态特性。

传感器的动态特性是传感器的输出值，能够真实地再现变化着的输入量能力的反映。传感器动态特性方程就是指在动态测量时，传感器的输出量与输入被测量之间随时间变化的函数。它依赖于传感器本身的测量原理、结构，取决于系统内部机械的、电气的、磁性的、光学的等各种参数，而且这个特性本身不因输入量、时间和环境条件的不同而变化。为了便于分析、讨论问题，本书只针对线性传感器来讨论。

对于线性传感器，传感器的动态特性通常可以采用时域的微分方程、状态方程和复频域的传递函数来描述。

2.3.1 微分方程

为获取传感器动态特性，可通过微分方程式构建传感器动态输入和动态输出的关系。特别对于任何一个线性系统，都可以用下列常系数线性微分方程表示：

$$a_n \frac{\mathrm{d}^n y(t)}{\mathrm{d}t^n} + a_{n-1} \frac{\mathrm{d}^{n-1} y(t)}{\mathrm{d}t^{n-1}} + \cdots + a_1 \frac{\mathrm{d}y(t)}{\mathrm{d}t} + a_0 y(t)$$
$$= b_m \frac{\mathrm{d}^m x(t)}{\mathrm{d}t^m} + b_{m-1} \frac{\mathrm{d}^{m-1} x(t)}{\mathrm{d}t^{m-1}} + \cdots + b_1 \frac{\mathrm{d}x(t)}{\mathrm{d}t} + b_0 x(t) \tag{2.35}$$

式中，$y(t)$为输出量；$x(t)$为输入量；t为时间；$a_0, a_1, \cdots, a_n$及$b_0, b_1, \cdots, b_m$为常数。

如果用算子D表示$\mathrm{d}/\mathrm{d}t$，式（2.35）可以写为：

$$(a_n D^n + a_{n-1} D^{n-1} + \cdots + a_1 D + a_0) y(t) = (b_m D^m + b_{m-1} D^{m-1} + \cdots + b_1 D + b_0) x(t) \tag{2.36}$$

只要对式（2.35）的微分方程求解，便可得到动态响应及动态性能指标。

下面介绍典型传感器的微分方程。

1. 零阶传感器

$$\begin{cases} a_0 y(t) = b_0 x(t) \\ y(t) = kx(t) \end{cases} \tag{2.37}$$

式中，k为传感器的静态灵敏度或静态增益，$k = \dfrac{b_0}{a_0}$。

2. 一阶传感器

$$a_1 \frac{\mathrm{d}y(t)}{\mathrm{d}t} + a_0 y(t) = b_0 x(t)$$
$$T \frac{\mathrm{d}y(t)}{\mathrm{d}t} + y(t) = kx(t) \tag{2.38}$$

式中，T为传感器的时间常数（s），$T = \dfrac{a_1}{a_0}, a_0 a_1 \neq 0$。

3. 二阶传感器

$$a_2 \frac{\mathrm{d}^2 y(t)}{\mathrm{d}t^2} + a_1 \frac{\mathrm{d}y(t)}{\mathrm{d}t} + a_0 y(t) = b_0 x(t)$$
$$\frac{1}{\omega_n^2} \cdot \frac{\mathrm{d}^2 y(t)}{\mathrm{d}t^2} + \frac{2\zeta_n}{\omega_n} \cdot \frac{\mathrm{d}y(t)}{\mathrm{d}t} + y(t) = kx(t) \tag{2.39}$$

式中，ω_n为传感器的固有角频率（rad/s），$\omega_n^2 = \dfrac{a_0}{a_2}, a_0 a_2 \neq 0$；$\zeta_n$为传感器的阻尼比，$\zeta_n = \dfrac{a_1}{2\sqrt{a_0 a_2}}$。

4. 高阶传感器

高阶传感器指三阶及以上的传感器，通常由若干个低阶传感器串联或并联而成。

2.3.2　传递函数

对于初始条件为零的线性定常系统，对式（2.35）两端进行拉普拉斯（Laplace）变换，可得到 $Y(s)$ 和 $X(s)$ 的方程：

$$(a_n s^n + a_{n-1}s^{n-1} + \cdots + a_1 s + a_0)Y(s) = (b_m s^m + b_{m-1}s^{m-1} + \cdots + b_1 s + b_0)X(s) \tag{2.40}$$

该系统输出量的拉普拉斯变换 $Y(s)$ 与输入量的拉普拉斯变换 $X(s)$ 之比称为系统的传递函数 $G(s)$，即

$$G(s) = \frac{Y(s)}{X(s)} = \frac{\sum_{j=0}^{m} b_j s^j}{\sum_{i=0}^{n} a_i s^i} \tag{2.41}$$

2.3.3　状态方程

用微分方程或传递函数来描述传感器时，只能描述传感器输出量与输入量之间的关系，而不能描述传感器在输入量的变化过程中的某些中间过程或中间量的变化情况。因此可以采用状态空间法来描述传感器的动态特性。

系统的"状态"是在某一给定时间（$t=t_0$）描述该系统所具备的最小变量组。当知道了系统在 $t=t_0$ 时刻的状态（上述变量组）和 $t \geqslant t_0$ 时系统的输入量时，就能够完全确定系统在任何时刻的动态特性。将描述该动态系统所必需的最小变量组称为"状态变量"；用状态变量描述的一组独立的一阶微分方程称为"状态变量方程"，或简称为"状态方程"。

为便于讨论，将式（2.41）改写为：

$$G(s) = \frac{Y(s)}{X(s)} = d_0 + \frac{\beta_1 s^{n-1} + \beta_2 s^{n-2} + \cdots + \beta_{n-1}s + \beta_n}{s^n + a_1 s^{n-1} + a_2 s^{n-2} + \cdots + a_{n-1}s + a_n} \tag{2.42}$$

n 阶传感器必须用 n 个状态变量来描述。对于式（2.42）描述的线性传感器，可以用一个单输入、单输出状态方程来描述：

$$\boldsymbol{Z}(t) = \boldsymbol{A}\boldsymbol{Z}(t) + \boldsymbol{b}x(t) \tag{2.43}$$

$$y(t) = \boldsymbol{c}\boldsymbol{Z}(t) + dx(t) \tag{2.44}$$

式中，$\boldsymbol{Z}(t)$ 为 $n\times1$ 维状态向量；$\boldsymbol{A}$ 为 $n\times n$ 维矩阵；$\boldsymbol{b}$ 为 $n\times1$ 维向量；$\boldsymbol{c}$ 为 $1\times n$ 维向量；d 为常数。

矩阵 $\boldsymbol{A}$ 和向量 $\boldsymbol{b}$、$\boldsymbol{c}$ 的具体实现形式并不唯一，理论上有无限多种，其可控型实现为：

$$\boldsymbol{A} = \begin{bmatrix} 0 & 1 & 0 & 0 & \cdots & 0 \\ 0 & 0 & 1 & 0 & \cdots & 0 \\ 0 & 0 & 0 & 1 & \cdots & 0 \\ \vdots & \vdots & \vdots & \vdots & & \vdots \\ 0 & 0 & 0 & 0 & \cdots & 1 \\ -a_n & -a_{n-1} & -a_{n-2} & -a_{n-3} & \cdots & -a_1 \end{bmatrix}_{n\times n}$$

$$\boldsymbol{b} = \begin{bmatrix} 0 & 0 & 0 & \cdots & 1 \end{bmatrix}^{\mathrm{T}}_{1\times n}$$

$$\boldsymbol{c} = \begin{bmatrix} \beta_n & \beta_{n-1} & \beta_{n-2} & \cdots & \beta_1 \end{bmatrix}_{1\times n}$$

$$d = d_0$$

2.4　传感器的主要动态性能指标

2.4.1　频域动态性能指标

传感器的种类和形式繁多，但比较常见的是一阶传感器和二阶传感器，而高阶传感器由若干个一阶传感器和二阶传感器并联或串联而成，因此下面主要讨论一阶传感器和二阶传感器的动态特性。

1. 一阶传感器的频率响应

图 2.9 所示的由弹簧和阻尼组成的机械系统为一阶传感器模型。

在外力 $x(t)$ 的作用下，根据力学平衡条件，可得其运动微分方程为

$$c\frac{\mathrm{d}y(t)}{\mathrm{d}t} + ky(t) = x(t) \tag{2.45}$$

式中，k 为弹簧刚度系数，c 为阻尼系数。

令 $\tau = c/k$，称为时间常数，单位为 s，对式（2.45）进行拉普拉斯变换，则有

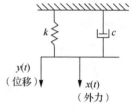

图 2.9　一阶传感器模型

$$\tau s Y(s) + Y(s) = KX(s) \tag{2.46}$$

式中，$K=1/k$ 为静态灵敏度。在线性系统中，K 为常数。由于 K 的大小仅表示输出与输入之间（输入为静态量时）放大的比例关系，并不影响对传感器动态特性的研究，因此，为讨论问题方便，可以令 $K=1$。这种处理称为灵敏度归一化处理。

经上述处理后，这类传感器的传递函数 $H(s)$、频率特性 $H(j\omega)$、幅频特性 $A(\omega)$ 和相频特性 $\varphi(\omega)$ 分别为：

$$H(s) = \frac{Y(s)}{X(s)} = \frac{1}{\tau s + 1} \tag{2.47}$$

$$H(j\omega) = \frac{1}{\tau(j\omega) + 1} \tag{2.48}$$

$$A(\omega) = \left| H(j\omega) \right| = \frac{1}{\sqrt{1 + (\omega\tau)^2}} \tag{2.49}$$

$$\varphi(\omega) = -\arctan(\omega\tau) \tag{2.50}$$

图 2.10 所示为一阶传感器的频率响应特性曲线。从式（2.49）、式（2.50）和图 2.10 可以看出，时间常数 τ 越小，频率响应特性就越好。当 $\omega\tau \ll 1$ 时，$A(\omega) \approx 1$，这表明传感器输出与输入之间为线性关系，且 $\varphi(\omega)$ 很小，$\tan\varphi(\omega) \approx \varphi(\omega)$，结合式（2.50），则有 $\varphi(\omega) \approx \omega\tau$，即相位差与频率 ω 呈线性关系。这时，输出信号 $y(t)$ 真实地反映输入信号 $x(t)$ 的变化规律，测试基本上是无失真的。

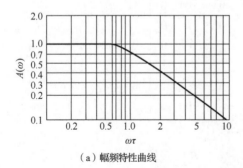

（a）幅频特性曲线　　　　　　　　　　　　　（b）相频特性曲线

图 2.10　一阶传感器的频率响应特性曲线

2. 二阶传感器的频率响应

图 2.11 所示的质量–弹簧阻尼系统为典型的二阶传感器模型。

当受到外力 $x(t)$ 作用时，其微分方程为：

$$x(t) = m\frac{\mathrm{d}^2 y(t)}{\mathrm{d}t^2} + c\frac{\mathrm{d}y(t)}{\mathrm{d}t} + ky(t) \tag{2.51}$$

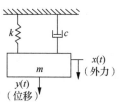

式中，m 为系统运动部分质量；c 为阻尼系数；k 为弹簧刚度系数。

图 2.11　二阶传感器模型

式（2.51）为二阶微分方程，经拉普拉斯变换得到的传递函数为：

$$H(s) = \frac{\omega_n^2 K}{s^2 + 2\zeta\omega_n s + \omega_n^2} \tag{2.52}$$

式中，K 为系统的灵敏度，$K=1/k$；ω_n 为系统的固有角频率，$\omega_n = \sqrt{\dfrac{k}{m}}$；$\zeta$ 为系统的阻尼比，

$\zeta = \dfrac{c}{c_c} = \dfrac{c}{2\sqrt{mk}}$，其中 c_c 为临界阻尼系数，$c_c = 2\sqrt{mk}$。

需要说明的是，ω_n、ζ 和 K 都取决于系统的结构参数。系统一经确定，这些参数的值也随之确定。对于式（2.52），令 $K=1$，则二阶系统的频率特性 $H(j\omega)$、幅频特性 $A(\omega)$ 和相频特性 $\varphi(\omega)$ 分别为：

$$H(j\omega) = \frac{1}{\left[1 - \left(\dfrac{\omega}{\omega_n}\right)^2\right]^2 + 2j\zeta\left(\dfrac{\omega}{\omega_n}\right)} \tag{2.53}$$

$$A(\omega) = \frac{1}{\sqrt{\left[1 - \left(\dfrac{\omega}{\omega_n}\right)^2\right]^2 + \left[2\zeta\left(\dfrac{\omega}{\omega_n}\right)\right]^2}} \tag{2.54}$$

$$\varphi(\omega) = -\arctan\frac{2\zeta\left(\dfrac{\omega}{\omega_n}\right)}{1 - \left(\dfrac{\omega}{\omega_n}\right)^2} \tag{2.55}$$

图 2.12 所示为二阶传感器的频率响应特性曲线。由式（2.54）、式（2.55）和图 2.12 可见，二阶传感器的频率响应特性好坏主要取决于传感器的固有频率 ω_n 和阻尼比 ζ。

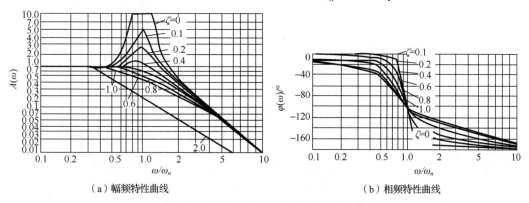

（a）幅频特性曲线　　　　　　　　　　　（b）相频特性曲线

图 2.12　二阶传感器的频率响应特性曲线

阻尼比 ζ 不同，系统的频率响应也不同。$0 < \zeta < 1$ 表示欠阻尼；$\zeta = 1$ 表示临界阻尼；$\zeta > 1$ 表示过阻尼。一般系统都工作于欠阻尼状态。

当 $\zeta<1$，$\omega \ll \omega_n$ 时，$A(\omega) \approx 1$，幅频特性曲线平直，输出与输入为线性关系；$\varphi(\omega)$ 很小，$\varphi(\omega)$ 与 ω 呈线性关系。此时，系统的输出 $y(t)$ 能真实、准确地复现输入 $x(t)$ 的波形。当 $\zeta \geq 1$ 时，$A(\omega)<1$。当 ζ 趋于 0 时，在 $\omega/\omega_n=1$ 附近，系统将出现谐振，此时，输出与输入的相位差 $\varphi(\omega)$ 由 $0°$ 突然变化到 $180°$。为了避免这种情况，可增大 ζ。当 $\zeta>0$，而 $\omega/\omega_n=1$ 时，输出与输入信号的相位差 $\varphi(\omega)$ 为 $90°$，利用这一特点可测定系统的固有频率 ω_n。

显然，系统的频率响应随固有频率 ω_n 的大小变化而不同。ω_n 越大，保持动态误差在一定范围内的工作频率范围越宽；反之，工作频率范围越窄。

综上所述，对二阶传感器系统推荐采用 ζ 在 0.7 左右，以及 $\omega \leq (1/5 \sim 1/3)\omega_n$，这样可使传感器的幅频特性工作在平直段，相频特性工作在直线段，从而使测量的失真小。

从上面的分析可知，为了减小动态误差和扩大频率响应范围，一般应提高传感器的固有频率 ω_n。提高 ω_n 一般可通过减小传感器运动部分质量和增加弹性敏感元件的刚度系数来达到 ($\omega_n=\sqrt{k/m}$)，但刚度系数 k 增加，必然使灵敏度按相应比例减小。因此在实际中，要综合各种因素来确定传感器的各个特征参数。

2.4.2　时域动态性能指标

传感器的动态特性除了可在频域中用频率特性分析外，也可在时域内研究过渡过程与动态响应特性。常用的典型标准激励信号有单位脉冲信号、单位阶跃信号、单位斜坡信号等，表 2.2 给出了一阶传感器和二阶传感器对多种典型输入信号的响应。

表2.2　一阶传感器和二阶传感器对多种典型输入信号的响应

输入		输出	
		一阶传感器 $H(s)=\dfrac{1}{\tau s+1}$	二阶传感器 $H(s)=\dfrac{\omega_n^2}{s^2+2\zeta\omega_n s+\omega_n^2}$
单位脉冲信号	$X(s)=1$ $x(t)=\delta(t)$	$Y(s)=\dfrac{1}{\tau s+1}$	$Y(s)=\dfrac{\omega_n^2}{s^2+2\zeta\omega_n s+\omega_n^2}$
单位阶跃信号	$X(s)=\dfrac{1}{s}$ $x(t)=\begin{cases}0, & t<0\\1, & t\geq 0\end{cases}$	$Y(s)=\dfrac{1}{s(\tau s+1)}$	$Y(s)=\dfrac{\omega_n^2}{s(s^2+2\zeta\omega_n s+\omega_n^2)}$
单位斜坡信号	$X(s)=\dfrac{1}{s^2}$	$Y(s)=\dfrac{1}{s^2(\tau s+1)}$	$Y(s)=\dfrac{\omega_n^2}{s^2(s^2+2\zeta\omega_n s+\omega_n^2)}$

续表

	输出		
输入	一阶传感器 $H(s)=\dfrac{1}{\tau s+1}$		二阶传感器 $H(s)=\dfrac{\omega_n^2}{s^2+2\zeta\omega_n s+\omega_n^2}$
单位斜坡信号	$x(t)=\begin{cases}0, & t<0\\ t, & t\geqslant 0\end{cases}$		
单位正弦信号	$X(s)=\dfrac{\omega}{s^2+\omega^2}$	$Y(s)=\dfrac{\omega}{(s^2+\omega^2)(\tau s+1)}$	$Y(s)=\dfrac{\omega_n^2}{(s^2+\omega_n^2)(s^2+2\zeta\omega_n s+\omega_n^2)}$
	$x(t)=\sin\omega t, t>0$		

理想的单位脉冲信号实际上是不存在的。但是假如给传感器以非常短暂的脉冲输入，其作用时间小于 $\tau/10$（τ 为一阶传感器的时间常数或二阶传感器的振荡周期），则可近似地认为是单位脉冲信号输入。在单位脉冲信号输入下传感器输出的频域函数就是传感器的频率响应函数，时域响应就是脉冲响应。

由于单位阶跃函数可以看作单位脉冲函数的积分，因此单位阶跃信号输入下的输出就是传感器脉冲信号响应的积分。对传感器的突然加载或卸载，即阶跃输入。这种输入方式既简单易行，又能充分揭示传感器的动态特性，故常被采用。

一阶传感器在单位阶跃信号输入下的稳态输出误差理论上为零。理论上一阶传感器的响应只有在 t 趋于无穷大时才达到稳态值，但实际上 $t=4\tau$ 时其输出为输入的98.2%，这时动态误差已小于2%，一般认为已达到稳态响应。因此 τ 越小，响应就越快，动态性能就越好。

二阶传感器在单位阶跃信号输入下的稳态输出误差为零，但是其动态响应在很大程度上取决于固有频率 ω_n 和阻尼比 ζ。系统固有频率由其主要结构参数决定，ω_n 越高，系统的响应越快。阻尼比 ζ 直接影响超调量和振荡次数。$\zeta=0$ 时超调量为100%，系统持续不断地振荡下去，达不到稳态；$\zeta>1$ 时，则系统退化为两个串联的一阶传感器，此时不会产生振荡，但也须经过较长时间才能达到稳态；对于欠阻尼情况，即 $\zeta<1$，若选择 ζ 为 $0.6\sim0.8$，则最大超调量将为 $2.5\%\sim10\%$。对于 $2\%\sim5\%$ 的允许误差，其输出过渡到稳态时间最短，为 $(3\sim4)/(\zeta\omega_n)$。这也是很多测试系统在设计中常把阻尼比选在这个区域的理由之一。

斜坡函数是阶跃函数的积分。由于输入量不断增大，一阶传感器、二阶传感器的相应输出量不断增大，但总是"滞后"于输入一段时间。因此一阶传感器和二阶传感器存在一定的"稳态误差"，并且该误差随 τ 增大、ω_n 减小或 ζ 的增大而增大。

在正弦信号输入下，一阶传感器、二阶传感器的稳态输出也都是输入频率的正弦函数，但在不同频率下有不同的幅值响应和相位滞后。在正弦信号输入的初始阶段，还有一段过渡过程。因为正弦信号输入是周期性和长时间持续的，因此在测试中可方便地观察其稳态输出而可不去细究其过渡过程。用不同频率的正弦信号去激励传感器，观察稳态时的响应幅值和相位滞后，则可以得到较为准确的传感器的动态特性。

习题

1. 如何获得传感器的静态特性?
2. 结合图示，解释传感器的灵敏度。
3. 简述传感器的分辨力与分辨率的不同。
4. 说明传感器的时间漂移与温度漂移的特点。
5. 简述对传感器的线性度和符合度的理解。
6. 简述传感器的迟滞现象。
7. 简述传感器的重复性的计算方法。
8. 简述传感器的综合误差计算方法。
9. 简述对传感器的动态特性的理解，并指出其主要描述方法与主要性能指标。
10. 传递函数、频率响应函数、脉冲响应函数的定义各是什么？它们之间有何联系？

第 3 章

传感器敏感材料

传感器敏感材料能直接感受被测量，是传感器领域中关键的研究内容。本章在强调敏感材料在传感器中重要作用的基础上，介绍敏感材料的分类，并以几种典型敏感材料（如半导体材料、压电材料、巨磁阻材料、柔性材料、聚合物薄膜、二维材料、量子材料）为例，介绍这些材料的特点、研究情况与传感应用，从而为了解这些新型材料的特性、效应及其在新型传感器中的作用提供参考和应用指导。

3.1   敏感材料的定义与分类

敏感材料是指可以感知物理量、化学量或生物量（如电、光、声、力、热、磁、气体、湿度、离子、各种酶等）的微小变化，并能够根据变化量表现出明显性能改变的功能材料（通常称为第二代材料）。通常敏感材料应具有以下基本特性。

（1）敏感性：灵敏度高、响应速度快、检测范围宽、检测精度高、选择性好。

（2）可靠性：耐热、耐磨损、耐腐蚀、耐振动、耐过载。

（3）经济性：成本低、成品率高、性价比高。

（4）可加工性：易成形、尺寸稳定、互换性好。

而且，敏感材料具有种类繁多的特点，从不同角度出发，有不同的分类方法，存在一定的交叉性和关联性。

1. 按工作原理分类

敏感材料按工作原理可划分为结构型敏感材料、物性型敏感材料和复合型敏感材料3类。其中，结构型敏感材料开发较早，至今仍在工业检测中被广泛应用。它是基于物理学中场与运动的关系研发的。它展现自身性质基本上不依据材料的内部特性，而是取决于其外部结构的变化，如基于对厚度、角度、位置、压力、位移量、流量、温度等参量变化，进行测量的平衡式、振弦式、变极矩电容式、变气隙电感式的传感器等。

物性型敏感材料是利用材料的某种宏观属性的变化而构成的，这种属性主要包括物理特性、化学特性和生物特性等。根据物理特性变化实现信息转换的敏感材料，其应用如热敏电阻器、光敏电阻器、磁阻式传感器等。根据能量形成方式和能量转换特点来划分，物性型敏感材料又可细分为能量控制型敏感材料和能量转换型敏感材料两类。其中，能量控制型敏感材料本身并不能进行能量的转换，能量需由外电源提供，故又称为"有源敏感材料"，如电阻式、电容式、电感式等与电路参量有关的敏感材料，基于应变电阻效应、热阻效应、磁阻效应、光电效应、霍尔效应等达到传感目的的均属此类；能量转换型敏感材料则可将非电量直接转换为电量，无须外加电源，故又称为"无源敏感材料"，如热电偶、压电片等。此外，化学特性敏感材料则是利用电化学反应原理，将物质的组成成分、浓度、酸碱度等的变化转换为电量。生物特性敏感材料则是利用生物活性物质被选择性地识别、测定生物体和化学物质成分与特性，且由于敏感元件为材料本身，因此不关注"结构"的变化，其通常具有响应速度快，有利于集成化、智能化发展的特征。综上，物性型传感器是利用敏感材料本身的物理、化学或生物特性随输入量的变化实现信号转换的一类传感器。半导体、电介质、铁电体以及其他高分子材料是构成这一类传感器的常用敏感材料。

复合型敏感材料是包括上述物性型敏感材料，尚需叠加另一种中间转换环节的敏感材料。因为在大量的待测非电量中，只有少数能够直接利用敏感材料的物质特性被转换成电信号，如应变、光、磁、热、水分和某些气体等。在大多数情况下，需要将那些不能直接转换成电信号的非电量，先转换成上述少数量中的一种，然后利用相应的物性型敏感特征，将其转换成可用电信号。因此，复合型敏感材料的性能取决于上述两个部分的选用和设计。

2. 按结构类型分类

为从物质的微观结构本质对敏感材料特性进行深入分析，也可按照敏感材料结构类型将敏感材料划分为半导体敏感材料、陶瓷敏感材料、金属敏感材料、有机高分子敏感材料、光纤敏感材料、磁性敏感材料、快离子导体（固体电解质）敏感材料、复合敏感材料等。

3. 其他分类方法

根据需要也可从其他不同角度对敏感材料进行分类。如可按物理原理分为：电参量式敏感材料，如电阻式敏感材料、电容式敏感材料、电感式敏感材料等；磁电式敏感材料，如电磁感应式敏感材料、霍尔效应式敏感材料、磁阻式敏感材料等；压电式敏感材料；光电（热电）式敏感材料；高频率敏感材料，如红外敏感材料、超声敏感材料、微波敏感材料。也可以按照工作方式来划分敏感材料，如差动式敏感材料、电能式敏感材料、涡流式敏感材料、同步感应式敏感材料、容栅式敏感材料等。采用上述各种分类方法，有利于传感器专业工作者及使用者从原理与设计上进行归纳性分析、研究和选用等。

3.2　典型的敏感材料

3.2.1　半导体材料

半导体材料是将各种非电量，如力学量、光学量、热学量、磁学量和生物量等，转换成电量的半导体材料。具有半导体性质的元素、化合物等材料之所以被广泛用作敏感材料，是由于测量对象导致半导体的性质发生较大的变化。对采用半导体材料的敏感元件若按测量对象进行分类，主要有光、温度、磁、形变、湿度、气体、生物等类敏感元件，且多数利用半导体微细加工技术向集成化、多功能化方向发展。半导体材料具有如下优点。

（1）灵敏度与精度高。

（2）易于小型化和集成化。

（3）结构简单、工作可靠，在几十万次疲劳试验后性能保持不变。

（4）动态特性好，其响应频率为 $1\times10^3\sim1\times10^5$Hz。

1. 半导体材料分类

半导体材料依据所转换非电量的性质，可分为以下几类。

（1）力敏半导体材料。其具有较强的压阻效应，能将各种力学量如作用力、加速度、流量等转换为电信号。这类材料主要有单晶硅、多晶硅、硅外延薄膜、硅/尖晶石和硅/蓝宝石等。

（2）光敏半导体材料。其受到光照射时，能产生光生非平衡载流子，引起材料电导率的变化（即光电导效应），或者在半导体 PN 结附近产生载流子，引起 PN 结反向偏压的变化（光生伏打效应），可将光学量转换为电量。属于这类材料的有 Si 和 Ge，ⅢA-VA 族化合物 GaAs、InAs、InP、GaN，ⅡB-ⅥA 族化合物 CdTe，以及多元固溶体材料，如 CdHgTe 等。

（3）磁敏半导体材料。其具有较强的霍尔效应和磁阻效应，能将各种磁学量转换为电信号，主要有 Si、Ge、GaAs、InSb、InAs 等。利用半导体材料的这些特性，可制成磁敏感半导体器件。为获得较高的磁敏感度，通常选用载流子迁移率高的材料作为磁敏材料，例如，InSb 在室温下的迁移率约为硅迁移率的 50 倍。

（4）热敏半导体材料。其具有较强的热电效应，能将热学量（温度）转换为电信号。某些过渡族元素（如 Mn、Ni、Co 等）的氧化物，当温度升高时，其载流子浓度增加，使电阻率下降（温度系数为负）；而另一些金属氧化物，如以 $BaTiO_3$ 为基底的材料，在掺入适量稀土元素后，其电阻率会随温度升高而变大（温度系数为正）。利用金属氧化物的这种性质，可以制备热敏感器件。用元素半导体或化合物半导体制备的二极管或晶体管，其基极和发射极之间的电压对温度也十分敏感，因此，可用作热敏元件。此外，还可以利用半导体的表面效应和界面效应，将各种气体组分的浓度、离子浓度和生物量转换成电量，这些材料分别称为气敏半导体材料、离子敏半导体材料和生物敏半导体材料。

半导体敏感材料的性能直接影响着半导体敏感元器件的特性，如灵敏度、稳定性、可靠性以及成品率等。用于敏感元件的半导体材料多是无机物，但是，有机物中也有显示半导体性质的。除典型的单一元素半导体 Si、Ge、Se 以外，还有化合物，如表 3.1 中所列的由ⅢA族元素和ⅤA族元素构成的 GaAs、InSb，以及由ⅡB族元素和ⅥA族元素构成的 ZnS、CdS 等二元化合物半导体。另外，若从原子排列状态来区分半导体，则可大致分为具有长程有序的晶体，以及在短距离上具有与晶体相同的规则性，但在长距离上原子排列不具有规则性的非晶体。

表 3.1　构成化合物半导体的部分元素

ⅡB	ⅢA	ⅣA	ⅤA	ⅥA
	^{5}B	^{6}C	^{7}N	^{8}O
	^{13}Al	^{14}Si	^{15}P	^{16}S
^{30}Zn	^{31}Ga	^{32}Ge	^{33}As	^{34}Se
^{48}Cd	^{49}In	^{50}Sn	^{51}Sb	^{52}Te
^{80}Hg	^{81}Tl	^{82}Pb	^{83}Bi	^{84}Po

如前所述，实用的半导体材料几乎都是无机材料，由表 3.1 所列的部分元素构成，即ⅣA族的元素半导体、ⅢA-ⅤA族或ⅡB-ⅥA族构成的化合物及它们的混晶半导体。

用于敏感元件的 Si 几乎都是单晶结构，但多晶结构的硅也常用于需要低价、大面积薄膜的场合和布线材料。由于多晶晶粒的大小对电特性有很大的影响，因此必须控制粒径。Ge 具有比 Si 高的电子、空穴迁移率，因此宜被开发为敏感材料。对其他ⅣA族元素而言，Sn 和 C 显示出半导体的性质，特别是 C 的金刚石半导体，有望作为极限环境的敏感材料。

2. 半导体基础物性

半导体的最大特征之一是输运电流的荷电粒子（电子或空穴，亦称载流子）的密度可在很宽的范围内变化，且可利用此变化对电阻进行控制。从敏感材料的观点来看，若来自外界的对半导体的作用可改变半导体内电子的运动状态和数目，则外部作用可转换为电信号。因此，作为敏感材料的物性基础将归结为半导体内电子的特征。

根据量子力学，像电子那样极微小的粒子所具有的能量被限定于间隔为一定大小的所谓的量子能级上。但是，半导体中的电子由于晶格产生的周期性势垒的作用，量子能级变成一些准连续的集合，形成所谓的能带。图 3.1 所示是典型的半导体材料的能带，其特征是在用箭头表示的称为价带和导带的两个能带间存在着有限的能隙，即在半导体内不存在具有此间隙能量大小的电子。因此，将此间隙称为禁带，其大小用带隙能量（或称禁带宽度、能隙）E_g 表示，通常为 0.1～3eV。

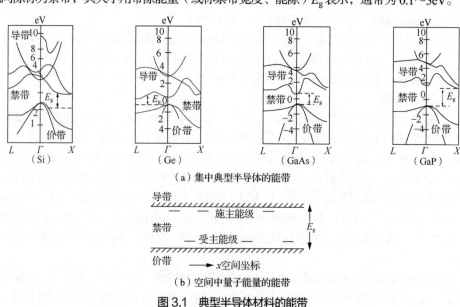

（a）集中典型半导体的能带

（b）空间中量子能量的能带

图 3.1　典型半导体材料的能带

3. 半导体压阻效应

从小型化、可靠性、高灵敏度、容易获得电信号等角度出发，基于半导体材料的压力敏感元件和位移敏感元件受到人们广泛关注。所谓半导体的压阻效应是指当半导体受到应力作用时，载流子迁移率的变化，使其电阻率发生变化的现象。它是西里尔·斯坦利·史密斯（Cylir Stanley Smith）在 1954 年对硅和锗的电阻率与应力变化特性测试中发现的。

半导体的这种压阻效应通常有两种应用形式：一种是利用半导体材料的电阻做成粘贴式应变片；另一种是在半导体材料的基片上，用集成电路工艺制成扩散型压敏电阻或离子注入型压敏电阻。而且，半导体的压阻效应比几何金属的压阻效应大几个数量级。这一发现对 MEMS 很重要，因为它表明硅和锗比金属更能感知空气或水的压力。由于发现了半导体的压阻效应，1958 年开始商业化开发硅应变片。目前，半导体压阻传感器已经广泛地应用于航空航天、化工、航海和医疗等领域。

就半导体的物性来看，半导体的压力敏感元件是基于在应力作用下半导体晶体的能带结构发生变化，从而改变载流子迁移率和载流子密度的。任何材料的电阻的变化率均可以写成：

$$\frac{\mathrm{d}R}{R} = \frac{\mathrm{d}\rho}{\rho} + \frac{\mathrm{d}L}{L} - \frac{2\mathrm{d}r}{r} \tag{3.1}$$

对于金属材料，其电阻变化率主要由几何形变量 $\mathrm{d}L/L$ 和 $\mathrm{d}r/r$ 决定；而半导体材料的 $\mathrm{d}\rho/\rho$ 很大，几何形变量 $\mathrm{d}L/L$ 和 $\mathrm{d}r/r$ 很小，这由半导体材料的导电性决定。而且，实验研究表明，半导体材料的电阻率的相对变化可写为

$$\frac{\mathrm{d}\rho}{\rho} = \pi_L \sigma_L \tag{3.2}$$

式中，π_L 为压阻系数（单位为 Pa^{-1}），表示单位应力引起的电阻率的相对变化量；σ_L 表示施加的应力（Pa）。

对于一维单向受力的晶体，$\sigma_L = E\varepsilon_L$，式（3.2）可改写为

$$\frac{\mathrm{d}\rho}{\rho} = \pi_L E \varepsilon_L \tag{3.3}$$

电阻的变化率可写为

$$\frac{\mathrm{d}R}{R} = \frac{\mathrm{d}\rho}{\rho} + \frac{\mathrm{d}L}{L} + 2\mu\frac{\mathrm{d}L}{L} = (\pi_L E + 2\mu + 1)\varepsilon_L = K\varepsilon_L \tag{3.4}$$

$$K = (\pi_L E + 2\mu + 1) \approx \pi_L E \tag{3.5}$$

式中，μ 为应变片的泊松比；K 为应变灵敏系数，其极性依赖于导电类型（P 型、N 型），大小随晶体的取向而改变。

半导体材料的弹性模量 E 的范围为 $1.3\times10^{11}\sim1.9\times10^{11}\mathrm{Pa}$，压阻系数 π_L 的范围为 $50\times10^{-11}\sim100\times10^{-11}\mathrm{Pa}^{-1}$，故 $\pi_L E$ 的范围为 $65\sim190$。由此可知，在半导体材料的压阻效应中，其等效的应变灵敏系数远大于金属的应变灵敏系数，且主要是由电阻率的相对变化引起的，而不是由几何形变引起的。基于上述分析，则有

$$\frac{\mathrm{d}R}{R} \approx \pi_L \sigma_L \tag{3.6}$$

压阻效应型半导体压力敏感元件的缺点是特性随温度变化大。但是，若在扩散电阻层的硅衬底上配置 PN 结二极管和晶体管，从而使之与温度补偿电路一体化，就实现了前面指出的作为半导体敏感元件特点之一的敏感元件与信号处理电路的一体化。而且，由温度补偿电路还可得到温度信号，从而实现敏感元件的多功能化。

（1）单晶硅的压阻效应

硅是一种化学元素，它极少以单质的形式在自然界中出现，而是以复杂的硅酸盐或二氧化硅的形式广泛存在于岩石、砂砾之中。硅晶体中没有明显的自由电子，能导电，但电导率不及金属，且随温度升高而增加，具有半导体性质。在半导体器件开始进入大规模应用时，锗和硅同时受到人们的重视，锗属于稀有金属，在地球上含量非常少，但由于锗的熔点低，易于加工，在规模生产和应用方面曾经一度领先于硅。

在半导体压阻式传感器中，目前主要采用单晶硅基片。单晶硅是广泛用于微机电系统的衬底材料，具有如下几个主要特点。

① 力学性能稳定，并且可以被集成到相同衬底的电子器件上。

② 硅是一种理想的结构材料。它具有几乎与钢相同的杨氏模量（约 2×10^5 MPa），但与铝一样轻，其质量密度为 2.3 g/cm^3。高杨氏模量的材料可以很好地保持载荷与形变的线性关系。

③ 硅的熔点为 1400℃，约为铝的 2 倍。高熔点可使硅在高温情况下保持尺寸的稳定。

④ 硅的热膨胀系数不到钢的 1/8、铝的 1/10。

⑤ 硅没有机械迟滞，因此是传感器的理想材料。

⑥ 硅衬底在设计和制造中具有更大灵活性，而且硅衬底的处理和制造工艺已经比较成熟。

由于单晶硅材料具有各向异性，外加力的方向不同，其压阻系数变化很大，且晶体不同的取向决定了该方向的压阻效应的大小，因此基于硅压阻效应的电阻的变化率可写为

$$\frac{\Delta R}{R} = \pi_a \sigma_a + \pi_n \sigma_n \tag{3.7}$$

式中，π_a、π_n 分别表示纵向（主方向）压阻系数（单位为 Pa^{-1}）和横向（副方向）压阻系数（单位为 Pa^{-1}）；σ_a、σ_n 分别表示纵向应力（单位为 Pa）和横向应力（单位为 Pa）。

（2）压阻系数矩阵

以一个标准的单元微立方体为例，它是沿着单晶硅晶粒的 3 个标准晶轴 1、2、3（即 x 轴、y 轴、z 轴）的轴向取出的，如图 3.2 所示。在这个微立方体上有 3 个正应力 σ_{11}、σ_{22}、σ_{33}，可记为 σ_1、σ_2、σ_3；另外有 3 个独立的切应力 σ_{23}、σ_{31}、σ_{12}，可记为 σ_4、σ_5、σ_6。

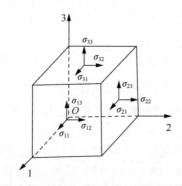

图 3.2　单晶硅微立方体上的应力分布

6 个独立的应力 σ_1、σ_2、σ_3、σ_4、σ_5、σ_6 将引起 6 个独立的电阻率的相对变化量 δ_1、δ_2、δ_3、δ_4、δ_5、δ_6。研究表明，应力与电阻率相对变化量之间有如下关系：

$$\boldsymbol{\delta} = \boldsymbol{\pi} \boldsymbol{\sigma} \tag{3.8}$$

$$\boldsymbol{\sigma} = \begin{bmatrix} \sigma_1 & \sigma_2 & \sigma_3 & \sigma_4 & \sigma_5 & \sigma_6 \end{bmatrix}^{\mathrm{T}}$$

$$\boldsymbol{\delta} = \begin{bmatrix} \delta_1 & \delta_2 & \delta_3 & \delta_4 & \delta_5 & \delta_6 \end{bmatrix}^{\mathrm{T}}$$

$$\boldsymbol{\pi} = \begin{bmatrix} \pi_{11} & \pi_{12} & \cdots & \pi_{16} \\ \pi_{21} & \pi_{22} & \cdots & \pi_{26} \\ \vdots & \vdots & & \vdots \\ \pi_{61} & \pi_{62} & \cdots & \pi_{66} \end{bmatrix}$$

$\boldsymbol{\pi}$ 称为压阻系数矩阵，具有如下特点。

① 切应力不引起轴向压阻效应。

② 正应力不引起剪切压阻效应。

③ 切应力只在自己的剪切平面内产生压阻效应，无交叉影响。

④ 具有一定对称性，即

$\pi_{11}=\pi_{22}=\pi_{33}$，表示 3 个主轴方向上的轴向压阻效应相同；

$\pi_{12}=\pi_{21}=\pi_{13}=\pi_{31}=\pi_{23}=\pi_{32}$，表示横向压阻效应相同；

$\pi_{44}=\pi_{55}=\pi_{66}$，表示剪切压阻效应相同。

故压阻系数矩阵为

$$\boldsymbol{\pi} = \begin{bmatrix} \pi_{11} & \pi_{12} & \pi_{12} & & & \\ \pi_{12} & \pi_{11} & \pi_{12} & & & \\ \pi_{12} & \pi_{12} & \pi_{11} & & & \\ & & & \pi_{44} & & \\ & & & & \pi_{44} & \\ & & & & & \pi_{44} \end{bmatrix} \quad (3.9)$$

且只有 3 个独立的压阻系数，分别定义为：

π_{11}——单晶硅的纵向压阻系数（单位为 Pa^{-1}）；

π_{12}——单晶硅的横向压阻系数（单位为 Pa^{-1}）；

π_{44}——单晶硅的剪切压阻系数（单位为 Pa^{-1}）。

在常温下，P 型硅（空穴导电）的 π_{11} 和 π_{12} 可以忽略，$\pi_{44}=138.1\times10^{-11}Pa^{-1}$；N 型硅（电子导电）的 π_{44} 可以忽略，π_{11} 和 π_{12} 较大，且有 $\pi_{12} \approx -\dfrac{\pi_{11}}{2}$，$\pi_{11}=-102.2\times10^{-11}Pa^{-1}$。

单晶硅任意方向的压阻系数计算如图 3.3 所示，1、2、3 为单晶硅立方晶格的主轴方向；在任意方向产生电阻，可看作压敏电阻器 R。P 为压敏电阻器 R 的主方向，又称纵向；Q 为压敏电阻器 R 的副方向，又称横向。方向 P 是由压敏电阻器的实际长度方向决定的，即电流通过压敏电阻器 R 的方向，记为 1'方向；Q 方向则是由压敏电阻器的实际受力方向决定的，即在与 P 方向垂直的平面（3'O2'）内，压敏电阻器受到的综合应力的方向，记为 2'方向。

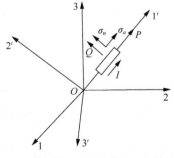

图 3.3　单晶硅任意方向的压阻系数计算

定义 π_a 和 π_n 分别为纵向压阻系数（P 方向）和横向压阻系数（Q 方向），而且有

$$\pi_a = \pi_{11} - 2(\pi_{11} - \pi_{12} - \pi_{44})(l_1^2 m_1^2 + m_1^2 n_1^2 + n_1^2 l_1^2) \tag{3.10}$$

$$\pi_n = \pi_{12} + (\pi_{11} - \pi_{12} - \pi_{44})(l_1^2 l_2^2 + m_1^2 m_2^2 + n_1^2 n_2^2) \tag{3.11}$$

式中，l_1、m_1、n_1 为 P 方向在标准的立方晶格坐标系中的方向余弦；l_2、m_2、n_2 为 Q 方向在标准的立方晶格坐标系中的方向余弦，利用式 $\Delta R/R = \pi_a \sigma_a + \pi_n \sigma_n$ 可计算任意方向的电阻器的压阻效应。

（3）影响压阻系数大小的因素

影响压阻系数大小的因素主要是扩散杂质的表面浓度和温度。

图 3.4 给出了压阻系数与扩散杂质表面浓度 N_s 的关系。图中一条曲线反映了 P 型硅扩散层的压阻系数 π_{44} 与表面浓度 N_s 的关系，另一条曲线反映了 N 型硅扩散层的压阻系数 $-\pi_{11}$ 与表面浓度 N_s 的关系。扩散杂质表面浓度 N_s 增加时，压阻系数都要减小。

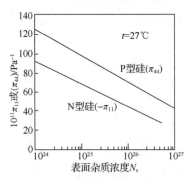

图 3.4   压阻系数与扩散杂质表面浓度 N_s 的关系

这一现象可以大致解释如下：扩散杂质的表面浓度 N_s 增加时，载流子的浓度 N_i 也要增加，由式 $\rho \propto \dfrac{1}{e N_i \mu_{av}}$ 可知，电阻率 ρ 会降低；但另一方面由于扩散杂质的表面浓度 N_s 增加，载流子浓度比较大，半导体受到应力作用后，电阻率的变化（$\Delta \rho$）更小，因此总体上电阻率的变化率是降低的。这就说明当扩散杂质的表面浓度增加时，压阻系数是降低的。

当温度变化时，压阻系数的变化比较明显。温度升高时，由于载流子的杂散运动加剧，单向迁移率 μ 减小，因此电阻率 ρ 变大，从而使电阻率的变化率（$d\rho/\rho$）减小，故压阻系数随着温度的升高而减小。扩散杂质表面浓度较低时，迁移率 μ_{av} 减小得较多，使电阻率 ρ 也增加得较多，因此压阻系数随温度的增加下降得较快；而扩散杂质表面浓度较高时，迁移率 μ_{av} 减小得较少，电阻率也增加得较少，因此压阻系数随着温度的增加下降得较慢。基于上述讨论，为减少温度影响，扩散杂质表面浓度高些比较好。但扩散杂质表面浓度较高时，压阻系数就要降低，且高浓度扩散时，扩散层 P 型硅与衬底 N 型硅之间的 PN 结的击穿电压要降低，从而使绝缘电阻降低。因此必须综合考虑压阻系数的大小、温度对压阻系数的影响以及绝缘电阻的大小等因素来确定合适的扩散杂质表面浓度。

4. 半导体光电效应

因光照而引起物体电学特性的改变称为光电效应。半导体的光电效应可分为内光电效应和外光电效应。其中，内光电效应又可分为光电导效应和光生伏打效应两类。

（1）光电导效应

在光线作用下，电子吸收光子能量从键合状态过渡到自由状态，而引起材料电导率的变化，这种现象被称为光电导效应。基于这种效应的光电器件有光敏电阻器。

（2）光生伏打效应

光生伏打效应简称光伏效应，指光照使不均匀半导体或半导体与金属结合的不同部位之间产生电位差的现象。它首先是由光子（光波）转化为电子、光能量转化为电能量的过程，其次是形成电压的过程。

光与半导体的相互作用比光与导体和绝缘体的强，这是半导体可作为光敏材料的基础。光敏元件以光电导效应、光伏效应、光电子发射效应为工作原理，但无论哪种效应都与半导体的物性有关。

5. 半导体磁阻效应

半导体磁阻效应是指将磁场施加在半导体上导致半导体的电阻增加的现象，主要分为常磁阻效应、巨磁阻效应、超巨磁阻效应、异向磁阻效应、隧穿磁阻效应等。如图 3.5 所示，在此元件中，半导体电阻率 ρ 增加的同时，还涉及电流 I 的分布随磁场改变，以及电流路径变长、电阻增加的形状效应。在半导体磁阻效应中，当磁场强度 B 不大时，电阻率的相对变化量为

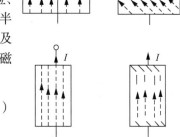

图 3.5　磁阻效应

$$\frac{\Delta\rho}{\rho} = (\mu B)^2 \qquad (3.12)$$

式中，μ 为霍尔迁移率。

敏感元件的输入电阻 R_B 可由下式求出：

$$R_B = \frac{V}{I} = R_0\left(\frac{\rho}{\rho_0}\right)g_m \qquad (3.13)$$

式中，V 为输入电压，I 为输入电流，R_0、ρ_0 为没有磁场作用时的输入电阻和输入电阻率，g_m 为由形状效应引起的电阻增加率。为获得较大的 g_m，需使元件变短和变宽，从而获得较大的输出信号，便于与后续电路匹配。

磁阻效应广泛用于磁传感器、磁力计、电子罗盘、位置和角度传感器、车辆探测、卫星导航、仪器仪表、磁存储（磁卡、硬盘）等领域。磁阻器件由于具有灵敏度高、抗干扰能力强等优点，在工业、交通、仪器仪表、医疗器械、探矿等领域得到广泛应用，如数字式罗盘、交通车辆检测、导航系统、伪钞鉴别、位置测量等。

3.2.2　巨磁阻材料

导体或半导体物质处于一定磁场下电阻发生改变的现象，称为磁阻（Magneto Resistance，MR）效应。磁性金属和合金材料一般都有这种现象，当受到与电流方向垂直的磁场作用时，载流子会同时受到洛伦兹力与霍尔电场力的作用，由于载流子的速度有所不同，假设速度为 v_0 的载流子受到的洛伦兹力与霍尔电场力相互抵消，那么这些载流子的运动方向不会偏转，而速度低于 v_0 或高于 v_0 的载流子的运动方向将发生偏转，使得路径变成曲线，如此将使电子行进路径长度增加，同时使电子碰撞概率增大，导致电流变小，电阻增大。

表征 MR 效应大小的物理量为磁电阻系数 η，有

$$\eta = \frac{R_H - R_0}{R_0} = \frac{\rho_H - \rho_0}{\rho_0} \qquad (3.14)$$

式中，R_H、ρ_H 是磁场为 H 时的电阻和电阻率，R_0、ρ_0 是磁场为零时的电阻和电阻率。

对于传统的铁磁导体，如 Fe、Co、Ni 及其合金等，在大多数情况下，η 很小（约为 3% 或更小）。1988 年，彼得·格林贝格（Peter Grünberg）和阿尔贝·费尔（Albert Fer）分别发现了巨磁阻（Giant Magneto Resistance，GMR）效应，因此共同获得了 2007 年诺贝尔物理学奖。研究发现，对于磁性层被纳米级厚度的非磁性材料分隔开来的磁性多层膜，在特定条件下，非磁性层的磁交换作用会改

变磁性层的传导电子行为，使得电子产生程度不同的磁散射而造成较大电阻，其电阻率变化比通常的磁性金属与合金材料高10余倍，这一现象称为巨磁阻效应。在磁性多层膜中出现巨磁阻效应必须满足两个条件：一是相邻磁性层中磁矩的相对取向发生变化；二是各单层厚度必须小于多层膜中电子的平均自由程若干倍。

磁性金属多层膜的巨磁阻效应与磁场的方向无关，它仅依赖于相邻磁性层的磁矩的相对取向，而外磁场的作用不过是改变相邻磁性层的磁矩的相对取向。在与自旋相关的s-d散射中，当电子的自旋与铁磁金属的多数自旋平行时，其平均自由程长，相应的电阻率低；而当电子的自旋反平行于铁磁金属的多数自旋时，其平均自由程短，相应的电阻率高。因此，当相邻磁性层的磁矩反铁磁耦合时，在一个磁性层中受散射较弱的电子进入另一个磁性层后会发生较强的散射。因此，整体上当存在外加磁场时，相邻磁性层的磁矩趋于平行，自旋方向与磁矩取向相同的一半电子可以很容易地穿过许多磁层而只受到很弱的散射，而另一半自旋方向与磁矩取向相反的电子则在每一磁层都受到强烈的散射。即有一半传导电子存在一低电阻通道。在宏观上，多层膜处于低电阻状态，如图3.6所示，这就是基于内维尔·弗朗西斯·莫特（Nevill Francis Mott）的二流体模型对巨磁阻效应的简单解释。

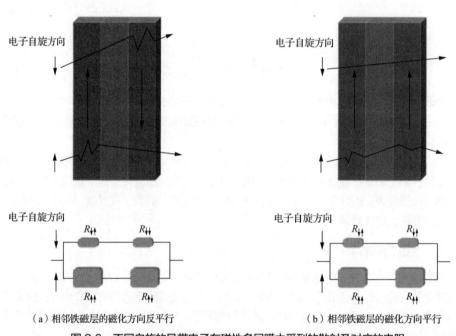

（a）相邻铁磁层的磁化方向反平行　　　　　（b）相邻铁磁层的磁化方向平行

图3.6　不同自旋的导带电子在磁性多层膜中受到的散射及对应的电阻

需要说明的是，上述模型只考虑了电子在磁层内部的散射，即所谓的体散射。实际上，在磁层与非磁层界面处的自旋相关散射有时更为重要，表面散射占主导地位，如纳米颗粒合金薄膜中的巨磁阻效应。巨磁阻效应是磁性纳米材料中较为普遍的现象，在铁磁颗粒的尺寸及其间距小于电子平均自由程的条件下，有可能出现巨磁阻效应。从本质上讲，纳米颗粒合金与多层膜的巨磁阻效应均源于与自旋相关的电子散射。电子在纳米颗粒薄膜中输运时，将受到磁性颗粒与自旋相关的散射，该散射源于磁性颗粒的体散射以及磁性颗粒的表面（界面）散射。

纳米颗粒合金是20世纪90年代初开发出的新材料，指纳米量级的铁磁性相与非磁性导体相非均匀析出所构成的合金。其形态包括纳米颗粒薄膜、纳米颗粒薄带，以及纳米颗粒块体合金，其化学成分与金属超晶格相似。例如Fe、Co纳米颗粒镶嵌于Ag、Cu薄膜中而构成Fe-Ag、Co-Ag、Co-Cu

等纳米颗粒薄膜，其中 Fe、Co 与 Ag、Cu 固溶度很低，因此不构成合金，亦难形成化合物，而以纳米颗粒的形式弥散于薄膜中，所以纳米颗粒薄膜区别于合金、化合物，属于非均匀相组成体系。纳米颗粒薄膜中丰富的异相界面对电子输运性质和磁、电、光等特性有显著的影响，控制其组成比例、颗粒尺寸、形态就可以对纳米颗粒薄膜的特性进行人为设定。

巨磁阻效应自从被发现以来就被用来研制用于磁盘的数据读出磁头（Read Head）。这使得存储单字节数据所需的磁性材料尺寸大为减少，从而使得磁盘的存储能力得到大幅提高。目前，采用 SPIN-VALVE 材料研制的新一代磁盘读出磁头，已经大大提高了存储密度，该类型磁头已占领磁头市场的 90%～95%。正是依靠巨磁阻材料，存储密度在最近几年内每年的增长速度为原来的 3～4 倍。由于磁头是由多层不同材料薄膜构成的，因此只要在巨磁阻效应依然起作用的范围内，未来将能够进一步缩小磁盘体积，提高磁盘容量。除读出磁头外，巨磁阻效应还用于制作位移、角度等传感器，广泛地应用于数控机床、汽车导航、非接触开关和旋转编码器，且与光电传感器相比，具有功耗小、可靠性高、体积小、可工作于恶劣条件等优点。

3.2.3 聚合物薄膜

聚合物又称高分子化合物，一般指相对分子质量高达几千到几百万的化合物。绝大多数聚合物是由许多相对分子质量不同的同系物组成的混合物，因此聚合物的相对分子质量是平均相对分子质量。由于聚合物具有易加工的特点，容易将其制备为均匀、大面积结构的产品，并且新结构聚合物分子的设计和合成自由度大，因此便于聚合物的高分子识别功能在化学敏感元件，尤其是离子敏传感器和生物传感器中被有效利用。

1. 聚合物特点及分类

（1）聚合物特点

① 分子量大。一般聚合物的分子量为 $1\times10^4\sim1\times10^6$，比低分子有机化合物的分子量大得多，且聚合物的许多特殊性能源于分子量大，如溶解性能、黏度、机械强度、弹性等。

② 分子量具有多分散性。任何一种低分子化合物，它的分子量总是固定不变的，如水的分子量为 18，甲烷的分子量为 16 等。然而，同一种聚合物的各个分子虽然在化学组成上是一致的，但是分子量不一定相同，这是因为其分子链有长有短。如平均分子量为 1×10^5 的聚氯乙烯，它是由分子量从 $2\times10^4\sim2\times10^5$ 的不同大小的聚氯乙烯分子混合而成的，因此聚合物是一种化学组成相同、结构不同，而且分子量不等的同系物的混合物。

③ 聚合物分子的空间结构排列复杂。

④ 一般聚合物材料都有相对密度小、强度大、电绝缘性能好、耐化学腐蚀等特点。

（2）聚合物分类

根据聚合物分子中基本结构单元连接方式的不同，其空间形态（几何构型）可分为线型、支链型和体型 3 种，如图 3.7 所示。不同构型的聚合物具有不同的性质，线型聚合物整个分子犹如一根线型长链，且大多数呈卷曲状，易溶解、熔融，具有可塑性；支链型聚合物的分子链上带有长短不一的支链，使分子不易规整地排列，因此在性能上与线型聚合物有很大差异，其溶解能力较线型聚合物强，但密度、熔点和机械强度较低；体型聚合物是线型聚合物或支链型聚合物以化学键交联形成的，呈空间网状结构，难以溶解和熔融。

（a）线型　　　　　（b）支链型　　　　　（c）体型

图 3.7 聚合物分子几何构型

2. 聚合物敏感材料

作为敏感材料时，聚合物材料的响应可分为物理响应和化学响应，其中物理响应包含电磁、光、射线、温度、压力等，这些响应被转换为电学特性的变化。基于聚合物材料的敏感元件如表 3.2 所示。

表3.2　基于聚合物材料的敏感元件

类别	敏感元件	敏感效应	敏感材料
热敏元件	NTC 热敏电阻器	离子传导型	PVC/NMQB 等
		电子传导型	PVC/NaTCNQ 等
		介电型	尼龙系等
	PTC 热敏电阻器	软化点	导电性微粒分散聚合物
	热释电型红外敏感元件	热释电效应	PVDF、PZT 微粒分散聚合物
	液晶温度敏感元件	透过率的温度变化	液晶
		反射/透过光波长的变化	胆固醇液晶
力敏元件	压力敏感元件	压电效应	PVDF、P（VDF-TrEE）、PZT 微粒分散聚合物
		加压导电性	导电性微粒分散橡胶
		显微调色剂薄膜破坏	含有显微调色剂薄膜的发色剂分散的聚合物
	超声波敏感元件	压电效应	PVDF、P（VDCN-VAC）
		分子排列变化	向列液晶
	加速度敏感元件	分子排列变化	向列液晶
湿敏元件	高分子电解质湿敏元件	由吸湿引起的电阻变化	分散有铵盐、磺酸盐的聚合物
	高分子电介质湿敏元件	由吸湿引起的介电常数变化	醋酸纤维素
	结露敏感元件	由吸湿引起的电阻急剧变化	分散有导电性微粒的聚合物
	压电湿敏元件	振子的负载变化	水晶振子+聚酰胺
	FET 湿敏元件	晶体管特性变化	吸湿性聚合物/FET
气敏元件	半导体气敏元件	电导率变化	有机半导体
	压电气敏元件	振子的负载变化	水晶振子+聚酰胺
	表面电位型气敏元件	表面电位变化	聚吡咯/FET
	电化学气敏元件	电解电流、电池电流	气体透过性聚合物薄膜/电极系

3. 聚合物薄膜制备工艺

聚合物薄膜由于在物理、化学和生物传感器，以及微电子器件、非线性光学和分子器件等领域中的广泛应用，已受到人们越来越多的关注。传统的聚合物薄膜由于耐热性和化学稳定性较差，而且表面较粗糙，应用受到一定限制。因此，制备高品质聚合物薄膜显得尤为重要。

传统的常规制膜技术为简单的吸附、涂覆、聚合成膜，因无法控制分子的排列方式和取向，不易获得高度有序的结构，且化学稳定性差、不易被表征，极大限制了对其表面/界面复杂结构的认知、分析或应用。因此，单分子或多分子层的人工组装薄膜由于具有低结构缺陷、空间结构及取向可选、易于实现分子结构单元的设计等优点引起了人们极大的关注。下面简要介绍两类分子组装薄膜制备技术：Langmuir-Blodgett（LB）膜技术和自组装膜制备技术。

（1）LB 膜技术

LB 膜技术是 20 世纪 20～30 年代由美国科学家欧文·朗缪尔（Irving Langmuir）及其学生布洛杰特（Blodgett）发明的一种单分子膜制备技术，它是将兼具有亲水基团和疏水基团的两亲性分子分散在水面上，逐渐压缩其水面上的占有面积，使其排列成单分子层，再转移、沉积到固体基底上所得到的一种膜。在适当的条件下，不溶物单分子层可以通过特定的方法转移到固体基底上，并且基本保持其定向排列的分子层结构。习惯上将漂浮在水面上的单分子膜叫作 Langmuir 膜，而将转移、沉积到基底上的膜叫作 Langmuir-Blodgett 膜，简称 LB 膜。由于表面成膜物称重很不方便，因此制备 LB 膜的一般方法是将极其微量的成膜材料溶于挥发性溶剂中，然后滴于亚相表面，使其展开成膜。当溶剂挥发后，留下单分子膜，这种挥发性溶剂在亚相水面上的展开系数必须大于零，才能使铺展得以进行。LB 膜的成膜材料必须具有双亲基团（也称为两性基团），即亲水基团和疏水基团，而且亲水基团和疏水基团的比例应比较合适。

LB 膜厚度极薄，具有相当高的表面积/体积。利用气敏材料的 LB 膜作为传感器的敏感膜，可研制出响应时间快、灵敏度高、选择性优异的气敏传感器、生物传感器，并能与平面硅微电子技术兼容。而且，在离子选择电极以及离子敏场效应晶体管上形成的离子敏感材料的 LB 膜可提高离子选择性传感器的性能。其主要优点如下。

① 有序，超薄，具有分子级水平（纳米数量级）的平整特性。

② 可以制备单分子膜，也可以逐层累积形成多层 LB 膜，组装方式任意选择。

③ 可以选择不同的聚合物材料，累积不同的分子层，使之具有多种功能。

④ 成膜可在常温常压下进行，所需能量小，基本不破坏成膜材料的高分子结构。

⑤ LB 膜技术在控制膜层厚度及均匀性方面远比常规制膜技术优越。

⑥ 可有效地利用 LB 膜分子自身的组织能力，形成新的化合物。

⑦ LB 膜结构容易测定，易于获得分子水平上的结构与性能之间的关系。

另一方面，LB 膜也存在如下不足。

① 由于 LB 膜沉积在基底上时的附着力是分子间作用力，属于物理键力，因此膜的机械性能较差。

② 缺陷相对较多，具有明显的不完整性。

③ 要获得排列整齐而且有序的 LB 膜，必须使材料含有两性基团，选材受限。

④ 制膜设备昂贵，对制膜技术的要求很高。

（2）自组装膜制备技术

所谓自组装（Self-Assembly）是指基本结构单元（分子、纳米材料、微米或更大尺度的物质）自发形成有序结构的一种技术。在自组装的过程中，基本结构单元在基于非共价键（如范德瓦尔斯力、静电力、疏水作用、氢键、配位作用等）的相互作用下自发地组织或聚集为一个稳定、具有一定规则的几何外观的结构。目前，自组装体系的研究不仅局限于膜体系，还包括纳米管、微阵列等组装。

与 LB 膜技术比较，自组装膜制备技术较简单，通过自组装可以方便地得到超薄的、规整的二维甚至三维有序的膜，在非线性光学器件、化学/生物传感器、信息存储材料以及生物大分子合成方面有着广泛的应用前景。同时大分子自组装超薄膜的有序排列可以更好地研究膜结构与性质关系并进行设计，它也是研究高分子界面各种复杂现象的理想模型。自组装膜具有以下特点。

① 原位自发形成。

② 具有高堆积密度和低缺陷浓度，分子排列有序程度更高，热力学稳定性更好。

③ 不受材料表面几何形状的限制，无论基底形状如何，其表面均可形成均匀一致的覆盖层。

④ 可通过人为设计分子的结构和表面结构来获得预期的界面物理和化学性质。

3.2.4　压电材料

压电材料是指受到压力作用时在两端面间会出现电压的材料。人类最早发现压电材料可以追溯至 1655 年由法国药剂师塞涅特（Seignette）合成的酒石酸钾钠（$NaKC_4H_4O_6 \cdot 4H_2O$），但由于该物质结构不稳定无法应用而未受到重视。1880 年，法国科学家居里兄弟发现，把重物放在石英晶体上，晶体某些表面会产生电荷，电荷量与压力成比例。这一现象被称为压电效应。随即，居里兄弟又发现了逆压电效应，即在外电场作用下压电体会产生形变。而真正具有实用价值的压电材料 $BaTiO_3$，直至 1945 年才由美国科学家魏纳（Wainer）及萨洛蒙（Salomon）、苏联科学家伍耳（Б. М. Вул）及日本科学家小川建男分别研制成功。

压电效应是一种材料中机械应力（或机械形变）与电压相互转换的效应，分为正压电效应和逆压电效应。其中，正压电效应是指压电材料在外力作用下发生形变时，在其某些对应面上引起正负电荷中心相对位移而产生极化的现象。该效应反映了压电材料可将机械能转换为电能的能力。当设法检测出压电材料上的电荷量变化时，即可得知该材料的形变量，从而可将该材料用于制作传感器，用于感知压力、应变等物理量。而逆压电效应则是指当在压电材料的极化方向施加电场，这些材料就在一定方向上产生机械形变或机械应力，当外加电场撤去时，这些形变或应力也随之消失。逆压电效应就是由电场来控制物体的形变，反映了材料具有将电能转换为机械能的能力。根据逆压电效应，可以将压电材料制成驱动元件，当驱动元件两端接好电线并且施加电压时，就会使其沿着电场的方向伸长或缩短。

图 3.8（a）所示为正压电效应原理示意，当无外力作用时，晶体中的带电质点在某个方向的投影中正负电荷中心相互重合，整个晶体对外呈现的总电矩为零，宏观上晶体表面电荷亦为零。当晶体受垂直于电极方向的拉力后，由于拉伸形变导致正负电荷中心不再重合，晶体表面出现束缚电荷，从而出现电极化现象，而当晶体承受垂直于电极方向的压力后，由于压缩形变而出现相反极性的电极化现象。图 3.8（b）所示为逆压电效应原理示意图，如果在压电材料两表面电极上施加外电场，由于电场的作用，晶体内部正负电荷中心相对位移会引发晶体的形变。

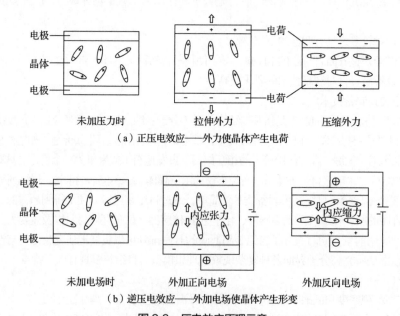

（a）正压电效应——外力使晶体产生电荷

（b）逆压电效应——外加电场使晶体产生形变

图 3.8　压电效应原理示意

总体上，压电材料可分为无机压电材料、有机压电材料和复合压电材料，如图 3.9 所示。

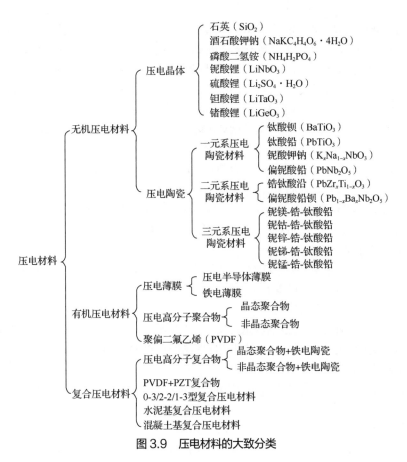

图 3.9　压电材料的大致分类

1. 无机压电材料

无机压电材料可分为压电晶体和压电陶瓷。其中,压电晶体一般是指压电单晶体,这种晶体结构无对称中心,因此具有压电特性。常见的压电单晶体为石英晶体,它是最早被发现并最具代表性的天然压电材料之一,呈六角棱柱体,两端为六角棱锥体结构,具有左旋和右旋两种形态(见图 3.10)。图 3.10 中,z 轴与石英晶体的上、下顶角连线重合,由于光线沿 z 轴通过石英晶体时不产生双折射,故称 z 轴为石英晶体的光轴。x 轴与石英晶体横截面上的对角线重合,因为沿 x 轴对晶体施加压力时,产生的压电效应最显著,故常称 x 轴为石英晶体的电轴。沿 x 轴或者 y 轴施加应力,在 y 轴不产生压电效应,只产生形变,因此称 y 轴为机械轴。由于石英晶体的各向异性,在作为压电材料使用时,应严格控制其加工切割的方向。

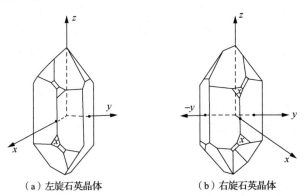

(a)左旋石英晶体　　　　　(b)右旋石英晶体

图 3.10　石英晶体理想外形与坐标系统

压电陶瓷泛指压电多晶体，是指用必要成分的原料进行混合、成型、高温烧结，由粉粒之间的固相反应和烧结过程而获得的微细晶粒无规则集合而成的多晶体。锆钛酸铅压电陶瓷（Lead Zirconate Titanate Piezoelectric Ceramics，PZT）的研制成功，改进和提高了声换器、压电传感器等各种压电器件性能。一元系压电陶瓷材料大多数都为钙钛矿型结构（$CaTiO_3$ 的矿物学名称，通式为 ABO_3），其中离子半径大的阳离子 A^{2+} 处于立方晶格顶点位置，离子半径小的阳离子 B^{4+} 处于体心位置，氧离子 O^{2-} 处于面心位置。最富有典型意义和实用价值的 ABO_3 结构的压电材料之一是 $BaTiO_3$，随着温度的变化，该材料可产生相变过程及自发式极化的变化过程。二元系压电陶瓷材料的代表是 PZT[$PbZrO_3$-$PbTiO_3$,$Pb(Ti,Zr)O_3$]，这是一种优良的压电体（$PbTiO_3$）与反压电体（$PbZrO_3$）的二元固溶体。为了改善压电特性，人们又引入了第 3 组 ABO_3 钙钛矿型化合物，形成了三元系压电陶瓷材料。研究 PbTiO3 和 PbZrO3 的固溶体后，人们发现 PZT 具有比其他铁电体更优良的压电和介电性能，因此 PZT 及掺杂的 PZT 系列铁电陶瓷成为近年研究的焦点。

2. 有机压电材料

有机压电材料又称压电聚合物，如聚偏二氟乙烯（Polyvinylidenefluoride，PVDF）薄膜及其他有机压电薄膜材料。这类材料具有材质柔韧、低密度、低阻抗和高压电常数等优点，在水声超声测量、压力传感和引燃引爆等方面获得应用。

PVDF 是 20 世纪 60 年代出现的含氟塑料之一，它是用三氟乙烯、氢氟酸与锌粉等作用生成单体，再经聚合生成的白色结晶固体。与无机压电材料相比，PVDF 薄膜具有如下优势。

（1）压电常数比石英高 10 多倍。

（2）柔性和加工性能好，可制成 5μm 到 1mm 厚度不等、形状不同的大面积薄膜，适用于制作大面积的传感阵列器件。

（3）声阻抗低，约为 $3.5 \times 10^6 Pa \cdot s/m$，仅为 PZT 的 1/10，它的声阻抗与水、人体肌肉的声阻抗很接近，并且柔顺性好，便于贴近人体，因此当被用作水听器和医用仪器的敏感元件时，可不用附加阻抗变换器。

（4）频率响应范围宽，室温下在 $1 \times 10^{-5} \sim 1 \times 10^9 Hz$ 范围内响应平坦。

（5）由于 PVDF 的分子链中有氟原子，它的化学稳定性和耐疲劳性高，吸湿性低，耐强紫外线和核辐射，并有良好的热稳定性，可在 80℃ 以下长期使用。

（6）高介电强度，可耐受强电场作用（75V/μm），此时大部分陶瓷已退极化。

（7）质量轻，密度只为 PZT 的 1/4，被用作传感器时对被测量的结构影响更小。

3. 复合压电材料

由热塑性聚合物与无机压电材料所组成的压电材料，称为复合压电材料，又称为复合型高分子压电材料。其兼具无机压电材料的优良压电特性和高分子材料的优良加工性能，而且不需要进行拉伸等处理，即可获得压电特性，已在水声、电声、超声、医学等领域得到广泛应用。

有机聚合物基底材料可以是各种物理和化学性能优异的普通高分子材料，也可以是具有压电特性的特殊高分子材料。比较常用的聚合物基底材料包括 PVDF、尼龙、聚氯乙烯、聚甲基丙烯酸甲酯、聚丙烯等，而常用的无机压电材料主要有 PZT、$PbTO_3$ 等。复合后其压电特性和介电常数均有改进。如以 PVDF 为黏合剂与 PZT 等强介电陶瓷粉混合制成的 PVDF 复合压电材料，其压电特性优于 PZT。复合压电材料总体具有以下优点。

（1）横向振动很弱，串扰声压小。

（2）机械品质因数低。

（3）带宽大。

（4）机电耦合系数大。

（5）灵敏度高，信噪比优于普通 PZT 探头。

（6）在较大温度范围内特性稳定。

（7）可加工形状复杂的探头，仅需简易的切块和充填技术。

（8）声速、声阻抗、相对绝缘常数及机电系数易于改变，易与声阻抗不同的材料匹配。

（9）可通过陶瓷体积率的变化调节超声波灵敏度。

目前压电材料广泛用于传感器领域，如可用于探伤仪、聚焦探头、测厚仪、黏度计、硬度计的超声压电器件，但在超声结构健康监测领域，其激励应变尚不够大，一般仅 $300\mu\varepsilon$，极限应变较低，一般小于 $700\mu\varepsilon$；可用于延迟线、滤波器、振荡器的压电声表面波（Surface Acoustic Wave，SAW）器件；可用于潜艇声呐、探水雷声呐、测量海底地貌、探测鱼群等的压电水声换能器；可用于耳机、话筒、拾音器等的压电电声器件；也可用于测量角速度、加速度、倾斜仪等的压电惯性传感器，以及压电电机、压电电光器件、压电生物医疗器件等。

3.2.5　柔性材料

可穿戴电子设备在人机交互、健康医疗、状态监测等国家重点部署领域具有广阔的应用前景，但刚性传感器与人体皮肤或内脏的机械属性不匹配，导致出现生理信号测不到、测不准或测试信息有限等问题。为此，希望传感器具有透明、柔韧、可延展、可自由弯曲甚至折叠、便于携带、可穿戴等特点。随着柔性基质材料的发展，满足上述特点的柔性传感器成为国际前沿研究热点。相比刚性传感器，柔性传感器具有更高的适形性和生物安全性，在穿戴式健康监测和疾病诊疗领域具有更为显著的优势。

1. 柔性传感器的常用材料

（1）柔性基底

为满足柔性传感器的要求，轻薄、透明、柔性和拉伸性好、绝缘、耐腐蚀等性质成为柔性基底的关键指标。

在众多柔性基底的选择中，聚二甲基硅氧烷（Polydimethylsiloxane，PDMS）是首选。它具有耐热性、耐寒性、防水性；黏度随温度变化小、表面张力小；具有良好的导热性，热导率为 $0.134\sim0.159W/(m\cdot K)$；具有生理惰性、良好的热稳定性和化学稳定性，且方便易得。尤其在紫外光下，黏附区和非黏附区分明的特性使其表面可以很容易黏附电子材料。柔性电子设备通过降低基底厚度来获得显著的弯曲性，然而这种方法局限于近乎平整的基底表面。相比之下，可拉伸的电子设备可以完全黏附在复杂和凹凸不平的表面上。目前，通常有两种方法可实现可穿戴传感器的拉伸性：一种方法是在柔性基底上直接键合低杨氏模量的薄导电材料；另一种方法是使用本身可拉伸的导体组装器件。

（2）金属材料

金属材料一般为金、银、铜等导体材料，主要用于电极和导线。对现代印刷工艺而言，导电材料多选用导电纳米油墨，包括纳米颗粒和纳米线等。金属的纳米颗粒除了具有良好的导电性外，还可以烧结成薄膜或导线。

金属材料在柔性传感器中大多采用金属薄膜蒸镀的制备方式。金属薄膜蒸镀是微纳制造领域中常用的一种薄膜沉积技术，主要通过在真空条件下蒸发靶源金属，使得蒸发的金属原子转移到衬底表面，实现金属薄膜在衬底上的纳米尺度沉积，是一种物理气相沉积技术。金属薄膜蒸镀技术按照靶源金属蒸发方式的不同，分为热蒸镀和电子束蒸镀。

（3）无机半导体材料

以 ZnO 和 ZnS 为代表的无机半导体材料呈现出优异的压电特性，如具有宽带隙、载流子迁移率大、光导性质强等特点，在可穿戴柔性电子传感器领域具有广阔的应用前景。2015 年，中国科学院北京纳米能源与系统研究所研究人员开发了一种直接将机械能转换为光学信号的柔性压力传感器。

该柔性压力传感器利用了 ZnS:Mn 颗粒的力致发光性质，将 ZnS:Mn 颗粒作为机械发光材料，由聚合物层将其夹在中间封装制成，从而可通过记录手写图形和签名者的签名习惯来确保签名的安全。

力致发光的核心是压电效应引发的光子发射。ZnS:Mn 颗粒的电子能带在压力作用下发生压电效应而产生倾斜，从而促进 Mn^{2+} 的激发，并发出黄光。这种传感器可以记录单点滑移的动态压力，也可以用于辨别签名者笔迹，以及通过实时获得发光强度曲线来扫描二维平面压力分布。这些特点使得无机半导体材料在快响应和高分辨率压力敏感材料领域具有潜在优势和广阔的应用前景。

（4）有机材料

大规模压力传感器阵列对未来可穿戴传感器的发展非常重要。基于压阻和电容信号机制的压力传感器存在信号串扰，导致测量结果不准确，这个问题成为发展可穿戴传感器最大的挑战之一。由于晶体管具有良好的信号转换和放大性能，晶体管的使用为减少信号串扰提供了可能。因此，如何获得大规模柔性压敏晶体管是可穿戴传感器和人工智能领域的研究重点之一。

典型的场效应晶体管是由源极、漏极、栅极、介电层和半导体层 5 部分构成。传统上，用于场效应晶体管研究的 P 型聚合物材料主要是噻吩类聚合物，其中最为成功的例子之一是聚 3-己基噻吩（Poly 3-hexylthiophene，P3HT）体系。而萘四酰亚二胺（Naphthalene Diisocyanate，NDI）和苝四酰亚二胺（Perylene Diimide，PDI）显示了良好的 N 型场效应性能，是研究最为广泛的 N 型半导体材料之一，被广泛应用于小分子 N 型场效应晶体管。与无机半导体材料相比，有机场效应晶体管（Organic Field-Effect Transistor，OFET）具有柔性高和制备成本低的优点，具有丰富的传感机制和独特的电信号放大特性。有机场效应晶体管以其质量轻便、柔性好、可溶液加工、分子结构可调等优点，适用于制备低成本、大面积、多功能的柔性传感活性层，并已经广泛应用于智能穿戴、电子皮肤、生物检测、环境保护等领域。

（5）碳材料

可穿戴柔性电子传感器常用的碳材料有碳纳米管和石墨烯等。其中碳纳米管具有高电导率、稳定的机械性质以及可弯曲性，且碳纳米管的带隙会随着其结构和壁数而发生变化，呈现出半导体性质或者金属性质，可用作场效应晶体管的沟道或电极材料。单壁碳纳米管在可见光范围内透光率很高，制备的碳纳米管导电薄膜可以用作透明电极。与其他纳米材料一样，碳纳米管具有较大的比表面积，可用来制备高灵敏度气体或者生物传感器。从器件制备方法考虑，碳纳米管可以与其他溶剂混合，配制成悬浊液，然后利用旋涂、喷涂以及打印等方法使碳纳米管在目标衬底上成膜，用于器件制备；也可以利用纺丝的方法，制备出碳纳米管导电纤维；还可以与其他聚合物均匀混合，如高导电或者高导热的聚合物，制备出具有特定功能的弹性体。

石墨烯具有轻薄透明、导电性和导热性好等特点，具体特性可参见 3.2.6 节。石墨烯材料具有不同的宏观形态，如石墨烯粉体、石墨烯纤维和石墨烯薄膜等，各种形态的石墨烯材料已被广泛用于制作多种柔性可穿戴传感器，如石墨烯柔性应变传感器、石墨烯柔性压力传感器、石墨烯柔性温度传感器、石墨烯柔性湿度传感器等。此外，多种具有不同结构和形态的石墨烯，如石墨烯纤维、还原氧化石墨烯薄膜、激光诱导石墨烯等，可与其他功能材料复合以制备柔性多模式传感器。有关石墨烯传感器的具体介绍可参见第 4 章。

2. 柔性传感器的特点

柔性材料是与刚性材料相对应的，一般柔性材料具有柔软、低模量、易变形等特点。柔性传感器通常可作为可穿戴设备，不仅可以对脉搏、心率、血糖、表皮温度等生理参数进行连续监测，还可以记录体能消耗、运动频率、活动轨迹等健康指标。

目前，可穿戴设备种类繁多，仿生柔性传感器作为可穿戴设备中的一类，是通过模仿自然界生物的特性或生命现象，在柔性衬底上进行特异性传感的一种新型可拉伸设备。它能够实现人机互连，对疾病早期不易察觉的身体变化、生理指标等健康数据进行连续性获取，并实时上传至云端进行分析，及时发现生理指标的细小变化。与常规的可穿戴设备相比，仿生柔性传感器具有集成度高、便携性强、使用寿命长、佩戴舒适等特点，还具有仿生皮肤功能，人体亲和度良好。

3. 柔性传感器的分类

柔性传感器是指采用柔性材料制成的传感器，具有良好的柔韧性、延展性，可自由弯曲折叠，而且结构形式灵活多样，能够方便地对复杂被测量进行检测。柔性传感器种类较多，分类方式也多样化。柔性传感器按照用途可分为柔性压力传感器、柔性湿度传感器、柔性气体传感器、柔性温度传感器、柔性应变传感器、柔性磁阻抗传感器和柔性热流量传感器等；按照感知机理可分为柔性电阻式传感器、柔性电容式传感器、柔性压磁式传感器和柔性电感式传感器等。常见的柔性传感器如下。

（1）柔性压力传感器

柔性压力传感器是一类能将外界的压力信号转换为电阻、电容或者电流变化的传感器。它自 20 世纪 90 年代被提出以来，发展迅速。按照信号转换机制的不同，柔性压力传感器可分为压电式、压阻式、电容式和摩擦电式等 4 种类型。

柔性压力传感器具有结构简单、柔韧性高、便携性好等优点，在人体健康监测、电子皮肤及可穿戴设备领域极具研究前景。在材料选型方面，柔性压阻式压力传感器通常由基底材料与导电材料两部分直接复合而成，因此这两个重要因素影响压力传感器的灵敏度与检测范围。目前，常用的柔性基底材料有聚二甲基硅氧烷、聚氨酯（Polyurethane，PU）、聚酰亚胺（Polyimide，PI）及环氧树脂等。常用的导电材料有：碳纳米材料，如碳纳米管、石墨烯；金属纳米材料，如金属纳米线、金属纳米颗粒。在结构设计方面，构建三维微结构或制备三维多孔导电材料可以明显提高传感器的灵敏度及扩大其检测范围。设计合理的微结构可以增大材料与电极的接触面积，在压缩的过程中将应力集中在特定区域，继而提高传感器的灵敏度及扩大其范围。目前常采用的几种微结构有线型、金字塔、圆柱状以及圆顶结构。另一种提高传感器灵敏度的方法是制备三维多孔的导电材料，如碳海绵或碳气凝胶。这类材料通常具有互相连通的网络结构以及高比表面积，不仅可以有效防止材料堆积，还可以提高传感器的机械性能与电子转移效率，并且与微结构的导电材料相比具有更广的压缩范围。

（2）柔性湿度传感器

随着柔性传感技术的兴起，人体交互传感器、柔性电子皮肤、生物医学仪器、工业等领域亦得到发展，柔性湿度传感器也随之出现。柔性湿度传感器按照将外界湿度变化转换为可供处理信号种类的不同，可分为电容型、电阻型、光学型和压电/摩擦电型等。

柔性湿度传感器有较好的机械性能，能够在较为复杂的环境下工作，如在人体以及其他凹凸不平的表面进行湿度检测。例如，2020 年，天津大学段学欣教授等使用纳米级印刷方法在柔性衬底上制备纳米线阵列，将导电聚合物限制在一维纳米线结构框架中，制作了柔性纳米线传感器。湿度在 0%～13%RH 之间变化时，纳米线湿度传感器具有超快的响应速度（0.63s）。正因为柔性湿度传感器的快响应和低功耗，所以在实时监测人体呼吸的过程中，其能够准确区分不同的呼吸模式。此外，柔性湿度传感器因具有低成本、低能耗、易于制造和易集成到智能系统制造等优点已被广泛研究。

（3）柔性气体传感器

柔性气体传感器是在电极表面布置对气体敏感的薄膜材料，其基底是柔性的，具备轻便、柔韧、易弯曲、可大面积制作等优点，且因薄膜材料具备较高的敏感性和相对简便的制作工艺。它很好地满足了特殊环境下气体传感器的便携、低功耗等需求，克服了以往气体传感器不易携带、测量范围不全面、量程小、成本高等不利因素，可对 NH_3、NO、乙醇气体进行简单、精确的检测，从而引起了人们的广泛关注。

制备柔性气体传感器的核心在于将气敏材料及电极材料制备于柔性基底上，其主要有两种方法：①利用激光直写技术在柔性基底上获得导电材料，目前使用的柔性基底多为聚酰亚胺、热塑性聚酯（PET）和聚萘二甲酸乙二醇酯（PEN）等有机高聚物，通过热解获得导电碳材料，例如，加利福尼亚大学就曾于 2014 年使用超短脉冲激光器在 PI 上获得导电碳材料；②使用喷墨打印技术在柔性基底上获得图案化电极材料，例如，华东师范大学侯湘瑜团队就曾于 2018 年通过喷墨打印掩膜图形，在 PI 上获得了银叉指电极。而将气敏材料制备到柔性基底上主要可通过基于衬底转移的柔性气体传感器制备方法和在柔性基底上直接生长金属氧化物的方法实现。

柔性传感器结构形式灵活多样，具有小型化、集成化、智能化的应用特点，并在电子皮肤、生物医药、可穿戴电子产品和航空航天中有重要作用。但目前碳纳米管和石墨烯等用于柔性传感器的材料制备技术尚不成熟，存在成本高、适用范围小、使用寿命短等问题，且常用柔性基底存在不耐高温的缺点，导致柔性基底与薄膜材料间应力大、黏附力弱。因此，柔性传感器的组装、排列、集成和封装技术还有待进一步提高。

3.2.6　二维材料

早在 20 世纪初期，研究人员就发现材料尺寸对性质具有重大影响，如硬度、韧性、弹性模量、密度、电导率、热膨胀系数、扩散性等。与块状的母体材料相比，小尺寸的材料具有不同的独特性质，例如表面效应、量子尺寸效应、宏观量子隧道效应和介电限域效应等，小尺寸的纳米材料具有更大的晶界，且晶界上的原子扩散活化能仅为本体粒子间扩散活化能的一半。量子尺寸效应导致的扩散率变化会影响材料的蠕变和超塑性行为，例如纳米材料具有更好的力学性能（弹性、塑性、疲劳强度），具有更高的比表面积、更低的熔点、更高的化学反应活性等。另外，纳米材料具有更低的饱和磁性和居里温度、较大电阻和较低磁芯损耗。因此，应用纳米材料是高性能传感器的设计趋势。

纳米材料是指材料在某一维、二维或三维方向上的尺度达到纳米级别，可以分为零维材料、一维材料、二维材料和三维材料。其中，零维材料是指电子无法自由运动的材料，如量子点、纳米颗粒与粉末；一维材料是指电子仅在一个纳米尺度方向上自由运动（直线运动）的材料，如纳米线性结构材料、量子线，具有代表性的是碳纳米管；二维材料是指电子仅可在两个维度的纳米尺度（1～100nm）上自由运动（平面运动）的材料，如纳米薄膜、超晶格、量子阱；三维材料是将纳米粉末高压成形或控制金属液体结晶而得到的纳米晶粒结构材料。

本节重点介绍二维纳米材料，其中具有代表性的是 2004 年英国曼彻斯特大学安德烈·海姆（Andre Geim）教授成功分离出单原子层的石墨材料——石墨烯。后续又有一些其他的二维材料陆续被分离出来，如氮化硼（BN）、二硫化钼（MoS_2）、二硫化钨（WS_2）、二硒化钼（$MoSe_2$）、二硒化钨（WSe_2）、MXenes 材料。二维材料因其载流子迁移和热量扩散都被限制在二维平面内，所以这种材料展现出许多奇特的性质，其带隙可调的特性在场效应晶体管、光电器件、热电器件等领域应用广泛；其自旋自由度和谷自由度的可控性在自旋电子学和谷电子学领域引起深入研究。不同的二维材料由于晶体结构的特殊性质导致了不同的电学特性或光学特性的各向异性，包括拉曼光谱、光致发光光谱、二阶谐波谱、光吸收谱、热导率、电导率等性质的各向异性，在偏振光电器件、偏振热电器件、仿生器件、偏振光探测等领域具有很大的发展潜力。二维材料主要包含以下几类。

1. 石墨烯

石墨烯是一种以 sp^2 杂化连接的碳原子紧密堆积成的单层二维六角形蜂窝状晶格结构的新材料。石墨烯是构成其他石墨材料的基本单元，可以翘曲成零维的富勒烯（Fullerene）、卷成一维的碳纳米管或堆垛成三维的石墨（Graphite）。石墨烯是目前最理想的二维纳米材料之一，其理想结构是平面六边形点阵（见图 3.11），可以看成一层被剥离的石墨分子，每个碳原子均为 sp^2 杂化，并贡献剩余一个 p 轨道上的电子形成离域大 π 键，π电子可以自由移动，赋予石墨烯良好的导电性。

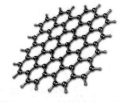

石墨烯是目前已知最薄的一种材料，单层的石墨烯只有一个碳原子厚，是目前已知强度最高、韧性最好、质量最轻、透光率最高、导电性最佳的材料之一。其特点具体如下。

图 3.11　石墨烯结构示意图

（1）导电性极强：常温下其电子迁移率超过 $15000cm^2/(V \cdot s)$，电子运动速度超过了其他金属单体或半导体。而电阻率只有约 $1 \times 10^{-6} \Omega \cdot cm$，比铜和银更低，是目前发现的电导率最小的材料之一。

（2）导热性好：热导率高达 $5300W/(m \cdot K)$，高于碳纳米管和金刚石。

（3）超高机械强度：石墨是矿物质中最软的，其莫氏硬度只有 1～2 级，但被分离成一个碳原子厚度的石墨烯后，性能发生突变。石墨烯中的每个碳原子通过很强的 σ 键（自然界中最强的化学键之一）与另外 3 个碳原子相连，这使得石墨烯片层具有优良的力学性质和结构刚性。而且，石墨烯中碳原子之间连接柔韧，对其施加机械力时，石墨烯的碳原子面通过弯曲变形使碳原子不需重新排列就可以适应外力，因此石墨烯的结构非常稳定。

（4）超大比表面积：单层石墨烯只有一个碳原子厚，约 0.335nm，拥有超大的比表面积。理想的单层石墨烯的比表面积能够达到 $2630m^2/g$，而普通的活性炭的比表面积为 $1500m^2/g$，超大的比表面积使得石墨烯成为潜力巨大的储能材料。同时，由于石墨烯的表面化学性质类似石墨，可以吸附和脱附各种原子和分子，而其超大的比表面积使其对周围环境非常敏感，即使一个气体分子的吸附或脱附都可以检测到。

2. 过渡金属硫化物

过渡金属硫化物（Transition Metal Dichalcogenides，TMDs）是一类层状材料，具有简单的二维结构，其基本化学式可写作 MX_2，其中 M 代表过渡金属元素，包含 Ti、V、Ta、Mo、W、Re 等，X 表示硫属元素 S、Se、Te 等。图 3.12

图 3.12　MoS_2 结构示意图

所示为 MoS_2 的结构，两层 S 原子将一层 Mo 原子夹在中间。尽管石墨烯有许多优点，但它也有缺点，尤其是不能充当半导体；所有 TMDs 材料均是半导体，以 MoS_2 和 WS_2 为代表的 TMDs 在电子器件应用领域飞速发展。而且，TMDs 由于其独特的电学和光学性能，引起了众多科学家的广泛关注。当二维TMDs 从多层转变成单层时，其能带结构也发生变化，由间接带隙转变成直接带隙，并且发生谷间自旋耦合。这些奇特的电学和光学特性推动了光电器件在信息传递、计算机和健康监测等领域的应用。二维TMDs 可以和各种二维材料结合制备异质结，并且很少出现晶格失配的问题。因此，层状的二维 TMDs和其他二维材料形成的异质结光电器件有望在更广泛的光谱范围内表现出良好的器件性能。

为了得到单层的二维 TMDs，科学家研究出了很多方法，例如，机械剥离法、激光减薄法等，但目前制备出高质量、大面积可控的 TMDs 仍有很大困难，且现有转移方法在转移过程中对 TMDs的光电性能影响较大。

3. 有机二维材料

有机二维材料以二维金属有机框架（Metal-Organic Frameworks，MOFs）或共价有机框架（Covalent-Organic Frameworks，COFs）材料为主。通过超声或离子交换等技术使层间作用力较弱的金属有机多孔材料或共价有机框架结构分离、"瘦身"，得到超薄二维片层结构有机材料。

其中，MOFs 材料是由有机配体和金属离子或团簇通过配位键自组装形成的具有分子内孔隙的有机-无机杂化材料，可形成一维、二维或三维结构。它们是配位聚合物的一个子类，其特殊之处在于它们通常是多孔的。MOFs 材料因具有高结晶性、高比表面积和结构易于调控等优点，在吸附分离、催化、发光、生物医学以及能量储存等领域展现出优异的性能和广阔的应用前景。而 COFs 材料是一类由轻质元素（如 C、O、N、B 等）通过共价键连接的有机多孔晶态材料。COFs 材料具有其他传统多孔材料（如分子筛、多孔聚合物等）无法比拟的优点，诸如低密度、高比表面积、易于修饰改性和功能化等，因此目前 COFs 材料在气体的储存与分离、非均相催化、储能材料、光电、传感以及药物递送等领域已经有了广泛的研究并展现出优异的应用前景。

4. 超薄碳化物或氮化物二维材料

二维过渡金属碳化物、氮化物或碳氮化物，即 MXenes，是由美国德雷塞尔大学（Drexel University）的尤里·高果奇（Yury Gogotsi）和米歇尔·巴尔苏姆（Michel Barsoum）等人在 2011 年合作发现的一种新型二维结构材料。其化学通式可用 $M_{n+1}X_nT_z$ 表示，其中 M 指过渡族金属（如 Ti、Zr、Hf、V、Nb、Ta、Cr、Sc 等），X 指 C 和/或 N，n 一般为 1～3，T_z 指表面基团（如 O^{2-}、OH、F、NH_3、NH_4^+ 等）。MXenes 主要通过 HF 或盐酸和氟化物的混合溶液将 MAX 相中结合较弱的 A 位元素（如 Al 原子）抽出而得到。其中，MAX 相材料是由 3 种元素组成的天然层状碳氮化物无机非金属类材料（包括 Ti_3SiC_2、Ti_2AlC 等），其具有金属的导电和导热性能，也具备结构陶瓷的高强度、耐高温、耐腐蚀等苛刻环境服役能力。

与石墨烯类似，MXenes 由于其优异的亲水性和导电性、大的比电容和优异的电化学性能等，在电化学储能领域展示出巨大的潜力。随着先进制造技术和新材料的研发，二维层状材料 Ti_3C_2Tx 在传感器领域备受关注，特别是在柔性材料的研究应用中展现出如下优势。

（1）Ti_3C_2Tx 密度小。

（2）Ti_3C_2Tx 由不同的元素组成，具有多个原子层的厚度，因此在不同片层方向上具有偶极子和空间电荷双极化行为。

（3）在刻蚀过程中，表面官能基团与 Ti 结合形成 Ti-O 或 Ti-F 键，引入大量的缺陷，缺陷作为极化中心增强导电能力。

（4）碳原子层的存在使沿面内方向的电子迁移率较大，在直流电场作用下可增强导电能力。

（5）多层结构及较大的比表面积有利于提升电荷的密度，增强其导电能力。

3.2.7 量子材料

量子传感是基于量子力学基本特性，如量子相干、量子纠缠、量子统计等，实现对物理量进行测量的一项技术。如今量子态操控技术已趋成熟，量子精密测量的精度也大幅提高，由于物质的电磁场、温度、压力等与量子体系发生相互作用后会改变其量子状态，因此通过对这些变化后的量子状态的检测，就能实现对物质环境参数的高灵敏度测量。不仅如此，通过量子纠缠还可以进一步提高测量灵敏度，这是因为量子在叠加状态下会对周围环境十分敏感，这一特征是其被用作精密传感器的关键。目前，已经可以利用量子传感器来测量加速度、重力、时间、压力、温度和磁场强度等物理量。例如，大多数磁场传感器使用的都是嵌入在金刚石或硅材料中的原子，而光子传感器因为利用光子，故可以检测分子的光学性质以及测量微弱的化学痕迹。

近年来，量子材料已横跨不同的科学和工程领域，从凝聚态物质和冷原子物理到材料科学与量子计算，成为凝聚态物理学中的一个宽泛的术语，包含具有强电子关联的材料和存在某种类型的电子序（超导、磁有序）或具有由不寻常的量子效应导致的电子特性的材料，如拓扑绝缘体、类似石墨烯的狄拉克电子体系，以及其集体性质受真正量子行为控制的系统，如超冷原子、冷激子、极化激元等。石墨烯的发现也为探索无质量狄拉克费米子的非常规输运特性打开了一个新的维度，并使人们开始关注本征自旋轨道耦合效应的作用，开创性地预测了超导体（Superconductor）和拓扑绝缘体（Topological Insulator）的存在，随后在实验中进行了证实。超导材料的研究是当今世界上新兴的研究领域，且超导材料的突破必将促进超导传感技术的发展。

超导材料又称为超导体，指在某一温度下电阻为零的导体。超导体最初发现于 1911 年，荷兰科学家海克·卡末林·翁内斯（Heike Kamerlingh Onnes）等人发现，汞在极低的温度下，其电阻消失，呈超导状态。然而，在此后长达 70 多年的时间内，所有已发现的超导体都只是在极低的温度（23K）下才呈超导状态，因此它们的应用受到了极大的限制。1986 年，人们发现了 35K 超导的镧钡铜氧体系。这一突破性发现导致了更高温度的一系列稀土钡铜氧化物超导体的发现。通过元素替换，1987 年初，90K 钇钡铜氧超导体的发现第一次实现了液氮温度（77K）这个温度壁垒的突破。在接下来的 30 年里，铜原子或许成为最引人注目、最神秘的量子材料之一，直到今天仍有惊人的发现。在 1986 到 1997 年，研究者们通过数百种不同的方法将 CuO_2 平面与中间层叠加在一起，导致超导转变温度 T_c 快速增加，在 1993 年达到了当时的最大值 133K。低温超导体的特征之一是具有能隙，然而在 20 世纪 90 年代中期物理学家在铜酸盐高温超导材料中发现了与低温超导体相似的能隙，称为"赝能隙"；同时发现，高温超导体的其他电学性能随着动量空间方向的改变而变化。上述这两个特征一直被认为是高温超导体所具有的独特特征。而理解高温超导体中的赝能隙现象被认为是理解高温超导机理的关键之一。2008年，铁基高温超导材料家族的发现，为研究高温超导机理带来了一个新的契机。

而且，超导体具有以下两个重要特性。

（1）零电阻效应

零电阻效应是指温度降低至某一温度以下，电阻突然消失的现象。零电阻效应适用于直流电，超导体在处于交变电流或交变磁场的情况下，会出现交流损耗，且频率越高，损耗越大。交流损耗是超导体实际应用中需要解决的一个重要问题，在宏观上，交流损耗由超导材料内部产生的感应电场与感生电流密度不同引起；在微观上，交流损耗由量子化磁力线黏滞运动引起。交流损耗是表征超导材料性能的一个重要参数，如果交流损耗能够降低，则可以降低超导装置的制冷费用，提高其运行的稳定性。

（2）完全抗磁性

完全抗磁性又称迈斯纳效应。"抗磁性"指在磁场强度低于临界值的情况下，磁力线无法穿过超导体，超导体内部磁场为零的现象。"完全"指降低温度达到超导态、施加磁场两项操作的顺序可以颠倒。完全抗磁性的原理是，超导体表面能够产生一个无损耗的抗磁超导电流，这一电流产生的磁场抵消了超导体内部的磁场。超导体电阻为零的特性为人们所熟知，但超导体并不等同于理想导体。从电磁理论出发，可以推导出如下结论：若先将理想导体冷却至低温，再置于磁场中，理想导体内部磁场为零；但若先将理想导体置于磁场中，再冷却至低温，理想导体内部磁场不为零。对超导体而言，降低温度达到超导态、施加磁场这两种操作，无论其顺序如何，超导体内部磁场始终为零，这是完全抗磁性的核心，也是超导体区别于理想导体的关键。

习题

1. 简述传感器敏感材料的定义。
2. 简述按功能类型划分敏感材料的依据。
3. 简述半导体材料的基础物理特性。
4. 解释单晶硅的压阻效应与压阻系数。
5. 说明压电材料用作传感器和执行器的原理。
6. 说明自旋阀结构的巨磁阻效应以及相较于其他巨磁阻结构，自旋阀的特点和适用范围。
7. 列出柔性传感器的常用材料。
8. 简述 LB 膜的成膜原理。
9. 简述 Ti_3C_2Tx 在柔性传感器领域中的材料优势。
10. 简述超导体的重要特性。

第 4 章
石墨烯传感器

　　石墨烯（Graphene）是一种以 sp² 杂化连接的碳原子紧密堆积成单层二维蜂窝状晶格结构的新材料，具有优异的光学、电学、力学特性，被认为是一种未来革命性的材料。该新型材料的发现，引起了传感技术领域学者的广泛关注。本章在简要介绍石墨烯传感器分类与发展趋势的基础上，分析石墨烯具有的力学、光学、热学和电学等基本性质，并重点介绍典型的石墨烯传感器的研究实例，包括石墨烯柔性力敏传感器、石墨烯膜光纤 F-P 声压传感器和氧化石墨烯光纤 F-P 湿度传感器。

4.1 石墨烯传感器的分类与发展趋势

4.1.1 石墨烯传感器的分类

目前业界对石墨烯传感器的分类方法并没有统一的标准，本书分别按照能量传递形式、被测量和敏感材料等对石墨烯传感器进行分类。

1. 按照能量传递形式分类

根据能量传递形式的不同，可将石墨烯传感器分为无源传感器和有源传感器两大类。

（1）无源传感器指的是按照能量转化原理将被测的非电量转换为电参量输出的传感器，又被称为参量传感器。这类传感器的敏感元件本身并没有能量转换功能，只能将被测量的变化转换为自身电参量（如电阻、电容、电感等）的变化，如石墨烯电阻式传感器和石墨烯电容式传感器。

（2）有源传感器指的是按照能量转化原理将被测的非电量转换为电学参量输出的传感器，又被称为换能器。这类传感器可以直接将外界被测量转换为电信号，如石墨烯光电探测器。

2. 按照被测量分类

根据被测量的不同，可将石墨烯传感器分为物理量传感器、化学量传感器和生物量传感器三大类。

（1）物理量传感器又可细分为物理型传感器和结构型传感器。物理型传感器指的是利用功能材料本身的固有特性及效应实现传感功能。例如，利用石墨烯材料的压阻效应实现压力测量，以及利用石墨烯材料的光电导效应实现光电探测。结构型传感器以结构（如几何构型、结构尺寸等）为基础，通过敏感结构的优化设计实现传感功能。例如，悬浮石墨烯膜光纤干涉型传感器，通过悬浮石墨烯膜的挠度变形实现对被测量（压力、温度、湿度等）的测量。

（2）化学量传感器指的是对化学物质敏感，并将化学物质的成分、浓度等转换为有用信号输出的传感器。根据被测量的不同，化学量传感器可细分为感受气体的种类和浓度的气体传感器、感受外界环境湿度的湿度传感器，以及感受气体或液体中离子浓度或种类的离子传感器。

（3）生物量传感器指的是利用电化学或光学的方法来识别和测定生物物质的成分及含量的传感器。根据具体检测生物参量的不同，生物传感器又可细分为石墨烯生理参量传感器和石墨烯生化参量传感器。

3. 按照敏感材料分类

根据敏感材料的不同，可将石墨烯传感器分为纯石墨烯传感器和改性石墨烯传感器。

（1）纯石墨烯传感器的敏感材料为单纯石墨烯。这种传感器充分利用了石墨烯的大比表面积、高电导率等特点，具有高灵敏度、小型化等优势。

（2）改性石墨烯传感器的敏感材料不是单纯的石墨烯，而是通过表面调制或与其他材料复合而成的，从而可弥补纯石墨烯传感器在特定领域的缺陷，进而扩大石墨烯传感器的应用场景。这种改性的石墨烯材料主要包括氧化石墨烯、石墨烯复合物。其中，氧化石墨烯通过化学方法对石墨烯表面进行原子或官能团的修饰，从而调整石墨烯敏感材料的特性来满足传感需求。例如，通过赫墨斯（Hummers）方法将大量含氧官能团引入石墨烯表面，使得原本疏水的石墨烯变成亲水的氧化石墨烯，进而实现湿度敏感性的提高。

除氧化石墨烯外，还有氟化石墨烯和氢化石墨烯等改性石墨烯。石墨烯复合物是一种利用物理或化学方法将石墨烯与其他敏感材料进行复合而获得的材料，主要包括将石墨烯与碳复合来提高导电性、将石墨烯与金属纳米颗粒/纳米线复合来提高对目标气体的选择性吸附性能，以及将石墨烯与有机聚合物进行复合以改善器件的机械性能，从而满足可拉伸、可弯折等柔顺性需求。

4.1.2　石墨烯传感器的发展趋势

传感技术作为一门多学科交叉的综合性技术，面对复杂多变的市场需求，传感器在敏感材料、技术工艺和性能指标等方面均面临着严峻挑战，这也是推动传感技术不断前进的强大动力。下面从敏感材料和传感技术发展两方面，对石墨烯传感器的发展趋势进行分析。

1. 敏感材料

作为传感器的关键，敏感材料的种类直接决定了传感器的类型、传感机理、应用领域和性能指标。石墨烯作为一种新型的二维薄膜材料，具有超薄、高强度的特点以及优异的力学、光学、电学等性质，其发展趋势如下。

（1）智能材料

智能材料指的是能够感知外界物理量（力、光、电、热、磁等）、化学量，并将其转换为有用电信号输出的重要功能材料。石墨烯与改性石墨烯在电信号、气体分子、力、热等环境作用下均可产生相应变化，在智能化方向表现出极大的潜力。

（2）电子信息材料

电子信息材料指的是在微电子、光电子以及各种元器件的基础产品中用到的材料。目前，市场上常见的电子信息材料为单晶硅。而石墨烯具有超高的电子迁移率与低电阻率，其有望成为单晶硅的替代品。目前，石墨烯在触摸屏和电极材料助剂中均有使用。随着高质量、大面积、超薄石墨烯的大批量成熟制备及其在半导体领域的进一步发展，未来石墨烯电子产品有望朝着小型化、集成化、多功能化的方向发展。

（3）生物传感材料

石墨烯具有大比表面积且易于负载多种生物探针，将石墨烯与高特异性的生物分子和核酸大分子复合，有望在未来制造出高特异性的生物传感器。与传统生物探针载体相比，基于石墨烯模板的生物探针可以进行免标记的生物目标探测。这不仅减少了检测步骤，还不会引入荧光标记物而改变待检测物的结构。此外，由于无须引入荧光标记物及石墨烯的大比表面积和高电子迁移率，因此石墨烯生物传感器具备更低的检测限。目前，石墨烯生物传感器主要包括生物量传感器和生理量传感器。

2. 传感技术发展

（1）新型化

传感器的新型化指的是采用新的感应原理、新技术及新感应材料来制造传感器。石墨烯作为一种新型二维材料，随着与之相关的新现象、新机理、新效应的发现，可以设计出满足不同需求的新型石墨烯传感器。如石墨烯压阻式传感器、石墨烯谐振式传感器（力、加速度、质量）、石墨烯 SPR（Surface Plasmon Resonance，表面等离子体共振）光纤传感器等。

（2）微型化

微型化指的是传感器的特征尺寸从毫米级别缩小到微米级别，再到纳米级别。尽管传感器的体积越小越好，但是传感器的微型化不仅涉及特征尺寸的缩小，更涉及新的机理、结构以及功能。这不仅对石墨烯传感器的制造、石墨烯封装工艺提出了更严格的要求，器件的表面效应也越来越明显，使得传感器的设计面临更大的挑战。

（3）无源化

目前大多数传感器的正常工作都离不开外部供电，但是在野外甚至是航空航天领域往往远离电网，要想使有源传感器正常工作就只能依靠太阳能板等大型设备。低功耗，甚至是无源化不仅可以使传感器适用于这种不方便甚至无法外部供电的场所，更有利于节省能源以及增加传感器的寿命。因此，利用石墨烯传感器的压电与力振特性，开展无源传感器研究是未来发展的重要方向之一。

（4）阵列化、网络化

为了满足物联网的发展需求，阵列化、网络化是传感器发展的一个重要趋势。结合微纳制造工艺，充分利用石墨烯器件微型化特点，可设计阵列式石墨烯传感器，或融合无线网络通信功能，制作石墨烯无线传感器，实现被测量的多元化、分布式、多功能的集成测量。

4.2　石墨烯的基本性质

4.2.1　力学性质

石墨烯在机械性能方面具有非常优异的性质，其强度比钢材要高出 200 倍，同时具有良好的弹性。2008 年，美国哥伦比亚大学采用原子力显微镜（Atomic Force Microscope，AFM）测量了单层石墨烯的杨氏模量和断裂强度，并将结果发表于《科学》杂志。如图 4.1 所示，首先在 Si 基底上利用干法刻蚀制造出面积为微米级别的圆柱孔阵列，之后将机械剥离的单层石墨烯转移至 Si 基底上。原子力显微镜的探针通过与悬浮于微米孔上的石墨烯发生相互作用，测得单层石墨烯的杨氏模量高达 1TPa，断裂强度为 420N/m，在 25%拉伸应变条件下其抗拉强度为 130GPa。同年，美国康奈尔大学等对石墨烯薄膜的不透气性进行了理论分析与谐振实验研究，结果发现小尺寸石墨烯薄膜对密闭于膜内的氦气具有极好的密封性，且实验中单层石墨烯薄膜可承受接近一个大气压的压强。

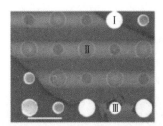

（a）悬浮于圆柱孔阵列的石墨烯显微图像（比例尺为 3μm）

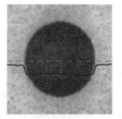

（b）悬浮石墨烯膜显微图像

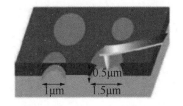

（c）悬浮石墨烯膜的原子力显微镜探针测试

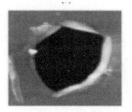

（d）破损的石墨烯膜

图 4.1　石墨烯膜力学性质测试的示例

2011 年，美国科罗拉多大学的凯尼格（Koenig）等利用原子力显微镜研究了石墨烯薄膜与 SiO_2 基底的吸附特性，测得单层石墨烯与基底的吸附能为（0.45 ± 0.02）J/m^2，少层（2~5 层）石墨烯与基底的吸附能为（0.31 ± 0.03）J/m^2。2017 年，德国亚琛大学设计了图 4.2 所示的静电驱动式梳齿状硅微机械驱动器，通过机械方式对石墨烯进行拉伸，实现了悬浮石墨烯膜应力调控，并利用共焦拉曼光谱对石墨烯应变进行了测量。

图 4.2 拉伸石墨烯的应力调控

4.2.2 光学性质

2008 年，英国曼彻斯特大学根据精细结构常数，定义了石墨烯的光学透明度，悬浮石墨烯的不透明度只取决于其精细结构常数。其中，精细结构常数 α 为：

$$\alpha = e^2 / (\hbar c) \approx 1/137 \qquad (4.1)$$

式中，e 为电子电荷，c 为光速，$\hbar$ 为约化普朗克常量（Reduced Planck Constant），且 $\hbar = h/(2\pi)$，h 为普朗克常量。

根据电导率 $G = e^2/(4\hbar)$，则石墨烯膜对入射光的透射比 T 和反射比 R 分别为：

$$T = \left(1 + 2\pi G / c\right)^{-2} = \left(1 + \pi\alpha / 2\right)^{-2} \qquad (4.2)$$

$$R = \pi^2 \alpha^2 T / 4 \qquad (4.3)$$

特殊地，单层石墨烯的不透明度 $1-T \approx \pi\alpha$。通过实验，将石墨烯薄膜悬浮于直径亚毫米大小的硅孔上，如图 4.3 所示。测量其对白光的不透明度，单层石墨烯 $1-T=(2.3\pm0.1)\%$，而 R 是非常微小的，几乎可忽略不计（<0.1%），并且 $1-T$ 随着薄膜的厚度增加而增加，每层的 $1-T$ 将增加 2.3%，如图 4.4 所示。由于石墨烯具有良好的透光性，可利用光学干涉测量原理，确定吸附于 SiO_2/Si 基底表面的石墨烯层数，这种方法不仅可以获得准确的少层石墨烯薄膜层数，而且不会对石墨烯薄膜造成破坏。例如，2007 年英国剑桥大学通过白光照明与薄膜干涉检测表明，当石墨烯薄膜层数从单层达到 10 层时，其反射率可从 0.01% 上升到约 2%。

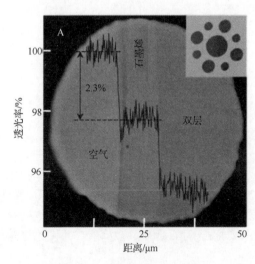

图 4.3 石墨烯薄膜的透光率

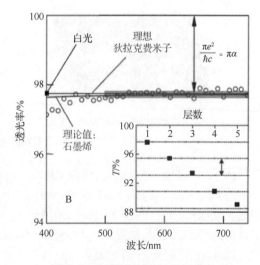

图 4.4 石墨烯薄膜对光的透射率

2010 年，英国剑桥大学指出，在 300～2500nm 范围内单层石墨烯对光的吸收光谱具有平坦性，并基于菲涅耳方程，推导出石墨烯的可见光谱透射率约为 97.7%，而由于单层石墨烯的反射率约为 0.01%，因此单层石墨烯的可见光谱吸收率约为 2.3%。

4.2.3　热学性质

石墨烯的热传导系数是由声子输运主导的，包括在高温下的扩散传导和在低温下的弹道传导。由于非掺杂石墨烯的载流密度相对较低，电子对导热性（维德曼–弗兰兹定律）的影响可以被忽略。基于 Green-Kubo（格林-库博）方法的分子动力学模拟表明，当温度增加超过 100K 时，无缺陷石墨烯的热传导系数与温度成反比。理论预测，纯的无缺陷的单层石墨烯的热导率高达 5300W/(m•K)，高于单壁碳纳米管的 3500W/(m•K) 和多壁碳纳米管的 3000W/(m•K)，以及显著高于常用的导热金属材料铜的 401W/(m•K) 和银的 420W/(m•K)。这表明，石墨烯是一种理想的可导热、散热的新型材料。而且，薄膜的热变形行为对于研究其温度敏感特性是极为重要的，且薄膜自身的热膨胀系数会影响这种热变形行为。自单层石墨烯被发现以来，国内外研究者采用不同的方式推导计算石墨烯薄膜的热膨胀系数，但由于实验条件的差异以及实验方法的不同，得到的结论也不尽相同。目前被广泛接受的是，在 0～700K 的温度范围内石墨烯的热膨胀系数为负，且会随着温度的变化而改变。

4.2.4　电学性质

作为单原子层的单层石墨烯，其导带和价带相交于狄拉克点，是一种带隙为零的半导体材料。石墨烯在室温下的载流子迁移率约为 $1.5 \times 10^4 cm^2/(V•s)$，是硅材料的 10 倍，是已知具有最高载流子迁移率的锑化铟的 2 倍多。石墨烯的电阻率约为 $1 \times 10^{-6} \Omega•cm$，比已知电阻率最小的银还小，是目前已知电阻率最低的导电材料之一。2010 年，意大利卡利亚里大学对石墨烯的剪切方向和单轴应变力方向施加压力，得到高达 0.95eV 的带隙，表明石墨烯具有优异的压阻效应，即外部压力作用于石墨烯敏感膜时石墨烯产生应变，使石墨烯能带结构发生改变和产生带隙，影响费米能级和费米速度，造成载流子浓度及电子迁移率发生改变，最终导致电阻发生变化。基于此原理，石墨烯目前已经广泛用于压阻传感器研究，且根据材料的宏观形状，其可分为一维的石墨烯纤维压阻传感器、二维的石墨烯膜压阻传感器和三维的石墨烯气凝胶压阻传感器。

此外，石墨烯的特殊能带结构导致其具有不同于一般凝聚态物质的物理、化学性质，如室温下在亚微米尺度呈现弹道输运特性、反常的半整数量子霍尔效应、非零最小量子电导以及安德森弱局域化等。因此，通过掺杂其他功能材料对石墨烯的压阻效应进行设计优化，可实现对压力、应变、温度和湿度等 4 种刺激的响应；而且，石墨烯压阻传感器是目前研究最广泛的一种石墨烯压力传感器之一。相关研究表明，作为压力敏感薄膜，石墨烯具有优异的力学特性，使其具有比硅材料更高的灵敏度以及抗过载能力，在高灵敏度动态压力测量方面具有较高的潜在应用前景。同时，国内外研究学者在石墨烯及其复合材料的压阻和压电特性上的研究为石墨烯压力传感器的研制提供了一种可能，但目前设计出兼顾宽线性响应范围和高灵敏系数的石墨烯压阻传感器仍是当务之急。

4.2.5　石墨烯用于传感器的材料优势

根据前述石墨烯的基本性质可知，石墨烯具有高杨氏模量（1TPa）、高热导率（1500～5300W/(m•K)）、高透光率（单层透光率>97%）、高载流子迁移率（$1.5 \times 10^4 cm^2/(V•s)$），以及大比表面积（$2630m^2/g$）。这说明石墨烯相比于传统材料在力学、热学、光学、电学等特性方面具有显著优势，这使得石墨烯在传感器领域应用中具备较大的潜力。具体的材料优势如下。

（1）石墨烯的高电子迁移率、大比表面积、低热噪声和单原子层厚度使其更容易吸附气体分子

（O_2、CO_x及NO_x等）、生物分子及化学分子，这提高了石墨烯离子、气体及生物传感器的灵敏度。而且，传统分子探测器由于其热噪声明显，很难将探测精度提高到原子水平，而石墨烯则很容易实现单分子探测。

（2）石墨烯的高机械柔韧性和原子级厚度，使其在力敏传感器方面表现出优异的性能。例如，石墨烯可与物体表面形成良好的共形接触，结合柔性基底材料，做成穿戴式传感器，用于人体脉搏、血压、心率等体征参数测量；还可以将石墨烯材料作为压力或声压传感器的弹性敏感元件，相比其他同类型传感器具有小型化、高灵敏探测优势，尤其适用于小量程高灵敏度力学参数测量。

（3）石墨烯具有宽光谱吸收的特点，且在300～2500nm波段，其光谱吸收较为平坦，这使得石墨烯成为光谱光电探测器的优良材料。此外，利用石墨烯的光谱吸收响应和基于表面等离子体共振特性，可将其作为敏感材料制作SPR传感器。

（4）石墨烯是目前已知最薄的二维材料之一，具有质量轻、机械柔韧性好、易于加工、与大面积柔性固体支持物的兼容性良好的显著优点，非常适合制备柔性传感器。而且，石墨烯复合其他功能材料可以构建多功能石墨烯柔性传感器，从而增强对特定分析物的敏感性和选择性。

（5）石墨烯还具有稳定的物理和化学性质，可进行官能化处理以及具有超强的量子约束，通过改性或掺杂，形成石墨烯材料或石墨烯衍生物，通过在材料表面吸附单个化学或生物分子以引起电荷或能量转移，进而改变石墨烯的电学和光学性质，为石墨烯电学或光纤传感器在生物、化学传感领域的应用带来新的机遇。

4.3　石墨烯柔性力敏传感器

4.3.1　概述

石墨烯柔性力敏传感器的弹性元件大多采用PDMS等柔性基底，而这种采用柔性基底作为弹性元件的力敏传感器属于柔性传感器。柔性传感器的研究通常包括可拉伸、可弯曲的机械性能以及类似人类皮肤的传感性能。

基于石墨烯的电子皮肤以石墨烯作为传感单元，通过对金属电极的合理布置，可以制作出阵列式柔性应变传感器。图4.5（a）展示的是一种阵列式柔性应变可穿戴传感器。这种阵列式柔性应变可穿戴传感器具备以下3个特点。

（1）可进行多点同时捕捉变形信息，实现分布式力信号的探测。

（2）利用编织结构的石墨烯的高灵敏度特点，可对人体脉搏、发声等微小变形信号进行检测，如图4.5（b）和图4.5（c）所示。

（3）采用编织结构的石墨烯，可提高传感单元的变形能力，实现手指运动、面部表情变化等体征信号探测，如图4.5（d）所示。

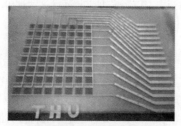
（a）阵列式柔性应变可穿戴传感器实物

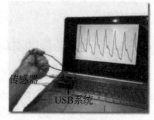
（b）脉搏检测

图4.5　阵列式柔性应变可穿戴传感器

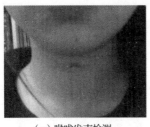
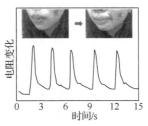

（c）喉咙发声检测　　　　　　　　　　（d）微笑表情检测

图 4.5　阵列式柔性应变可穿戴传感器（续）

　　近年来，石墨烯电子皮肤领域取得了很大的发展，传感器的检测范围和灵敏度都远超过人体皮肤。总体上，石墨烯柔性力敏传感器包括应变传感器和压力传感器。根据传感机理的不同，压力传感器又可细分为电阻型压力传感器、电容型压力传感器及场效应晶体管型压力传感器。同样，应变传感器也可细分为电阻型应变传感器和晶体管型应变传感器。但石墨烯柔性力敏传感器大多为柔性器件，器件不能被拉伸，应变范围小于 2%，此时认为器件只具有弯曲性。

4.3.2　石墨烯柔性力敏传感器的结构

1. 石墨烯柔性应变传感器的结构

　　图 4.6（a）和图 4.6（b）所示为石墨烯应变电阻在应变前、后的形变情况；图 4.6（c）和图 4.6（d）所示为应变导致电阻变化的微观机理。由此可知，多层石墨烯呈"鱼鳞状"覆盖在柔性衬底上，由于石墨烯膜与柔性衬底之间的吸附力很强，当受到外界应力导致柔性衬底发生形变时，柔性衬底产生的应变能够很好地传递到石墨烯膜中。此时，相邻石墨烯片层之间发生相对滑移，导致石墨烯片层之间的相对接触面积减小，从而造成片层之间的接触电阻增大。在弹性应变范围内，电阻变化与应变呈正相关关系。

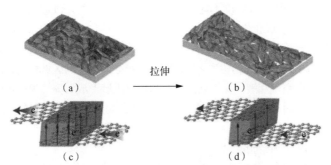

拉伸

（a）　　　　　　　　　　　　　（b）

（c）　　　　　　　　　　　　　（d）

图 4.6　石墨烯柔性应变传感器的典型结构

　　目前，石墨烯柔性应变传感器的制作大致可分为柔性衬底和石墨烯敏感薄膜的制作。具体如下。

（1）柔性衬底的制作

　　柔性衬底的机械性能很大程度上决定了石墨烯柔性应变传感器的机械性能。目前常用的柔性衬底材料包括 PDMS、聚乙烯醇（Polyvinylalcohol，PVA）、聚对苯二甲酸乙二醇脂（Polyethyleneterephthalate，PET）、橡胶和聚酰亚胺（Polyimide，PI）等。通过改变这些材料的制备条件，可以调控其机械性能。除了调控柔性衬底的机械性能外，利用微加工工艺在衬底表面进行微结构化也是柔性衬底的一项重要研究内容。例如，通过微加工工艺在衬底表面制备微结构，可以增大衬底表面与皮肤的接触面积，减小空隙，进而改善衬底与皮肤的共形接触。

（2）石墨烯敏感薄膜的制作

　　用于柔性应变传感器的石墨烯敏感薄膜通常采用 CVD（Chemical Vapor Deposition，化学气相沉积）转移法、旋涂法、喷涂法、印刷法、抽滤法、激光诱导碳化法、马兰戈尼效应自组装成膜法等方法制作。由于部分柔性衬底不耐高温，薄膜的柔性衬底沉积转移过程通常在常温下进行。这些薄膜制备方法具体如下。

① CVD 转移法：首先在金属衬底上利用 CVD 工艺生长出石墨烯，再将金属衬底腐蚀掉，最后将不带衬底的石墨烯转移至柔性衬底上。这种方式具有成膜品质高、标准化程度高的优点，但缺点是成本较高且工艺繁杂，石墨烯在转移过程中容易受到污染。

② 旋涂法、喷涂法：相比于 CVD 转移法，它们在制造流程方面更为简单。其中，旋涂法通过旋涂机在柔性衬底上将分散液均匀分散开，从而形成薄膜；喷涂法是利用喷枪将分散液雾化成小液滴均匀地覆盖在衬底上，从而形成薄膜。这两种方法都采用石墨烯分散液进行制备，而石墨烯在溶液中的分散性会明显影响成膜性能。因此，通常采用分散性更好的氧化石墨烯分散液成膜，再利用强还原剂将氧化石墨烯膜还原为石墨烯。此外，分散液与衬底之间的浸润性也需要考虑，一般通过选择表面张力合适的分散剂、氧等离子体处理以及化学试剂浸泡等方式来改变基底的浸润性。总体上，这种方法具有工艺较简单、成本低且无须高温条件等优点，但标准化程度较低，且对分散性、浸润性有要求。

③ 印刷法：利用微针头将石墨烯分散液"打印"在目标衬底上的方法。类似喷涂法，也需要考虑分散性和浸润性。但是印刷法比喷涂法具有更高的标准化和自动化程度。

④ 抽滤法：选择合适孔径和材质的滤膜，利用负压将分散液中的石墨烯与液体分离，在负压和重力的双重作用下，石墨烯均匀地铺在滤膜上，从而形成石墨烯膜。采用该方法所制备的石墨烯膜的厚度由控制被抽滤的分散液体积来决定，具有成本低、工艺简单以及不需要高温条件的优点，但是标准化程度较低，需要考虑石墨烯膜与滤膜的剥离问题。

⑤ 激光诱导碳化法：利用高功率激光使柔性聚合物局部升温，从而使其发生碳化而形成石墨烯的方法。这种方法具有制造时间短、便于大规模生产以及标准化程度高的优点，但是这种方法成本较高，且制备出的石墨烯薄膜存在厚度不均匀、应力不一致等问题，即薄膜品质较低。

⑥ 马兰戈尼效应自组装成膜法：马兰戈尼效应是指由于两种不同表面张力的液体界面之间存在张力梯度而使质量发生转移的现象。基于这一效应，先将石墨烯片层分散在表面张力小于水的酒精中；再将分散液滴入水中，此时由于马兰戈尼效应，酒精会向水多的区域移动，同时分散于酒精中的石墨烯也会移动，并在空气和液体交界处铺开，从而自组装形成石墨烯膜；再将自组装形成的石墨烯膜捞取至柔性衬底表面。这种方法具有制造工艺简单、制备时间短以及适用于不同衬底的特点，但是其标准化程度较低。

2. 石墨烯柔性压力传感器的结构

石墨烯柔性压力传感器在结构上和石墨烯柔性应变传感器不同。与后者相比，前者在结构上更为立体，通常采用"三明治"结构，一般包含电极、柔性基底和敏感层等 3 个功能层，且由于在结构上更为复杂，因此各功能层的机械性能，特别是杨氏模量要匹配。

首先，柔性衬底的制造与前述石墨烯柔性应变传感器的类似，需要控制柔性衬底的机械性能、柔性衬底的微结构以及柔性基底与皮肤的共形接触。其次，电极包括金属、金属纳米线、导电聚合物以及碳材料（碳纳米管、石墨烯等）等，其设计需要能够与柔性衬底实现良好兼容以及电极的可拉伸性，避免因为电极的不可拉伸，在应变时出现剧烈的电阻变化。最后，敏感层的制造是石墨烯柔性压力传感器制造的核心。敏感层的制造方法可以根据敏感层是否可以同时充当弹性元件和转换元件分为石墨烯海绵感应层和模板辅助石墨烯感应层两类。

石墨烯海绵感应层如图 4.7 所示，其既充当弹性元件，又充当转换元件。在外界压力作用下，石墨烯海绵会被压缩，从而导致海绵内部的接触面积增大，使得整体电阻减小。这种结构也可以用于电容型压力传感器。即海绵在外界压力作用下被压缩，由于海绵与空气的介电常数不同，导致整体的介电常数发生改变。石墨烯海绵的孔洞可以通过冷冻干燥技术或热处理技术制造出来。冷冻干燥技术是通过将水冷冻成冰晶，再进行真空升华，最终获得多孔结构。而热处理技术是利用氧化石墨烯在加热还原时有气体产生，产生的气体导致薄膜内部发生膨胀，进而形成多孔结构。模板辅助石墨烯感应层是将弹性元件与转换元件分开，即通过外力作用在弹性模板上使其发生应变，同时将应变传递给附着于模板之上的石墨烯感应层，进而使得石墨烯感应层的电阻发生变化。这与石墨烯柔性应变传感器的原理类似。

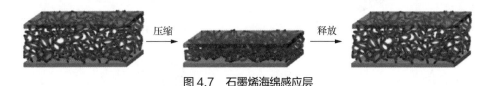

图 4.7　石墨烯海绵感应层

4.3.3　石墨烯柔性力敏传感器的应用

目前石墨烯柔性应变传感器和石墨烯柔性压力传感器主要应用于可穿戴传感器领域，涉及人体健康信号监测和人机交互等方面。

1. 人体健康信号监测

人体的组织器官在进行正常生理活动时会产生振动信号，这些振动信号往往隐藏着丰富的人体健康信息。人体生理信号的振动可以根据强弱分为低压区（<10kPa）、中压区（10～100kPa）以及高压区（>100kPa）。低压区的生理信号主要包括脑部活动产生的颅内压以及眼部活动产生的眼内压等，中压区的生理信号主要包括呼吸、声带以及颈动脉等产生的振动信号，高压区的生理信号主要包括体重产生的足部压力等。对这些生理信号进行实时、有效的检测对人体的健康监测有着重大意义。

（1）脉搏测量

目前常用的脉搏测量部位是颈静脉和桡动脉，原因是这两处血管靠近皮肤表面，便于测量。正常人在平静时，心脏跳动频率为每分钟 60～100 次，此时血管中的血液也会以此频率输送到全身。图 4.8（a）展示了石墨烯柔性力敏传感器与皮肤表面共形接触，并对脉搏进行测量。传感器与皮肤良好的共形接触可以极大地提高信噪比。通过图 4.8（b）和图 4.8（c）所示的对人平静与运动状态下的桡动脉监测可知，人在运动状态下脉搏的幅度和频率明显比平静时的更大，这与实际情况是吻合的。图 4.8（c）进一步展示了单个脉搏波形的具体形状，图中的 P 波为主波，代表着心脏收缩向全身泵血；D 波为重搏波，代表心脏舒张，血液回流至心脏；T 波为潮波，它是由左心室停止泵血，动脉压开始下降，主动脉受到左心室泵血的冲击而产生的。对比图 4.8（b）和图 4.8（c）可看到，在运动状态下代表潮波的 T 波消失，这是因为运动引起血管舒张，动脉膨胀，促进了血管和心室的耦合作用。相比于桡动脉检测，图 4.8（d）所示的颈静脉搏动的测量结果反映了更为丰富的信息，图中的 A 峰表示心房收缩，C 峰表示右心室收缩，V 峰表示心房充盈，X 谷表示心房放松，Y 谷表示心脏三角瓣打开。整个过程与心动周期相对应。

（2）声带振动测量

声带通过振动发声，因此，将石墨烯柔性力敏传感器贴附在喉咙附近，可将声带振动情况由传感器测量并记录下来，进而分析声带的健康状况，如图 4.9（a）所示。通过图 4.9（b）给出的传感器响应结果可知，同一种声带振动的测量结果具有很好的一致性，不同类型的声带振动的测量结果具有明显的区别。

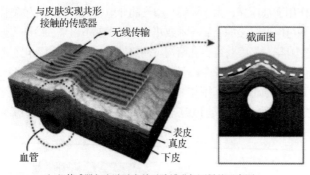

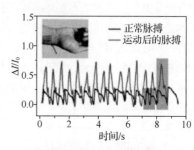

（a）传感器与皮肤贴合并对脉搏进行测量的示意图

（b）平静/运动状态下桡动脉搏动的测量结果

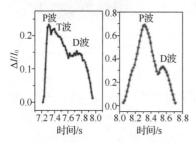

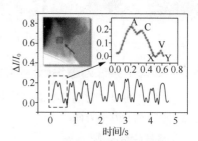

（c）平静/运动状态下单个桡动脉的搏动波形

（d）颈静脉搏动的测量结果

图 4.8   石墨烯柔性力敏传感器对脉搏的测量

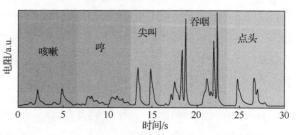

（a）声带振动测量原理

（b）声带振动的测量结果

图 4.9   石墨烯柔性力敏传感器测量声带振动

（3）呼吸监测

呼吸监测也是一项重要的生理指标监测。人呼吸的过程是胸腔扩张将气体吸入肺部，进行气体交换后，再收缩胸腔，将气体排出。通过在胸腔上粘贴石墨烯柔性压力传感器，记录人呼吸的过程，对分析人的呼吸功能具有重要意义。图 4.10 所示为利用柔性压力传感器测得的人呼吸过程的数据。根据周期性响应的高、低变化，可从数据中明显分辨出吸气（胸腔扩张）和呼气（胸腔收缩）的过程。而且，人运动后的呼吸频率和强度要明显高于静息状态，这与实际情况非常吻合。

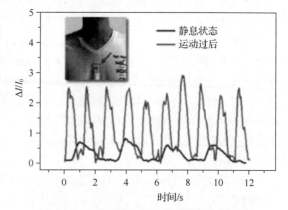

图 4.10   石墨烯柔性压力传感器测量人呼吸

2. 人机交互

人机交互是石墨烯柔性应变传感器的重要应用方向。例如，在图 4.11（a）中，通过将石墨烯柔性应变传感器贴在关节处，将关节的运动转换成传感器电阻的变化，再通过模数转换器（Analog to Digital Converter，ADC），将关节运动的模拟信号转换为机器可以识别的数字信号。这里，以利用手指的关节运动控制贪吃蛇游戏为例进行具体说明。图 4.11（b）和图 4.11（c）所示分别是利用人机交互控制贪吃蛇的电路图和控制逻辑。最终的显示效果如图 4.11（d）所示，由此可以看出，贪吃蛇的运动方式可以借助石墨烯柔性应变传感器，通过不同手指的弯曲变形来实现。

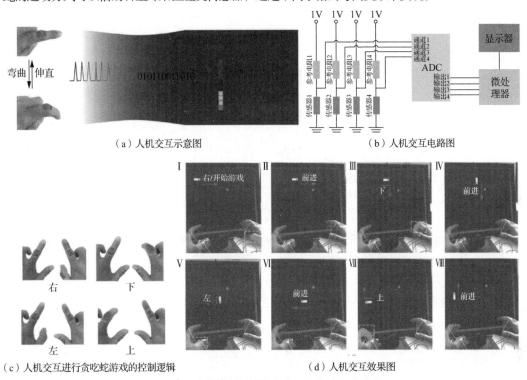

（a）人机交互示意图　　　　　　　　　　（b）人机交互电路图

（c）人机交互进行贪吃蛇游戏的控制逻辑　　　　　　（d）人机交互效果图

图 4.11　石墨烯柔性应变传感器辅助的人机交互

4.4　石墨烯光纤 F-P 声压传感器

4.4.1　声压敏感模型

石墨烯膜光纤 F-P 声压传感器基于双光束干涉原理，由单模光纤（Single-Mode Optical Fiber，SMF）、陶瓷插芯和石墨烯薄膜构成，其结构示意如图 4.12 所示。F-P 腔的长度反映了两束反射光 I_{r1} 与 I_{r2} 的光程差，在外部声压作用下悬浮于陶瓷插芯端面基底的周边固支石墨烯薄膜产生挠度形变，即 F-P 腔的长度发生改变，进而导致 F-P 干涉光强变化，可通过光电探测器的输出电压变化解调光强信号，获取待测声压信号。

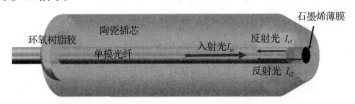

图 4.12　石墨烯膜光纤 F-P 声压传感器结构示意图

基于双光束干涉原理，干涉光强与 F-P 腔入射光强之间的关系为

$$\frac{I_0}{I_{in}} = \frac{R_1 + \xi R_2 - 2\sqrt{\xi R_1 R_2}\cos(4\pi L/\lambda)}{1 + \xi R_1 R_2 - 2\sqrt{\xi R_1 R_2}\cos(4\pi L/\lambda)} \quad (4.4)$$

式中，I_0、I_{in} 分别为干涉光强和 F-P 腔的入射光强，R_1、R_2 分别为光纤端面反射和敏感膜的反射率，ξ 为 F-P 腔长耦合系数，λ 为入射光的中心波长。

由于光纤端面与敏感膜的反射率比较小，则 $1 + \xi^2 R_1 R_2 - 2\sqrt{\xi R_1 R_2}\cos(4\pi L/\lambda) \approx 1$，因此式（4.4）可近似简化为

$$\frac{I_0}{I_{in}} = R_1 + \xi R_2 - 2\sqrt{\xi R_1 R_2}\cos(4\pi L/\lambda) \quad (4.5)$$

若光电探测器的光电转换系数为 $\Re$，则干涉光信号经光电探测器的输出电压 V 为

$$V = I_0 \cdot \Re \quad (4.6)$$

联立式（4.5）与式（4.6），并对 F-P 腔长 L 进行微分，则

$$\frac{dV}{dL} = \Re \cdot I_{in} \frac{8\pi}{\lambda}\sqrt{\xi R_1 R_2}\sin\left(\frac{4\pi L}{\lambda}\right) \quad (4.7)$$

则石墨烯膜光纤 F-P 声压传感器的电压灵敏度 S_V 为

$$S_V = \frac{dV}{dL} \cdot \frac{dL}{dp} = \Re \cdot I_{in} \frac{8\pi}{\lambda}\sqrt{\xi R_1 R_2}\sin\left(\frac{4\pi L}{\lambda}\right) \cdot S_m \quad (4.8)$$

式中，S_m 为石墨烯膜光纤 F-P 声压传感器的机械灵敏度，且一般光电转换系数 $\Re$ 与光纤端面反射率 R_1 为定值，不受外界因素影响。

石墨烯膜光纤 F-P 声压传感器探头在测试过程中，通常选取电压灵敏度最大值时所对应的入射光波长作为石墨烯膜光纤 F-P 声压传感器探头的工作点，即入射光波长 λ 取为定值，此时 $\sin(4\pi L/\lambda)=1$。这样，式（4.8）可简化为

$$S_V = \Re \cdot I_{in} \frac{8\pi}{\lambda}\sqrt{\xi R_1 R_2} \cdot S_m \quad (4.9)$$

式中，F-P 腔长耦合系数 ξ 与 F-P 腔长 L、入射光波长 λ 之间的关系为

$$\xi = \frac{4\left[1 + \left(\dfrac{2\lambda L}{\pi N_0 w^2}\right)^2\right]}{\left[2 + \left(\dfrac{2\lambda L}{\pi N_0 w^2}\right)^2\right]^2} \quad (4.10)$$

式中，N_0 为 F-P 腔内介质折射率，w 为光纤模场半径。

当 λ 与 L 确定时，腔长耦合系数 ξ 为定值，因此由式（4.9）可知，传感器电压灵敏度与入射光强 I_{in}（也称激励光功率）和敏感膜反射率 R_2 密切相关。

4.4.2　石墨烯光纤 F-P 声压传感器制作

石墨烯膜光纤 F-P 声压传感器的制作流程如图 4.13 所示。

（1）单模光纤的处理

选取带尾纤的单模光纤，使用光纤剥线钳去除光纤的保护套和涂覆层，然后用无纺布蘸取酒精去除残留的涂覆层。利用光纤切割刀切割单模光纤端面，并采用光纤熔接机进行端面平整度的检测。

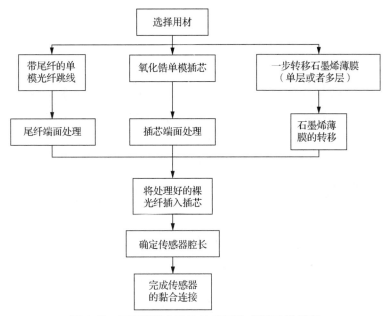

图 4.13　石墨烯膜光纤 F-P 声压传感器的制作流程

（2）陶瓷插芯的处理

用酒精清洗插芯，用光纤蘸取酒精清洗插芯内孔，并通过超声清洗。插芯端面作为石墨烯薄膜的转移基底，对端面的平整和清洁度要求较高。

（3）石墨烯薄膜的转移

通常为了减缓褶皱和裂纹，会用到 PMMA（Polymethylmethacrylate，聚甲基丙烯酸甲酯）涂层作为石墨烯薄膜的支撑层。为此，将带有 PMMA 涂层的石墨烯薄膜置于去离子水中，用插芯捞取石墨烯薄膜，并将吸附有石墨烯/PMMA 复合膜的插芯倾斜放入丙酮溶液中，使 PMMA 溶解并去除。之后，置于恒温箱干燥，完成石墨烯薄膜的悬浮转移。

（4）F-P 干涉腔长的确定

将吸附好石墨烯薄膜的插芯置于三维位移平台的右侧，并将处理好的单模光纤置于左侧，调节三维位移平台的水平方向，使光纤缓慢插入陶瓷插芯的中心孔。在操作的同时，观察光谱仪中的干涉光谱，通过峰值解调确定合适的 F-P 干涉腔长。

（5）石墨烯膜光纤 F-P 传感器的封装

在利用固化环氧胶黏合入射光纤和氧化锆插芯时，需完全封住插入孔以保持石墨烯膜光纤 F-P 传感器密封、不漏气，并利用环氧胶固封，完成基于陶瓷插芯的石墨烯膜光纤 F-P 传感器的封装。图 4.14 所示为石墨烯膜光纤 F-P 传感器实物。

图 4.14　石墨烯膜光纤 F-P 传感器实物

4.4.3　声压传感测试

图 4.15 所示为用于石墨烯膜光纤 F-P 声压传感器声压传感测试的实验平台示意图。所需仪器有

可调谐激光器、光环行器、光电探测器、信号发生器、锁相放大器、石墨烯膜光纤 F-P 声压传感器、传声器、扬声器。

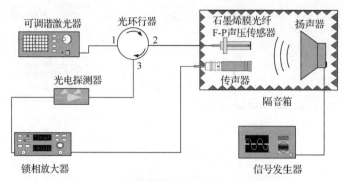

图 4.15   声压传感测试的实验平台示意图

实验中信号发生器采用 DG5102，产生正弦波信号，传输到扬声器产生声压。参比传声器 MP201 用于对石墨烯膜光纤 F-P 声压传感器进行参数对比，上述传声器的灵敏度约为 50mV/Pa。石墨烯膜光纤 F-P 声压传感器通过光环行器连接可调谐激光器和光电探测器，参比传声器作为参考信号接入锁相放大器。根据搭建的实验平台，对扬声器的声音信号进行频率响应评测，以选取传感器的最佳响应频率进行声压信号测试。实验中信号发生器产生电压（峰峰值）20V_{p-p}，对频率范围为 1kHz～20kHz、频率间隔为 0.5kHz 的正弦信号进行测试，对石墨烯膜光纤 F-P 声压传感器与参比传声器进行声压信号检测，如图 4.16 所示，则两者对不同频率的音频信号响应趋势基本相符。根据石墨烯膜光纤 F-P 声压传感器和 MP201 对不同频率音频正弦信号的响应，选取最佳的 15kHz 音频信号进行声压测试。

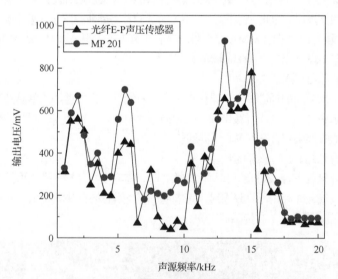

图 4.16   不同频率下声压传感器输出响应

由信号发生器产生频率为 15kHz 的正弦信号，在 2.0～20V_{p-p} 范围内以 0.5V_{p-p} 为间隔调整声源的激励电压，利用石墨烯膜光纤 F-P 声压传感器可获得外界声压与输出电压之间的输入/输出关系，并基于实测的石墨烯膜受压变形产生的 F-P 干涉光强变化值，根据石墨烯膜光纤 F-P 腔声压–挠度计算模型，由实测数据，利用最小二乘法对声压–挠度响应进行拟合，可得 15kHz 下石墨烯膜光纤 F-P 声压传感器的灵敏度约为 2.38nm/Pa（见图 4.17）。

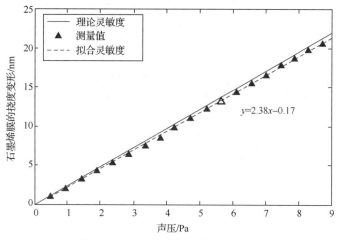

图 4.17 15kHz 时声压-挠度响应曲线

4.5 氧化石墨烯光纤 F-P 湿度传感器

4.5.1 氧化石墨烯的湿敏性质

氧化石墨烯（Graphene Oxide，GO）是石墨烯经强酸氧化得到的氧化物，其颜色为棕黄色。经氧化后，其含氧官能团增多而使性质较石墨烯更加活泼，可经由各种与含氧官能团的反应而改变本身性质。氧化石墨烯是单一的原子层，可以随时在横向尺寸上扩展到数十微米。因此，其结构跨越了一般化学和材料化学的典型尺度，可视为一种非传统形态的软性材料，具有聚合物、胶体、薄膜，以及两性分子的特性。该材料因在水中具有优越的分散性，而被视为一种亲水性物质。相关实验结果显示，氧化石墨烯实际上具有两亲性，从石墨烯薄片边缘到中央呈现亲水至疏水的性质分布，但其亲水性被广泛认知。具体的性质如下。

（1）水分子在氧化石墨烯表面的吸附状态

吸附状态可以用固体、液体表面的自由能以及液固界面能来评定。通过接触角测量仪得到水滴在氧化石墨烯表面的平均接触角为 48°，即其液固表面的吸附能为 104.2mJ/m²，远远高于石墨烯与水的液固界面的吸附能 29.0mJ/m²。因此验证了氧化石墨烯的超亲水性。

（2）氧化石墨烯膜厚度随湿度的变化

氧化石墨烯的亲水性和渗水性被学者广泛研究，其中，其薄膜的层间距和厚度随湿度的变化十分明显。通过原子力显微镜可以精确测量出氧化石墨烯的层间距；在相对湿度从 2%RH～80%RH 的过程中，单层氧化石墨烯的厚度从 0.72nm 增加至 0.85nm。氧化石墨烯膜的厚度随湿度变化并非线性关系，而是在高湿度下体现出更高的灵敏度。

4.5.2 氧化石墨烯光纤 F-P 湿度传感器的制备

为了在空气湿度测量过程中避免受密闭 F-P 腔压力影响，设计了空心干涉 F-P 腔结构，选取毛细管作为干涉空心腔体与单模光纤进行熔接。为此，采用标准的单模光纤（SMF）和毛细管（外径为 125μm，内径为 50μm），借助光纤熔接机，实现两者的熔接，如图 4.18（a）所示。将熔接后的全光纤结构置于显微镜下观测，利用切割刀对毛细管进行切割，切割端面平整、不倾斜，以使氧化石墨烯薄膜能均匀地涂敷在毛细管端面，如图 4.18（b）所示。

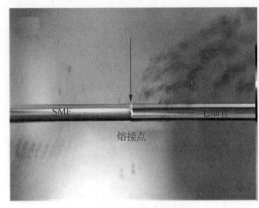
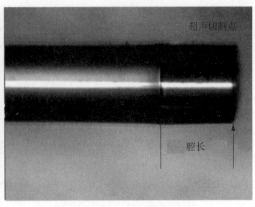

（a）单模光纤与毛细管熔接　　　　　　　　（b）切割成指定长度的毛细管实物

图 4.18　单模光纤与毛细管的熔接与切割

氧化石墨烯溶液的制备采用了 Hummers 法，该方法具有时效性好和制备过程相对安全的优点。图 4.19（a）所示为在水中形成稳定的单层氧化石墨烯悬浮液，浓度约为 5mg/mL。使用扫描电子显微镜观测的氧化石墨烯呈层状分布，如图 4.19（b）所示。

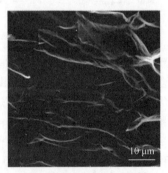

（a）氧化石墨烯悬浮液　　　　　　　　（b）呈层状分布的氧化石墨烯

图 4.19　氧化石墨烯溶液与薄片

在此基础上，用胶头滴管取少量 5mg/mL 氧化石墨烯溶液滴在玻璃片上，如图 4.20（a）所示；将熔接并切割后的光纤毛细管 F-P 腔，如图 4.20（b）所示，置于氧化石墨烯溶液中几秒后缓慢取出，则毛细管端面蘸取有微量的氧化石墨烯悬浮液；将带有氧化石墨烯悬浮液的毛细管置于 60℃的温箱中烘干，通过扫描电子显微镜观察到氧化石墨烯薄膜均匀地吸附在毛细管端面，薄膜厚度约为 300nm，如图 4.20（c）和图 4.20（d）所示。

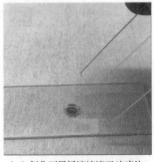
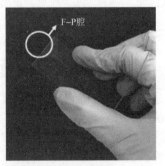

（a）氧化石墨烯溶液滴于玻璃片　　　　　　　　（b）F-P 腔

图 4.20　氧化石墨烯膜光纤 F-P 湿度传感器的制备

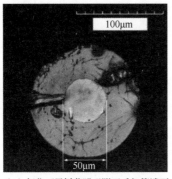 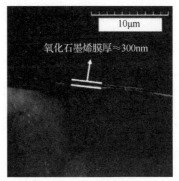

（c）氧化石墨烯薄膜吸附于毛细管端面　　　　　　（d）薄膜的显微图像

图 4.20　氧化石墨烯膜光纤 F-P 湿度传感器的制备（续）

4.5.3　湿度敏感实验与分析

1. 湿度敏感实验平台的搭建

为测试氧化石墨烯膜光纤 F-P 湿度传感器的湿度敏感特性，避免动态气流扰动引起湿度的测量误差，采用了基于饱和盐溶液法的湿度实验。饱和盐溶液法是一种常用的普通标准，能够提供恒定的湿度值，其原理是：当可溶性盐溶于水后，在电离作用和溶剂化共同作用下，溶剂化的离子分布在溶液表面，且溶剂化阻碍部分水分子的蒸发；在密闭容器中，当溶液的蒸发和气相水分子的凝结处于平衡状态时，水蒸气分压小于纯水时的水蒸气分压，从而改变了容器内的相对湿度。饱和盐溶液法具有应用普遍、装置简单、湿度复现性好等突出优点。

为此，搭建图 4.21 所示的实验平台。在一定温度下，饱和盐溶液上方水蒸气分压与环境平衡且为一常数，因此可以避免气泵波动引入的湿度不稳定。将试剂瓶的胶塞打孔并且使用套管将氧化石墨烯膜光纤 F-P 湿度传感器支撑固定，把湿度计和氧化石墨烯膜光纤 F-P 湿度传感器插入胶塞中固定，分别放入装有不同的饱和盐溶液的试剂瓶中，通过湿度计标定环境参数，光谱仪（Optical Spectrum Analyzers，OSA）记录氧化石墨烯膜光纤 F-P 湿度传感器输出的干涉信号。

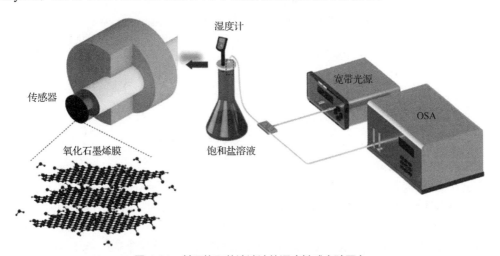

图 4.21　基于饱和盐溶液法的湿度敏感实验平台

其中各饱和盐溶液所对应的理论相对湿度如表 4.1 所示。本实验中，通过将氧化石墨烯膜光纤 F-P 湿度传感器分别放入装有不同的饱和盐溶液的试剂瓶中，以测量不同相对湿度下的光谱响应。由于在试剂瓶开关的过程中会改变试剂瓶中的气液平衡状态，因此在放入氧化石墨烯膜光纤 F-P 湿度传感器后等待湿度计示数稳定后再记录干涉光谱，并同时记录测试点的温度值以排除温度引起的耦合误差。

表 4.1　不同饱和盐溶液的环境湿度值

盐溶液	一水氯化锂	六水氯化镁	溴化钠	氯化钠	硫酸铵	硫酸钾
理论相对湿度	12%RH	33%RH	59%RH	75%RH	80%RH	97%RH

2. 湿度敏感实验

将待测的氧化石墨烯膜光纤 F-P 湿度传感器置于装有饱和盐溶液的试剂瓶中，分析干涉光谱的波谷（峰）的波长偏移和光强变化，得到传感器的灵敏度、稳定性等参数。但由于试剂瓶开关会导致环境湿度失稳，瓶中的实际相对湿度较理论值有所偏差，因此，在氧化石墨烯膜光纤 F-P 湿度传感器置入 30 分钟后，湿度计示数偏差小于 ±2%RH 时，记录当前条件下的干涉光谱和相对湿度值。相对湿度的测试范围为 12%RH～97%RH。

（1）不同湿度点的干涉光谱响应

在 6 个湿度点下记录的干涉光谱如图 4.22 所示。随着环境湿度的增加，干涉光谱的波谷（峰）发生红移，干涉光强的峰峰值也有所变化，由此说明 F-P 干涉腔的腔长随湿度增加而逐渐增加，并且氧化石墨烯薄膜的反射率同样随湿度变化。研究表明，氧化石墨烯薄膜的厚度随相对湿度增加而增加，水分子的渗透增大层间距的同时，引起薄膜刚度的变化。根据圆膜片大挠度理论，薄膜在毛细管端面的下沉量将会受到影响，即薄膜的厚度和薄膜悬浮在圆孔中下沉量均会影响 F-P 腔长。

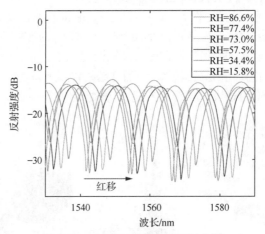

图 4.22　不同相对湿度下的干涉光谱

（2）干涉光谱波长偏移量

通过标定不同湿度条件下干涉光谱的波谷所对应的波长，计算波谷波长随湿度的偏移量，以表征传感器的湿度灵敏度。多次测试传感器在湿度增加和湿度减少条件下的正反行程的输出，分析和计算传感器的迟滞误差。由于测量过程中开关试剂瓶的操作，正反行程对应的湿度点存在小幅度的偏移。如图 4.23 所示，实验得到传感器的波长偏移量随湿度变化呈非线性关系，在 15%RH～70%RH 和 70%RH～90%RH 的范围内，灵敏度分别为 0.082nm/%RH 和 0.63nm/%RH，线性度分别为 95.5% 和 98.4%，全量程区间内的平均灵敏度为 0.2nm/%RH。在低相对湿度条件下，氧化石墨烯薄膜的层间仅发生水分子的结合，但在高相对湿度条件下，水分子结合饱和后出现在层间纵向的自由运动，导致其灵敏度呈现分段现象，与先前的理论相吻合。

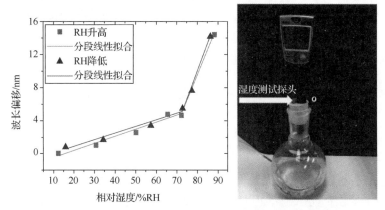

图 4.23 正反行程测试中干涉光谱的波谷的波长随湿度的偏移量

综上，氧化石墨烯薄膜对水分子的快速吸收显而易见，但随着湿度的降低，薄膜中水分子的释放速度影响着传感器的性能，因此，测量传感器在正反行程下波长偏移量的偏差可分析其迟滞误差。通过拟合测试数据得到：氧化石墨烯薄膜水蒸气吸收和释放的平衡状态受环境相对湿度的影响；在反行程，即相对湿度逐渐降低的过程中，波长偏移量大于同湿度点下的正行程值，即氧化石墨烯薄膜中的水分子比例高于正行程中的水分子比例，且测得正反行程的迟滞误差约为 5%。

（3）动态湿敏响应

根据实测干涉光谱可知，在特定波长下干涉光强变化呈单调趋势，因此，可通过光电探测器的实时输出来获取传感器的动态响应数据。

由于试剂瓶的相对湿度需要较长时间才能达到稳定状态，因此，利用呼吸气改变相对湿度来测试传感器的响应时间，如图 4.24 所示。在室温和 20%RH 相对湿度的环境下，将传感器横向放置在人嘴部前方，均匀地呼气，并记录下传感器的输出电压。通过湿度计测量可知，呼气状态下相对湿度由常温下 20%RH 增加至 70%RH。实验测得 12s 内 3 次呼吸过程中传感器的时域输出，其为具有规律的脉冲输出波形。对图 4.24 中虚线选取的信号进行局部放大，可确定在呼吸过程中上升沿响应时间约为 60ms，下降沿响应时间约为 120ms，表明该氧化石墨烯膜光纤 F-P 湿度传感器具有极快的湿敏响应和恢复时间。

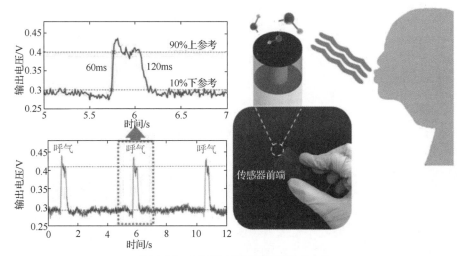

图 4.24 呼气状态下传感器的动态响应

　　总之，目前国内外许多学者将湿敏材料与光纤 F-P 结构相结合，制备了光纤 F-P 湿度传感器。湿度敏感材料厚度越大，在同等湿度变化下的干涉光程差越大，即干涉光谱波长偏移量越大，传感器的灵敏度越高；但随着薄膜厚度的增加，对湿气的吸收和释放速度受到影响，其响应时间随之增加。因此，薄膜厚度的选择需要结合灵敏度和响应时间等参数综合考虑。

习题

1. 简述石墨烯传感器的分类与发展趋势。
2. 阐述石墨烯材料的基本性质。
3. 结合石墨烯的力学性能分析石墨烯作为力敏传感器的敏感材料的优势。
4. 简述石墨烯柔性力敏传感器可以分为哪两类，并说明它们各自的结构特点。
5. 简述石墨烯膜光纤 F-P 声压传感器的结构及工作原理。
6. 分析石墨烯膜光纤 F-P 声压传感器的可能增敏方法。
7. 简述声压实验中参比传声器的作用，并说明该参比传声器应该具备的性能特点。
8. 分析构建湿度敏感实验平台的可能方法。
9. 说明氧化石墨烯膜光纤 F-P 湿度传感器的结构及工作原理。
10. 简述能否实现石墨烯膜光纤 F-P 湿度传感器。

第 5 章
织物传感器

　　织物传感器作为近年来发展较快的新型传感器，可为人类提供多种功能，如感知、驱动、交流、记忆、学习、自适应、自我修复等，而不影响系统本身的服用性能。织物传感器以纺织品作为基底，采用不同方式与敏感材料或元件结合。这类传感器在满足传感器物理、机械性能的基础上，保持了织物的手感以及柔韧性，部分甚至可以洗涤。本章针对织物传感器的结构及其性能，介绍制备织物传感器常见的材料、工艺及织物传感器的应用等内容，从而加深学生对织物传感器的了解，并结合科研实例激发学生的创新热情。

5.1　织物传感器概述

5.1.1　织物传感器的定义与分类

织物传感器（Fabric Sensor）是以纺织品作为传感器的柔性基底，通过将导电材料与基底进行结合或直接用导电纱线织造得到的，具有柔韧性强、贴体性好、可拉伸等特点，是智能服装的重要组成部分。

目前对织物传感器的研究主要基于导电材料和织物基底两个方面。常见的导电材料有金属纳米材料、碳基材料、高分子聚合物材料等，这些材料的电学属性会因物体变形、温度变化、湿度变化等因素而发生改变，从而将这种改变转换为可检测的电信号。机织物、针织物以及非织造织物均能作为织物传感器的基底，而有特殊线圈结构、具有良好的延展性以及贴体性的针织物，应用在服装的传感器上能最大限度地接收到人体活动信息。织物传感器因具备高灵敏度、低成本和易于电子集成等优点，目前已被开发出多种功能。其常见的类型有织物应变传感器、织物温度传感器、织物气体传感器和织物多功能传感器等。

1. 织物应变传感器

织物应变传感器在感受外界刺激作用后产生电信号，通过电信号的变化来反映刺激的大小及分布情况。基于织物的柔性应变传感器能够紧贴人的皮肤、跟随人活动、实时监测人生理健康状况，按照其传感机理，可分为压阻式织物应变传感器、电容式织物应变传感器、压电式织物应变传感器和摩擦电式织物应变传感器。目前，除压阻式织物应变传感器和电容式织物应变传感器外，其他织物应变传感器的研究还处在起步阶段。压阻式织物应变传感器在受到外界压力作用时，内部材料发生形变，进而产生电阻变化。压阻式织物应变传感器可通过涂层、复合纤维纺丝、变形（如加捻与包缠）和编织等方式制作，其传感功能可由导电织物中的纤维、纱线及织物多层触点的协同效应产生，利用这种效应制作的压阻式织物应变传感器具有超高灵敏度和宽响应范围。电容式织物应变传感器主要通过屈曲、同轴纤维纺丝和针织等方法制作，具有高线性度、低迟滞和长期循环稳定性，但其灵敏度比压阻式织物应变传感器低，响应范围有限，且由于具有两个织物电极和一个介电层的复杂夹层结构，目前电容式织物应变传感器的制造更具挑战性。

2. 织物温度传感器

织物温度传感器一般是在纺织基底上集成热敏材料，感应温度变化并转换成电信号输出。基于织物的温度传感器有电阻温度探测器（Resistance Temperature Detector，RTD）、光纤布拉格光栅（Fiber Bragg Grating，FBG）传感器、热敏电阻及热电偶等。目前常见的是 RTD 和 FBG 传感器。RTD 通常使用铜、镍和钨等材料，但刚性金属材质限制其在织物中的柔软度，因此，对温度敏感的柔性导电材料（如有机金属油墨、碳纳米管、聚苯胺）得到广泛应用。FBG 传感器利用一种非接触式光学温度测量技术，其核心是利用光纤的各种特性（相位、振幅、强度等）随温度变化的特点进行温度测量，该测量方式的优势是无须跟物体接触，并且具有高空间分辨率。热电偶由两种不同的导电材料组成闭合电路，其制作方式比前两种复杂，但能测量较高的温度（30~120℃）。织物温度传感器在灵敏度、精度、稳定性和可拉伸性方面仍有限制，因此，研究可拉伸热敏材料和改进制备技术对提升温度传感功能具有重大意义。

3. 织物气体传感器

织物气体传感器在基底表面布置对气体敏感的材料，气敏材料与周围气体相互作用，导致气敏材料的化学和物理性质（例如电导率、介电常数、功函数）发生变化，并将其转换为电量（电流、电阻、电容等）。气敏材料通常使用碳纳米材料、导电聚合物、二维纳米结构材料、氧化物半导体材料等，这些材料通常被直接沉积到纺织品的外表面，暴露于环境中，可对环境中的 NH_3、NO_2、H_2、CH_4 等气体进行精确检测。除了能够检测穿戴者周围气体外，人体排出的代谢产物（大量的挥发性无机化合物和有机化合物）也能通过织物气体传感器感应，并被分析其成分和浓度的变化，从而判断人体是否健康。目前大多数织物气体传感器都只能检测单一气体，针对特定气体或具有相似特性的气体难以精确辨别。目前虽然存在低功率的织物气体传感器，但长期运行仍需大量的能量。迄今为止，适用于不同应用的织物气体传感器大多由外部电源或电池供电，自供电式的气体传感器已有研究，但在柔性织物基底上尚难以实现。因此，需要对敏感材料、传感器件（用于能量收集和存储）以及电源管理电路进行创新，实现微型化、高容量和高性能的动力单元。

4．织物多功能传感器

织物多功能传感器在一个器件上集成多种传感功能，能对多种参数进行集中测量、处理及输出，具有体积小、质量轻等特点。但目前的织物多功能传感器因信号易受干扰、集成传感功能数量有限等问题，很难确定刺激的类型和强度大小。尽管目前做了很多努力，但量化每个刺激响应的挑战仍然存在，下一步工作是重点解决并发多模态感知的问题。

5.1.2　织物传感器的应用特点

柔性多孔是智能纺织材料的最大特点之一，得益于此特点，织物传感器产品轻盈，可大面积接触皮肤，贴合人的皮肤形态，可随意大幅度变形而不影响人的活动与产品功能，并可实现长期穿戴，产品设计也非常时尚、舒适，是一项颠覆性科技。实现这类产品柔性化的转变，纤维材料科学是基础，而可穿戴技术是以这类纤维材料为基础的柔性电子、光子等技术的集成。织物传感器柔性，可穿戴技术更稳定、更多样、更安全，其主要应用特点如下。

（1）三维的探测范围

纺织材料可在三维方向随意揉搓，因此，可测得更大范围的应变，尤其是拉伸和弯折性能，可探测的刺激范围大大拓宽，从而获取更多的外界环境或穿戴者状态信息。

（2）轻薄和快速的响应

织物传感器因独特的纤维材料而使硬度降低，甚至可达到无缝贴合人体，接触面积扩大，可快速而精准地探测外界的刺激，因此，无论穿戴者处于静止状态还是处于高速、大幅度的运动状态，柔性织物传感器均可达到高度精准的测量水平。

（3）长久的使用寿命

织物自身具有弹性和自我恢复性能，同时，因为纺织材料具有良好的拉伸、弹性回复、弯折性能，一些产品的疲劳寿命已可超过 150 万次。这意味着，如果将织物压力传感器植入运动鞋，穿戴者可自由奔跑 500km。

（4）柔性的连接与稳定的性能

目前，电子器件之间的相互连接方式有刚性连接和柔性连接两种。刚性连接是指电子器件之间采用金属导线直接连接，这种连接的缺点是会对服装外观设计、舒适性及电子器件在服装中的配置部位有影响，例如，在穿戴过程中，金属导线易受拉伸、压缩、剪切等力的反复作用而断裂。而柔性连接是指采用柔性的导电材料连接，如采用电子印刷技术将导电材料印刷在服装上或将金属丝缝制在服装上，从而解决刚性连接不稳定及不可拉伸的问题，同时，为进一步提高电子服装功能稳定性，需研制具有导通单元结构的织物连接件。

（5）安全的导电功能

织物传感器具有电磁屏蔽、防静电等功能。由导电纤维织造的市场化的产品经过 OEKO-TEX® Standard 100 生态纺织品认证，符合标准 GB/T 19001—2016《质量管理体系 要求》，孕妇、儿童同样可以使用，且不会引起过敏等问题。

（6）舒通和透气性能

将柔性智能纺织纤维和服装用面料技术相结合，可得到舒适、透气的柔性织物电子元器件。柔性织物电极植入贴身衣物，使用者不易察觉。

（7）可水洗性能

织物传感器可通过普通洗衣机洗涤达数十次。

5.1.3　织物传感器的发展趋势

现代知识的更新已使人们用新的目光去审视服装，不再单纯追求服装的外表美，而是要求服装有利于人体健康、卫生、舒适。表 5.1 列出了对未来服装的要求。服装面料需要满足未来人们的各种需求：保温防寒、防风、轻量、香型、衣内快适、皮肤感、吸汗速干、防水透湿、湿润快适、防缩、防虫、调光、吸收紫外线、抗菌防臭、耐化学药品、形状记忆、防污、导电性、难燃防火、减振、吸音、隔音等。多功能纤维是重要的发展方向，纤维的功能性决定了织物传感器的发展方向。

表5.1　对未来服装的要求

	关键	对衣料、纤维制品的要求	目的
心情方面	心理、高感性、审美性	追求具有手感、装饰性、审美及高感受性、新鲜感，设计开发在视觉方面有个性的衣料	深色、柔软、芳香、紧身、消臭、干燥、高质感、光泽
健康方面	身体、心理、卫生	追求使用场合与人体生理的协调，设计开发有益健康、卫生的衣料	防风、湿润快适、透湿防水、防寒保暖、伸缩轻质
生活方面	免烫、洗可穿、便利、安全	追求使用上的舒适性、安全性，性能的科学性，设计开发更便利、舒适、高性能的衣料	防射线、防伸缩、抗静电、难燃防火、消臭、抗菌防臭、防污、抗起球、速干
环境方面	防止环境污染、节省资源、资源再生	设计、开发适应自然环境变化的衣料，节约资源，防止环境污染，研究资源的废弃及再生制造方法，推进有利于保护环境的衣料开发	吸收紫外线、生物分解、节水、节能生产、防水质污染生产

正是由于功能纤维的各种优良性能，织物传感器具有轻薄、透气、柔软、可任意变形以及可与其他材料高度集成等特点，已成为智能可穿戴设备中最有发展前景的领域之一，但仍有以下诸多问题亟待解决。

（1）建立柔性功能材料和结构的测量与表征系统。织物电子系统涉及传感技术、数据传输和存储、数据显示、控制、能源供给技术、连接技术等，其使用的材料包括金属、非金属、聚合物等。织物结构由低维度的材料，通过编织技术构成复杂的三维结构，其尺度从纳米、微米到米或千米，从小纤维到大面积织物。这些柔性材料/结构具备良好的生物相容性，但基于这些材料/结构建立的传感器缺乏良好的重复性和稳定性，同时，它们需要满足可水洗、可承受大变形并能恢复至初始状态和适应可变环境（如不同的温度、湿度、pH 等）等需求。如何对这些功能材料和结构进行测量与综合表征是当前亟待解决的重大问题之一。

（2）建立适用于织物电子器件的机理和数学模型。织物电子器件以纤维集合体为载体或者纤维材料本身具备电子功能，其工作机理与其纺织结构的力-电特性密切相关，织物电子器件的结构设计、材料选择、功能材料的界面效应及变形等对电场分布、载流子迁移和器件性能等有较大的影响。织物是纤维的集合体，结构复杂，且纤维之间存在相对移动和摩擦。此外，织物电子器件的硬度和模量远低于传统电子器件和微机电系统器件，而且织物电子器件系统各部件的尺度差异可跨越几个数量级。因此，传统硬质电子器件的模型和机理难以直接解释织物电子器件，织物电子领域需有针对性地建立织物电子器件工作机理和数学模型。

（3）建立织物电子器件的多物理场耦合效应分析及其对性能的影响规律。在加工和使用过程中，织物电子器件经常处于多物理场共同作用的状态下。例如，织物电子器件应能满足机洗和烘干的纺织品保养的要求，在这个过程中，织物电子器件需要承受外力作用，同时受到湿度和温度变化的影响。在多物理场共同作用下，除电子性能方面的影响外，其所导致的界面分离是阻碍织物电子器件发展的另一个因素。界面分离可以直接导致载流子无法从一种材料运动到另一种材料，进而导致界面外电阻增大，甚至器件失效。此外，织物电子器件也会在多个物理场共同作用的条件下工作，例如织物热电发电机在工作过程中同时受到热场和电场的作用。

（4）建立织物电子器件和系统的评价系统。织物电子器件结合了传统电子器件和纺织品的功能与特性，因此织物电子器件的要求有别于传统电子器件和纺织品。织物电子器件和系统的评价系统可以分为两个方面：织物性能和电子性能。在织物性能方面，它的评价系统为具有服用性能，包括尺寸稳定性、透气、外观和手感等。织物电子器件在使用过程会经过多次的洗涤和穿戴，穿戴过程中会有不同程度的弯曲和拉伸，因此需要严格测试织物电子器件的耐用性，包括耐水洗性、耐汗性、耐弯折性、耐磨性等。目前，织物电子器件标准尚不全面，仅涵盖部分产品。

（5）织物电子器件的生物、信息安全问题。随着织物电子器件的发展，其安全性问题日益受到关注。织物电子器件使用纳米材料、半导体和金属材料。这些材料需要考虑其对人体和环境的影响，进行综合评估。例如，一些纳米粒子具有尺寸小、比表面积大、表面态丰富、化学活性高等性质，但表现出很强的生物毒性，可能会导致组织器官生长发育迟缓、细胞分裂异常、细胞凋亡等；能量转换和存储器中通常会引入电解质，应避免其泄漏和建立完善的回收处理机制。织物电子器件应满足日常长期贴肤穿着使用需求，因此必须建立预防漏电和过热的保护机制，避免汗液等的侵蚀和因过热引起皮肤烫伤等。织物电子器件系统收集了大量的个人生理数据、环境数据、地理位置和生活习惯等信息，这些信息的泄漏可能导致不当的使用、欺诈和一系列社会问题。

除受本身技术水平限制外，织物电子器件在应用方面还有很多挑战。例如，要针对特定场景开发系统，如可穿戴系统不能影响人体服用舒适度以及纺织品的其他服用性能；还有将传统的硬质电子器件柔性化、可洗化、可穿化等。近年来，微电子和微机电领域发展迅猛，设备集成度越来越高，通过异质集成技术可将织物电子器件、集成电路、薄膜电子器件等融合为一体，这将是织物电子器件的一个必然发展方向。

5.2 织物传感器的敏感材料

柔性导电纺织材料是柔性织物传感器发展的重要基础。由导电纤维制成的导电纺织品的技术限制点在于电性（电阻、电容等），而导电纺织品的表面电阻特性受所用的导电材料或导电纤维的百分比、织物结构以及制造方法等因素影响。依据原材料和导电性能的不同，可将柔性导电纺织材料进行分类，如表 5.2 所示。总体上，导电材料从最早的金属材料开始发展至今，已出现了以碳系和导电聚合物为代表的新一代导电材料。

表5.2 织物传感器的敏感材料

种类	产品	优点	缺点
导电金属/金属氧化物纤维	（1）不锈钢纤维； （2）铜纤维； （3）以铜、银、镍和镉的硫化物、碘化物或氧化物为导电材料，如多孔镍氟化物	高强度；型态稳定；使用寿命长；具有良好的可水洗性能、稳定的高导电性能、闪光的金属色泽；防腐性能卓越；具有良好的生物惰性，抗汗性能好；可拉伸至不同纱线参数，用于纺制不同纺织品	质重，低弹性，较为硬、脆，易损伤纺纱机、机织机、针织机等纺织机器；金属纤维抱合力小，纺纱性能差，成品色泽受限制；成高细度纤维时价格昂贵；铜、镍和镉的硫化物和碘化物的导电性不良，电磁屏蔽性能一般，主要用于抗静电

续表

种类	产品	优点	缺点
导电聚合物合成纤维	本质型导电聚合物,如聚苯胺复合物、PP&PET 聚合物导电纤维	柔软、质轻、灵活、舒适;低抗弯强度;适用于不同纺织品的多种参数选择;良好的可水洗性能	导电性能相比较而言较低;但其导电性会影响机织机、针织机等自动制动装置
导电碳纤维	(1)炭黑纤维; (2)碳纳米管纤维; (3)石墨烯纤维	碳纤维导电能好,耐热,耐化学药品;石墨烯的透明和柔韧及其强导电性是解决电池续航问题的出路之一	炭黑纤维颜色单一,通常为黑色或灰黑色;炭黑涂层易脱落,手感不好,且炭黑在纤维表面不易均匀分布,在使用上会受到一定的限制;碳纤维模量高,缺乏韧性,不耐弯折,无热收缩能力,适用范围有限
导电金属涂层纤维	镀银导电锦纶	柔软、质轻、灵活、舒适;具有良好的导电、导热性能;保持芯材良好的柔软性能;可通过不同导电添加剂材料的添加比例来控制导电性能;多种纱线参数选择,可用于纺制多种不同纺织品;铜、银及其化合物涂层具有一定的附加功能,如抗菌、除臭等	成本偏高;外表镀层容易脱落;低耐磨性;其导电性妨碍机织机、针织机等自动制动装置
有机导电涂层/导电墨水	(1)导电金属/金属氧化物涂料; (2)导电纳米管涂料; (3)导电碳系/石墨烯涂料; (4)导电有机硅涂料	轻薄、柔软,易设计导电涂层图案,可用于棉花、非织造布和聚丙烯纺织品等不同基底材料上,实现多层一体化,可制成更小、更轻量的微电子设备;同时具有导电和高分子聚合物;可在较大范围内根据使用需要,调节涂料的电学和力学性能;成本较低,简单易行,具有良好导电性能,具有抗电磁波干扰功能	实际操作工艺温度较高,对基材有一定影响和限制;制备成本高,不耐水洗;在使用过程中,有大量有机溶剂蒸发,污染环境,还会危害工作人员的身体健康

5.2.1　本征导电材料基纺织品

1. 金属纤维／纱线

金属纱线在几个世纪之前就已用于服装装饰,其应用可追溯到 17 世纪,那时人们把闪闪发光的金线织入服装。

金属本身具有优良的挠性、导电性、导热性、耐磨性、耐腐蚀性,以及高强度等优点。因此,金属纤维是最先诞生的导电纤维品种之一,主要为不锈钢纤维、铝纤维和铜纤维。虽然金属纤维具有上述诸多优点,但其制造工艺比较复杂、造价昂贵,且与纺织纤维间的抱合能力差,两者混纺十分困难,导致手感和使用性能均不佳。在此基础上,人们对含导电成分的导电纤维进行研究,采取了以下两种方式:第一种是将金属粉末混入成纤聚合物切片,再纺制成导电纤维;另一种是将金属粉末沉积在多孔纤维的空穴中。虽然采用上述两种方法可以制备出金属导电纤维,但第一种方法在纺丝过程中易出现喷丝孔堵塞的现象,第二种方法则需要纺制特种纤维,给工业生产带来困难,也对纤维牢度等性能有一定损伤。总体上,金属纤维导电性优异,但较差的服用性能限制了其应用。

2. 碳基纺织品

碳基纺织品以导电碳纤维为代表。导电碳纤维是一种高导电性材料,其综合性能优异,除具有高导电性能外,还具有耐磨、耐腐蚀、耐高温、强度高、质量轻等优点,应用非常广泛。

碳纤维导线主要具有以下优点。

(1)抗拉强度比普通导线高。例如,普通钢丝的抗拉强度为 1240MPa~1410MPa,而碳纤维导线的碳纤维混合固化芯抗拉强度是前者的 2 倍。

（2）电导率高，由于碳纤维导线不存在钢丝材料引起的磁损和热效应等问题，在输送相同负荷的条件下具有更低的运行温度，可以减少输电损失约 6%。

（3）低弧垂，碳纤维导线与金属导线相比具有显著的低弛度特性，在高温条件下弧垂不到钢芯铝绞线的 1/2，提高了导线运行的安全性和可靠性；质量轻，碳纤维的密度约为钢的 1/4，在相同的外径下碳纤维导线的截面积为常规导线的 1.29 倍，即碳纤维导线单位长度质量比常规导线轻 10%～20%；

（4）环境亲和性好，耐腐蚀，使用寿命为普通导线的 2 倍以上，同时可避免导体在通电时铝线与镀锌钢线之间的电化腐蚀问题，有效地延缓了导线的老化。

5.2.2　导电聚合物纤维

1. 本征导电聚合物

1967 年，东京工业大学白川英树实验室的一个韩国学生偶然合成出了银白色、带金属光泽的聚乙炔薄膜。而且掺杂少量溴之后，聚乙炔薄膜的导电性变成了之前的约一亿倍，这非常接近银的导电性。随后他们和物理学家艾伦·黑格（Alan Heeger）合作，对掺杂机理进行了研究。2000 年，白川英树和他的两位合作者艾伦·黑格和艾伦·麦克迪尔米德（Alan MacDiarmid）因为"发现和发展了导电聚合物"获得了诺贝尔化学奖。导电聚合物开创了聚合物材料的新时代，它结合了金属或半导体的电学和光学特性与聚合物材料的机械及加工特性。

如果所有的电子功能均能以纤维形式实现，这样的纤维将为智能服装提供完美的构建材料，因为这些材料能在织造工序中自然集成到纺织品中。目前非常有前景的材料是有机聚合物或小分子复合材料，这是因为它们本身具有柔韧性或能混入纤维制备复合材料，且由基本单元合成，能被调制出特别的化学、物理属性。此外，自发现共轭聚合物能微掺杂形成导体以来，因其特有的电学、磁学和光学属性，在导电聚合物纤维领域已展开大量工作，其中纳米尺度的 π 共轭有机分子和聚合物已被用于纺织系统的传感器、驱动器、晶体管、柔性电子设备和场发射显示体等。

目前，导电聚合物与纤维之间的主要结合方式如下。

（1）导电聚合物作为纺丝组分

导电聚合物纤维是指以导电聚合物材料为导电剂制备的导电纤维。其中，将结构型导电聚合物以纺丝拉伸的方法制备导电纤维，不仅使纤维无须添加其他材料即可导电，而且可在纺丝过程中提高纤维轴向导电性能。

通过湿法纺丝和电纺丝可将本征导电聚合物（Intrinsic Conducting Polymer，ICP）制备成纳米纤维。2005 年，鲍曼（Bowman）和马特斯（Mattes）提出了一种通过湿法纺丝制备无缺陷聚苯胺（Polyaniline，PANI）纤维的方法。他们制备的聚苯胺纤维单丝电导率值为 72S/cm，当拉伸到初始长度的 5 倍时可增加到 725S/cm。纤维的导电机理一方面可以归结为，在湿法纺丝过程中纤维产生的热应力和机械应力引起拉伸对准，改善了纤维金属区域的力学性能，增加了纤维金属区域的有序性及聚合物无定形区域的无序性，从而将后者与前者分离；另一方面，纤维在高温下的机械拉伸导致金属区域的尺寸增大（称为"高度有序的区域"），从而使平均自由程增加，提高导电性。

静电纺丝是一种相对便宜的以聚合物网的形式，产生从亚微米到纳米的连续纳米纤维的方法。1993 年，卡德纳斯（Cardenas）等人在一项开创性研究中，通过静电纺丝技术，不使用聚氧化乙烯（Polyethylene Oxide，PEO）掺杂制造出了聚苯胺纤维。他们不直接在接地电极上收集纤维，而是在丙酮浴中的电极上收集纤维。丙酮通过确保射流中多余的溶剂可以溶解在纤维中，而丙酮本身在聚合物射流到达电极时不会完全蒸发，则由此生产的纯聚苯胺纤维的电导率值从 10S/cm 提升到 1×10^2S/cm。在另一项开创性研究中，2006 年，乔治斯（Chronakis）等人通过静电纺丝制备了直径为 70～300nm 的导电聚吡咯（Polypyrrole，PPy）纳米纤维。这些 PPy 纳米纤维由 PPy 和 PEO 溶液制备而成，根据溶液的比例可定制 PPy 纳米纤维的电导率与平均直径，且电导率随 PPy/PEO 纳米纤维中 PPy 浓度而变，测得的范围为 $4.9\times10^{-8}\sim1.2\times10^{-5}$S/cm。目前这些聚合物的导电性仍需进一步的改进才能取代金属导体，且共轭性质形成的强链接使材料不易纺成细丝和纤维，但是它们可以被涂在非导电纤维上成为导体。

（2）固有导电聚合物作为涂料

通过涂层的方式将导电聚合物涂覆于纤维表面，从而赋予织物导电性，此方法简单易行，但所涂覆的导电聚合物通常仅覆盖于纤维的外表面，无法均匀分布于整根纤维。目前，最常用的方法之一是以纤维直接作为基材，通过吸附聚合法，使导电聚合物在纤维表面氧化聚合、均匀沉积，并有效地渗透于内部，此种制备手段不仅可赋予纤维良好的导电性，而且不会损害纤维自身的力学性能。

导电聚合物也用于涂覆纱线或部分织物。在这种情况下，导电聚合物可以通过原位聚合、包覆导电套的芯纱、电化学沉积和化学气相沉积（Chemical Vapor Deposition，CVD）等方法应用于基体或纱线表面。聚合物 CVD 可以通过各种导电聚合物的薄涂层进行表面改性。2012 年，华莱士（Wallace）等人开发了一种可拉伸电极，该电极由涂覆在高度可拉伸的锦纶–莱卡织物上的聚吡咯制成，用于超级电容器。由于采用化学聚合的方法对织物进行了改性，该电极表现出了良好性能，比电容基本保持不变，仅在 100%的应变幅值下，应变循环 1000 次时略有下降（小于 10%）。

研究发现，为保证涤纶纱线具有高导电性和均匀的保型涂层，需要在浓度、溶液浴温度与取纱速度之间达到平衡。电化学沉积提供了一种方便又可控的方法：将 ICP 沉积到各种基底上，则单体溶解在高度游离的电解液中，通过对该电解液施加外部电压而进行聚合，利用电化学沉积法将 PPy 沉积在包覆有聚氨酯–棉芯–碳纳米管（Carbon Nanotube，CNT）的纱线上，制成纱线基超级电容器。这种 PPy 涂层机制具有易于应用的优点，且这些超级电容纱线可发生弹性形变，在高达 80%的应变幅值下，其电容变化很小。

2. 外源导电聚合物

（1）掺杂

炭黑和金属化合物导电纤维是将炭黑，铜、银、镍等的硫化物或碘化物通过吸附、涂覆以及与纤维聚合物共混、纺丝等方法制备出的复合导电纤维。1974 年，美国杜邦公司最早成功开发并工业化生产了以炭黑高聚物为芯、锦纶 66 为皮的圆状皮芯型复合导电纤维。此后，日本钟纺合纤公司的三层并列型导电锦纶 Belltron、东洋纺公司的 KE-9 导电腈纶等一系列炭黑导电纤维和以 CuS 等为代表的金属化合物导电纤维相继问世，大大促进了此类导电纤维的发展。虽然这些导电纤维具有良好的导电性、耐热性、耐化学性等优势，但径向强度不理想，并且炭黑导电纤维的黑色外观限制了其应用范围。

（2）离子导体

离子导体依靠导体中离子荷载的定向运动（也称定向迁移）而导电。电流通过导体时，导体本身发生化学变化，导电能力随温度升高而增大。顾名思义，这类导体称为离子导体（或称为第二类导体）。在离子导体中可动离子溶度较低，其电导率很小。电解质溶液、熔融电解质等属于此类。金属的电导由电子运动引起，半导体的电导与电子或空穴的运动有关。离子导体则有别于导体和半导体，它的电荷载流子既不是电子，也不是空穴，而是可运动的离子。离子有带正电荷的阳离子和带负电荷的阴离子之分，相应地，也就有阳离子导体和阴离子导体之别。

电子导体能够独立地完成导电任务，而离子导体则不能。要想让离子导体导电，必须有电子导体与之相连接。因此，在使离子导体导电时，不可避免地会出现两类导体"串联"的情况，即为了使电流能通过这类导体，往往将电子导体作为电极浸入离子导体中。当电流通过这类导体时，在电极与溶液的界面上发生化学反应，与此同时，在电解质溶液中阴、阳离子分别向两极移动。在离子导体中，离子参与导电与固体中的点缺陷密切相关。纯净固体中的点缺陷是本征缺陷，有弗仑克尔缺陷和肖特基缺陷两类，前者是空位和填隙原子，后者为单纯的空位。它们的浓度取决于固体的平衡温度以及缺陷的生成能。含有杂质的固体会形成非本征点缺陷，如 KCl 晶体含有少量 $CaCl_2$ 时，Ca^{2+} 是二价离子，为了保持固体电中性，必须存在一个正离子空位（它带一个负电荷），这种空位便是非本征点缺陷。

5.2.3　纳米碳基导电材料

目前已开发的各类碳基材料的同位异构体如表 5.3 所示。碳的同位异构体不同，其性能也大不相同。

表5.3　不同碳基材料结构

结构	名称	发现时间	研发人/研发机构
零维结构	富勒烯	1985 年	美国莱斯大学哈罗德·沃特尔·克罗托博士和理查德·斯莫利
一维结构	碳纳米管	1991 年	日本 NEC 公司的饭岛澄男
二维结构	石墨、石墨烯	2004 年	英国曼彻斯特大学安德烈·海姆和康斯坦丁·诺沃肖洛夫
三维结构	金刚石	1953 年	美国通用电气公司
无序结构	炭黑	—	—

1. 碳纳米管

碳纳米管是一种具有特殊结构（径向尺寸为纳米量级，轴向尺寸为微米量级，管子两端基本上都封口）的一维量子材料。碳纳米管可以看作将石墨烯平面卷起，将平面内性质转化为轴向性质的一种材料，其轴向强度是非常高的。因此，与石墨烯类似，碳纳米管也易于进行弯曲、扭曲等形变。与多层石墨烯类似，碳纳米管也有单壁碳纳米管（Single-walled Carbon Nanotube，SWCNT）和多壁碳纳米管（Multi-walled Carbon Nanotube，MWCNT）等嵌套结构，其机械性能等有显著区别。

碳纳米管具有良好的导电性能，由于碳纳米管的结构与石墨烯的片层结构相同，因此具有很好的电学性能，已广泛应用于功能纺织品开发，诸如具有紫外线防护、抗菌、导电、电磁屏蔽等功能的纺织品等。理论预测其导电性能取决于其管径和管壁的螺旋角。当碳纳米管的管径大于 6nm 时，导电性能下降；当管径小于 6nm 时，碳纳米管可以被看成具有良好导电性能的一维量子导线。有报道称，通过计算认为直径为 0.7nm 的碳纳米管具有超导性，尽管其超导转变温度只有 -2.72×10^{-2}℃（1.5×10^{-4}K），但碳纳米管在超导领域具有应用前景。

2. 石墨烯

石墨烯是一种由碳原子以 sp^2 杂化轨道组成六角形呈蜂巢晶格的二维碳纳米材料。石墨烯具有优异的导电性，常温下其电子迁移率超过 $15000cm^2/(V \cdot s)$，电子运动速度超过其他金属单体或半导体，而电阻率只有约 $1\times10^{-6}\Omega \cdot cm$，比铜和银的更低，是目前发现的电导率最小的材料之一。除此之外，还具有优异的光学、力学、热学特性，被认为是一种未来革命性的材料。该新型材料的发现，引起了传感技术领域学者的广泛关注。关于石墨烯材料及其传感器领域应用研究可参见本书第 4 章。

3. 炭黑

炭黑（Black Carbon）是一种无定形碳，是一种轻、松且非常细的黑色粉末，比表面积大（10～3000m^2/g），是含碳物质（煤、天然气、重油、燃料油等）在空气不足的条件下经不完全燃烧或受热分解而得的产物。炭黑按性能可分为补强炭黑、导电炭黑、耐磨炭黑等。其中，导电炭黑是具有低电阻或高电阻性能的炭黑。其特点为粒径小、比表面积大且粗糙、表面洁净（化合物少）等，能够使橡胶或塑料具有一定的导电性能，用于不同的导电或抗静电制品，如抗静电或导电橡胶、塑料制品、电缆，还可以做干电池的原材料。常见的导电炭黑产品有电缆屏蔽材料、平面加热元件、导电膜、弹性电极、印刷电路、导电涂料、导电油墨、导电纤维、导电皮革制品和黏合剂、矿井运输带、矿井塑料管、矿井风道等。

5.2.4　导电复合材料

导电复合材料是由两种成分构成的复合物：绝缘基体和导电粒子。绝缘基体一般为电绝缘的聚合物，导电粒子是以各种形式存在的导电材料。在导电复合材料中使用的导电粒子主要包括 3 类：金属（铜、银、铝、镍等），它们具有良好的导电和导热性，同时它们的表面能高，易于氧化；碳（石墨、石墨烯、炭黑、碳纳米管等），它们具有优良的稳定性和相对低成本性（目前碳纳米管和石墨烯的成本仍较高）；导电聚合物（PPy、PANI、PEDOT 等）。在绝缘基体中填充导电粒子获得导电复合材料的导电理论，主要包括渗滤理论（Percolation Theory）、有效介质理论和隧道效应理论等。

1. 渗滤理论

数学家哈默斯利（Hammersley）1957 年在研究无序介质中的流体时提出渗滤理论。当导电填料含量较少时，其孤立分散于绝缘基体中，无法形成导电通路，随导电填料含量的增加，导电填料之间相互接触，形成导电通路，导电复合材料的体积电阻率骤减，这个现象称为导电渗滤现象，与之对应的导电填料含量称为渗滤阈值。渗滤理论从宏观趋势上阐述了导电复合材料电导率与导电填料体积分数间的关系，但其未考虑颗粒形状、粒子的分布形式、绝缘基体与导电填料的界面结合等与导电相关的微观机制，因此理论值与实际结果可能存在较大偏差。

2. 有效介质理论

有效介质理论主要是指纳米金属颗粒弥散于电介质基体所构成的纳米金属复合材料微结构的模型理论。将无规则、非均匀导电复合材料的每个颗粒视为处于相同电导率的有效介质中，是一种分析二元无规则对称分布体系中电子传输行为的有效方法。根据有效介质理论，麦克拉克伦（McLachlan）认为材料导电行为与导电填料和绝缘基体都有关，他将有效介质理论和渗滤理论有机结合在一起，可以预测具有不同形态和分布的两相复合体系的导电性能，但该理论没有揭示出绝缘基体和导电粒子是如何参与导电的。

金属导电性仅当微粒之间直接接触才能出现。电子从一个微粒自由移动到另一个微粒，类似在金属导体内导电。跳跃效应（微粒之间没有直接接触）是指源自某个微粒的电子必须跳跃到另一个微粒上，利用其动能穿过聚合物基体内部的间隙，该动能必须超过所要穿过的禁带势能。导电性建立在具有足够势能的微粒间，不仅是相距最近的微粒间。

3. 隧道效应理论

隧道效应理论认为在聚合物导电复合材料中，只有部分导电填料直接接触形成导电通路，另一部分孤立分布的导电填料，依靠热振动或导电填料间激发的电场作用激发的电子，穿越聚合物层（小于 10nm），跃迁到邻近导电填料上，形成隧道电流，从而形成导电通路。可以应用量子力学来研究材料的电阻率与导电粒子间隙的关系。材料电阻率与导电填料的浓度及材料环境的温度有直接关系。在二元组分导电复合材料中，当高电导率组分含量较低时，隧道导电效应对材料的导电行为影响较大。与跳跃效应的区别是，即使电子没有足够的动能跨过带隙，隧道效应发生的概率也不等于零。电子类似一种电磁波，在微粒内移动。当波碰到势垒时，它不是立即消失，而是在跨越该势垒过程中呈指数级减小。如果势垒不太高，则波到达势垒另一面的波幅不为零，因此，电子在另一个微粒处出现的概率不为零。简单来说，量子力学认为，即使粒子能量小于阈值能量，很多粒子冲向势垒，一部分粒子反弹，还会有一些粒子能穿过，好像有一个隧道，故名隧道效应（Tunnel Effect）。

5.3　织物传感器的结构和制作

5.3.1　织物传感器的结构形式

目前，织物传感器主要有以下几种结构：一维纱线结构（长丝、纱线、绳索）、二维片状结构、三维立体纺织结构。其中典型的结构形式如下。

1. 一维纱线结构

（1）长丝

长丝是化学纤维形态的一类，指连续长度很长的丝条。典型的纺丝方法有熔体纺丝和溶液纺丝两种。

① 熔体纺丝

将高聚物加热至熔点以上的适当温度以制备熔体，熔体经螺杆挤压机，由计量泵压出喷丝孔，使之形成细流状射入空气中，经冷凝而成为细条。熔体纺丝适用于耐热性较高的高聚物成型过程，熔体纺丝过程简单，纺丝后的初生纤维只需拉伸机热定型后即可得到成品纤维。因此，通常具有熔融而不分解的性能的高聚物大多采用熔体纺丝。

② 溶液纺丝

选取适当溶剂，将成纤高聚物溶解成纺丝溶液，或先将聚合物制成可溶性中间体，再溶解成纺丝溶液，然后将该纺丝溶液从微细的小孔喷出到凝固浴或热气体中，高聚物析出成固体丝条，经拉伸—定型—洗涤—干燥等处理过程，可得到成品纤维。黏胶、维纶、腈纶多采用此法。溶液纺丝按凝固条件不同又可分为湿法纺丝、干法纺丝及干湿法纺丝。

（2）纱线

按结构外形，纱线可以分为：短纤维纱，由短纤维（天然短纤维或化纤切段纤维）经纺纱加工而成，如环锭纱、自由端纺纱、自拈纱等；长丝纱，由长丝（如天然丝、化纤丝或人造丝）并合在一起的束装物，如涤纶长丝、黏胶长丝、尼龙长丝等；短纤维与连续长丝组合纱，如涤棉长丝包芯纱等。

纤维的性状和纺纱方法对纱线的性能起决定性作用。细的纤维趋向纱的轴心，粗的纤维趋向纱的外层。初始模量较小的纤维多位于外层，初始模量大的纤维多位于内层。合理选用不同性状的纤维，可适用于不同织物用途或改善服用性能。化纤可以任意选择长度、细度和纤维的截面形状，外衣织物宜选用纤维稍粗、长度稍短的化纤与棉纤维混纺，以增加成纱表面的毛型感。内衣织物宜选用纤维稍细、长度稍长的化纤，使棉纤维在纱线的外层，以便改善吸湿性能和穿着舒适感。而且，不同的纺纱方法对纱线物理性质及外观影响不同，甚至会使最终产品的特性也不相同。目前，环锭纺、集聚纺、转杯纺、喷气纺和涡流纺等 5 种实用的纺纱方法，备受纺织企业关注，它们无论在产量和质量方面，还是在成纱结构和特性方面，都有各自的独特之处。

2. 二维片状结构

严格来说，片状织物的厚度也存在变化，是典型的三维结构，但织物一般看作二维结构，具有机织物、针织物、非织造布和编结物等形式。

其中，机织物一般是由纱线在机织设备上按一定规律交织成的制品，通常为两组纱线垂直交织；针织物是由一组或多组纱线在针织机上彼此成圈连接而成的制品，线圈是针织物的基本结构单元，也是该织物有别于其他织物的标志；非织造布是由纤维、纱线或长丝，通过机械、化学或物理的方法，黏结或结合而成的薄片或毡状的结构物，主要特征是纤维成网、固着成形的片状材料；编结物由两组以上的条状物，互相错位、卡位交织在一起，具有结构和造型复杂的特点。

3. 三维立体纺织结构

三维（立体）织物目前尚未有标准的定义，一般是指采用连续纤维成形、厚度至少超过典型织造单元（纤维/纱线）直径的 3 倍，在织物中纤维相互交织或交叉，并且沿多个方向在平面内或平面间取向，从而连成整体的一种纤维制品构造形式。目前，常用的方法有：三维机织技术、立体圆形织造技术、三维针织技术和三维编织技术等。

5.3.2　织物传感器的设计、制作

织物传感器以纺织品作为柔性基底，采用不同制备方式将敏感材料加入纺织品结构中，通过其敏感性能将待测物理量转换为电学信号来进行测量。智能纺织品的加工方法多种多样，但可大体上分为3类：涂覆法、织入法和封装法。具体如下。

1. 涂覆法

涂覆法是指将金属颗粒、碳基材料或高分子导电复合材料，通过沉积、印刷或封装等方式附着于织物表面形成导电涂层织物，是现阶段最常见的织物传感器制备方式之一，具体如表 5.4 所示，其中沉积法和印刷法是广泛应用的制备方式。

表5.4　涂覆法的具体分类

制备方式	实现方式
沉积法	在介质溶剂中利用电解原理或化学聚合反应，使金属粒子或高分子聚合物等附着在纤维或织物表面，形成连续紧密的导电涂层
印刷法	基于喷墨打印原理在织物表面直接形成导电聚合物薄膜，或在喷墨打印相纸上得到导电涂层后，再转移、压印到织物上
封装法	将特殊导电纤维改造、改性后，以刺绣等方式覆盖在织物表面。这种方式受限于导电纤维的可织造性，在实际制备过程中应用较少

目前，涂覆法广泛应用于柔性器件制备，因此技术较为成熟。使用涂覆法制备织物传感器时，生产工艺较为简单，且容易控制反应条件，在涂覆材料和附着方式等方面具有较多选择。使用涂覆法制备的织物传感器通常具有灵敏度高、线性度好、测量范围广等优点，但由于沉积或印刷过程的均匀性较难控制，涂层的导电性能会受到一定影响，同时受限于导电材料与织物基体之间的附着强度，存在不耐摩擦及洗涤，重复性和耐用性较差等问题。而且，涂层的伸长延展性能较差，会影响织物的手感和服用性能。因此，通过对导电材料进行改性处理增强与织物间的附着强度，或利用织物结构作为支撑，改变导电材料分布结构等方式来改善织物传感器耐用性和服用性能，是提升织物传感器性能的研究方向。

2. 织入法

与涂覆法相比，织入法是将导电纱线直接进行织造，得到具有传感性能的导电机织物或针织物。使用织入法制备织物传感器要求纱线具有良好的导电性能，较低的抗弯刚度，均匀的细度和捻度，良好的强度、延伸性和柔软性，因此关键在于导电纱线的选择或制备。

目前导电纱线的制备方式有两种：一种是将本身具有导电能力的纤维直接纺制成纱线，常用的有金属导电纤维、碳系导电纤维以及有机高分子导电纤维；另一种则是将普通非导电纱线进行特殊处理后，使其具备一定的导电性能，常见的有涂覆导电纱线、复合纺丝制成的导电纱线。使用织入法制备的织物传感器具有更好的拉伸性和延展性，现阶段主要用于应变传感器和压阻式压力传感器。

但采用织入法制备织物传感器尚存在一定问题：除导电纱线的制备外，织入法的纺织工序较为烦琐，生产的时间成本较高；由于与普通纱线相比，导电纱线通常强度较低且抗弯刚度较大，织造过程中易发生断裂或损伤，影响织物传感器的传感性能，因此传感部位需要进行一定的工艺设计来保证其完整性；织物产生形变时造成纱线间的相对滑移也会影响织物传感器的准确性。然而采用织入法制得的织物传感器仍然具备较高的灵敏度和线性度，同时由于保留了织物结构，具有更贴近服装的手感、舒适性和良好的耐用性、耐水洗性等服用性能，与可穿戴设备的集成方式也更加灵活多变，是用于人体监测等智能服装的织物传感器的较优选择。因此，简化织入法生产工艺、对导电纤维进行改性处理提高其可纺性能，以及对织物进行后整理以提高其精确度和准确性是研究织入法制备织物传感器的重要方向。

3. 封装法

封装法最早应用于传感器与可穿戴设备的集成，是将传感器采用缝合或包埋等较为机械的方式加入智能服装或设备中。而将其应用到织物传感器的制作，是将柔性导电薄膜或导电纳米线等柔性传感材料通过缝合或包埋的形式加入织物结构中来制作具有织物基底的柔性传感器。目前封装法多应用于织物温度传感器及电容式织物压力传感器的制备。使用封装法制备织物传感器主要考虑的是柔性导电材料的选择和织物结构的设计，集成的方式较为简单，但也存在一些问题。由于传感器与织物相互独立，两者分离易在使用过程中产生相对滑移，且导电材料和织物结构间存在滞后性，这类织物传感器的测量准确性会受到一定影响；同时为使织物能较为紧密地包裹传感器件，传感部位的拉伸性和柔韧性受限，会降低织物传感器的服用性能和舒适性。然而将具有柔性的传感器直接集成到织物中的方式能够简化生产步骤，是目前最可能实现织物传感器批量生产的制备方式之一，且在一体成型的针织监测服装或可穿戴设备生产中具有一定优势。因此，对封装结构进行优化，减少人体活动可能造成的传感器滑移，提高测量准确性和精确度，保证使用过程中良好的稳定性和重复性是使用封装法制备织物传感器的优化方向。

5.4 典型的织物传感器

5.4.1 力敏织物传感器

感知机械力的柔性力敏纺织材料在人机交互、医疗康复、智能假肢、灵巧机械手等方面具有广阔的应用前景，成为可穿戴柔性电子传感器领域的研究热点。力敏织物传感器一般由柔性电极层和活性功能层组成：柔性电极层通常在活性功能层两侧用于电信号的接收与传输，活性功能层将外界刺激的压力转换为可检测的电信号。

根据活性功能层传感机理，可将力敏织物传感器分为常见的两类：电容式织物传感器和电阻式织物传感器。以下将对这两种传感器进行介绍。

1. 电容式织物传感器

电容式织物传感器是以电容器作为敏感材料，将被测力的变化转换为电容变化的一种传感器，具有高敏感性、低功耗和自适应传感结构的优点。通常，电容式织物传感器在纺织品上制造，可以缝合、断裂或黏附在织物基底上，并连接到其他电子产品或电线上。纺织电容器也可以由兼容的导电材料制成，这些导电材料充当导电板。导电板可以编织、缝制，并绣有导电螺纹织物，也可以用导电油墨或导电聚合物进行涂装、印刷、溅射或屏蔽，使用的电介质通常是合成泡沫、织物垫片和软导电聚合物。

电容式织物传感器在纺织领域较多地用于医疗保健相关的生理监测，可监测人体大部分生理参数。将电极放在人体脖子、胸膛、手腕及大腿部位监测人体肌肉运动产生的变化，可获取人体咀嚼、吞咽、说话等动作信息。柔软、舒适的接触式纺织电容式织物传感器已实现商业化，能相对较容易地植入纺织品中，但是其包含的介电材料较容易受到环境湿度的影响，且需要一个小的感应阈值。

当纺织品用于制备柔性电容式织物传感器时，一般以导电纤维、纱线、织物等柔性导电材料通过机织、刺绣或印刷等方式制成纺织电极板，以泡沫、间隔织物、橡胶等电介质弹性材料为间隔层，电容板间的弹性材料性能控制传感器性能。基于同样的原理，如果将一层金属纱（线）等导电条铺放在弹性体两侧，相互垂直，则可制备阵列电容式织物传感器。这种将柔性电容式传感器结构与纺织技术结合制成的织物传感器，可通过接触式感应、非接触式感应、压力感应、肌肉活动感应、运动感应等方式进行传感。如压力传感器能够把因压力产生的微小位移转换成电容的变化，从而反映外界条件的变化。

常见的电容式织物传感器包括单极平板式电容传感器和多级阵列式电容传感器。

电容式织物传感器的电容取决于两个导电板的正对面积、导电材料和彼此之间的距离。保持导电板的正对面积不变，电容会随着它们之间的距离而变化。当导电板之间的距离减小时，电容增大；当导电板之间的距离增大时，电容减小。2021 年，王中林、朱光等通过由两个银纳米线电极和夹在中间的透气微图案纳米纤维介电层，研制了一种具有高灵敏度和超薄的全织物电容式传感器。微图案化的纳米纤维充当舒适的中间支架，可实现传感器的高压缩性和机械弹性，如图 5.1 所示。

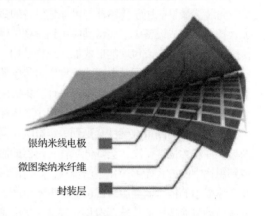

银纳米线电极

微图案纳米纤维

封装层

图 5.1　全织物电容式传感器示意图

压力传感阵列也可基于电容传感原理制备，用于医用袜、轮椅垫或床垫监测压力场等，也可直接集成到衣物中。2021 年，青岛大学曲丽君等开发了一种可实现压力和应变双重探测的"一体化"触觉和张力传感织物阵列。该复合电子织物由涂覆了绝缘聚氨酯层的芯鞘结构的纱线和间隔织物组成，实现了沿拉伸变形的单调响应（见图 5.2）。这种传感器可精确监控运动的动作和形式，在跆拳道等激烈对抗的体育训练中具有应用价值。

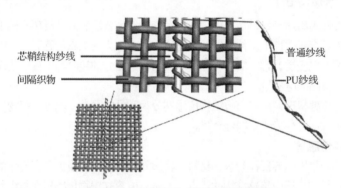

芯鞘结构纱线

间隔织物

普通纱线

PU纱线

图 5.2　全织物电容式阵列传感器示意图

总体上，近年来电容式织物传感器伴随新兴可穿戴技术的发展，大量用于包括模仿触觉传感的电子皮肤、人体压力场测绘、关节弯曲检测等领域。作为电容式织物传感器的关键单元，可提高弯曲性和可拉伸性的新型电极材料是研究热点，诸如导电纳米材料、聚合物导体。而且，改进的传感结构和界面被用于进一步增加设备敏感性。除了压力，其他传感模式，如拉伸和弯曲，也可用电容传感器。目前，电容传感器占据了商业化柔性压力传感器市场，如压力曲线系统和人体压力场测绘系统。虽然电容传感器存在来自人体和环境的寄生电容，但相比于其他传感器仍具有高敏感性、低功耗和场效应一体化优势。

2. 电阻式织物传感器

电阻式织物传感器将形变转换为电阻的变化，从而可以测量力、扭矩、位移、加速度等多种物理量。除了导电功能外，一些导电纤维可以用作应变传感单元，电阻随着施加的机械应变而变化。电阻式织物传感器一般基于导电纺织材料，包括拉伸应变传感器和压敏应变传感器。压敏智能纺织品由传统的纤维结合导电纤维编织而成，织物具有较强的柔韧性。织物中导电纤维或纱线沿经纬向交织形成一个矩阵，可以准确地对织物的应变部位进行定位。因此，压敏智能纺织品技术应用于柔性衬垫、柔性遥控器、柔性键盘以及柔性电话中。

可穿戴电阻式应变传感器需具有高可拉伸性、高可弯曲性、低滞后性和高敏感性。典型的拉伸应变传感器包括长丝、纱线或织物表面的薄膜导体。当这些导体被拉伸时，几何变化引起电阻变化。这些应变传感器能装配在人体以检测并量化运动状态，诸如手指、手肘或膝盖弯曲。除了导体的几何变化可改变电阻，导体的微裂甚至有助于实现更高应变敏感系数。需要说明的是，尽管微裂应变传感器具有高应变敏感系数，但不能承受大应变。为解决这个问题，高长径比纳米材料，如碳纳米管已被用于提高可拉伸性。一般而言，为了制备高敏感应变传感器，可拉伸性总是被牺牲。相反，高可拉伸应变传感器一般具有低应变敏感系数或应变敏感性。此外，由于织物基体材料的黏弹性，拉伸应变传感器存在滞后现象。一些学者通过调整织物基体结构或引入高弹性纤维增加可拉伸性和提高应变敏感系数，但其滞后性仍不能消除，影响高频动态测量性能。

不同于应变传感器，压阻式压力传感器一般由具有标称电阻的两电极彼此逐渐接触形成。标称电阻在压力作用下增减电极间的接触点数量而被调制。为提高压阻式压力传感器敏感性，必须对电极进行结构化表面改性，通过引入微纳结构实现接触电阻的大变化，使更小压力的检测成为可能。但是，压阻式压力传感器仍需要外部电源供连续监测。目前可行的压阻式压力传感器材料包括Velostat，它是一种浸渍炭黑的可弯曲导电聚合物膜。但是，这种膜缺乏可拉伸性、人体共形性和高敏感性。并且，Velostat 对温度变化敏感，且其存在黏弹性蠕变效应。因此，需要进一步研究实现商业化高可拉伸、敏感且稳健的传感器。变电阻效应已被广泛应用于设计监测人体生理活动的纺织电子器件，因为这种传感器读数简单、灵敏度高、设计简单。

2021 年，香港城市大学胡金莲教授团队采用包芯纤维、双螺旋绞纱和平纹针织物，自下而上地设计了分层织物结构（见图 5.3）。这种双螺旋结构不仅是纺织材料导电的关键，还可以提高加捻纱的机械性能，从而形成稳定、结实的织物。准备好的导电织物被裁剪成特定尺寸，并与其他传感器单元集成形成"三明治"结构，然后，将纺织层组装在一对定制的软金电极，最后对纺织单元进行凝胶封装，使传感器结构被 PEN 薄膜覆盖，即可得到理想的织物传感器，并且它可以轻而易举地附着在创可贴等表面工作。通常，用非加捻纱制成的织物传感器在其压力范围内表现出较大的滞后和较差的线性关系，很难满足精确脉冲监测的要求。然而，经加捻处理后，织物传感器输入输出关系变化，在高压下呈现良好的线性关系，滞后明显降低，低压下稳定性也显著改善，可有效、准确地检测脉搏信号。

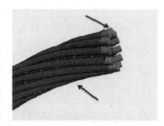

（a）平针编织织物示意图　　（b）双螺旋纱线的元 DNA 结构　　（c）具有芯鞘结构的纤维

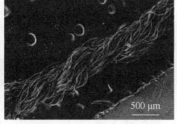

（d）织物表面形态的电镜扫描图像　　（e）纱线表面形态的电镜扫描图像　　（f）纤维表面形态的电镜扫描图像

图 5.3　利用层次化纺织结构组装柔性压力传感器

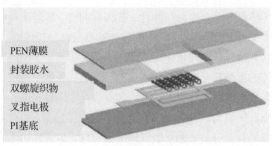

PEN薄膜
封装胶水
双螺旋织物
叉指电极
PI基底

（g）夹芯式织物传感器设计

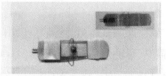

（h）织物传感器具有良好的柔韧性　　（i）在创可贴表面组装的织物传感器原型

图5.3　利用层次化纺织结构组装柔性压力传感器（续）

2021 年，麻省理工学院沃伊切赫·毛图希克（Wojciech Matusik）研发出能监控坐姿、可感知外界压力的触觉纺织品，如图 5.4 所示。这款触觉纺织品使用了廉价的同轴压阻纤维（涂有压阻纳米复合材料的导电不锈钢线），依靠自动化涂层技术生产而成。由于使用了数字化针织技术，该功能性纤维可以被制作成各式各样的衣物。为了测试触感系统的精度和可靠性，研究人员用该触觉纺织品制造了袜子、手套和背心等不同类型衣物。实验发现，人工智能驱动的触觉纺织品可以成功分辨出人的坐姿、动作以及其他与环境的交互行为，并且可以重现人体动态的全身姿势。该触觉纺织品展示了它在环境空间信息采集和探索生物力学特征等领域的应用潜力，也意味着它将有多种应用场景。利用该触觉

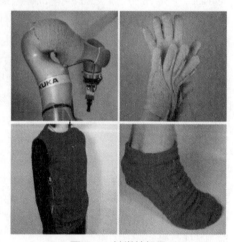

图5.4　触觉纺织品

纺织品制成的衣物可用于医疗康复治疗和运动训练。当患者穿上使用触觉纺织品制成的衣物，医生或家属便可以轻易监控患者的行为；当患者摔倒或失去知觉时，也能被立即发现。在运动训练中，用该触觉纺织品制成的背心还可以监测穿戴者的姿势和运动轨迹；运动教练可以根据穿戴者的运动姿势提出相应的改善建议，经验丰富的运动员甚至可以使用它来记录和分析自己的姿势。

5.4.2　光敏织物传感器

在纺织行业中，光电技术在高性能、多功能纺织品中的应用范围正在不断拓展，除了在纺织材料中嵌入各种光电材料之外，还可以将纺织材料与太阳能技术整合起来作为一种重要的纺织结构材料，采用光电技术将纤维和纺织材料制成光电池，如太阳能电池；将无机半导体材料 CdS 涂在涤纶上以制备柔性的太阳能电池，该电池将照射在其表面的太阳光的能量直接转换成电能，作为独立的电源供应器。此外，随着铜、铟、镓和硒等化合物光电材料的迅速发展，还可以生产出更具有柔软性的光电结构产品，如柔韧性非常高的高效光电纤维。以下是几种典型的光敏织物传感器。

1. 光纤织物传感器

光纤织物传感器是 20 世纪 70 年代中期发展起来的一种基于光导纤维的新型传感器。它是光纤和光通信技术迅速发展的产物，与以电为基础的传感器有本质区别。光纤织物传感器用光作为敏感

信息的载体,用光纤作为传递敏感信息的介质。光纤具有良好的计量性能,诸如低敏感性、低零点漂移、大带宽、高准确度和不受电磁波干扰等,能在少量损耗乃至不损耗信号完整性的前提下远距离传输数据,同时具有便宜、柔软、质轻、稳健的优点,也能在几乎无任何损害的情况下测量大应变。光纤光栅是利用光纤的光敏性制成的,所谓光纤的光敏性是指激光通过掺杂光纤时,光纤的折射率将随光强的空间分布发生相应变化的特性。

相对电阻式传感器或电容式传感器性能受材料(或结构)力学滞后性和电滞后性影响而言,光纤不仅不生热,且对电磁辐射不敏感,不受放电现象影响。基于光纤光栅或微弯原理,即可通过改变光在光纤中的传播来测量刺激作用强度。目前开发的光纤织物传感器有光纤光栅温度传感器、光纤光栅位移传感器、光纤光栅应变传感器。

将传感器集成到纺织品中时,由于其纤维性质,光纤织物传感器具有优于其他类型传感器的显著优势。光纤类似纺织纤维,并且可以像标准纺织纱线一样加工。小的玻璃光纤(直径在微米量级)适于纺织与工业过程的无缝集成。光纤光源可以是一个小的发光二极管,光纤末端的光振幅可以用一个小的光电探测器检测。根据织物运动的不同,光振幅会发生变化,从而感知织物的位移和压力。光纤织物传感器可用于在电流不能穿过织物基底时检测纺织品位移和压力。

这种低噪声、稳定性高的光纤织物传感器目前也用于医学研究中。压迫绷带通常用于向患者的肢体施加压力,以改善血流量并使患者肢体的肿胀程度减轻。根据不同的条件需要施加不同大小的压力。2018 年,麻省理工学院的约瑟夫(Joseph)等设计了一种仿生光学机械纤维,该纤维能够根据压力应变而改变颜色,并且能够用作压迫绷带中的压力传感器(见图 5.5)。仿生光学机械纤维的颜色取决于光线在其内部的周期性结构中发射,

图 5.5　仿生光学机械光纤编织成的压迫绷带

通过改变纤维的形状,如对其进行拉伸,即可以可预测的方式调整光纤的颜色。该研究团队认为,其开发的可拉伸仿生光学机械纤维将在今后用于标准压迫绷带,这使得压迫绷带能够更容易地为患者的特定情况提供最佳压力。麻省理工学院的研究团队将自然产生的结构色应用于开发仿生光学机械纤维。仿生光学机械纤维是由聚二甲基硅氧烷(PDMS)和聚苯乙烯聚异戊二烯三嵌段聚合物(PSPI)的两层薄而透明的聚合物组成的具有周期性结构的物质,在黑色 PDMS 纤芯周围堆叠 30～60 次,其生成的纤维厚度约为人头发丝直径的 10 倍。其中由 PDMS 和 PSPI 堆叠而成的周期性结构充当布拉格反射器,能够强烈地反射窄波长范围内的可见光。从堆叠的光纤反射的光的颜色取决于每层的纳米结构。当纤维拉伸时,纤维层的周期数减小,这将使纤维的颜色从红色(无应变)依次变为橙色、黄色、绿色,最后是蓝色(最大应变)。研究人员指出,有可能设计具有不同反射峰的纤维,以制成一种压力敏感纤维,随着应变压力的增加,其颜色从蓝色变为红色。通过测量纤维光学、力学性能表明,该仿生纤维能够被拉伸到其初始长度的两倍以上,并且在经过 10 000 次的拉伸循环后,该纤维仍然能产生一致且十分显眼的颜色。

2. 光电织物传感器

除了常见的光纤织物传感器,光电织物传感器近年也成为研究的热点。光纤织物传感器依据的是全反射原理,而光电织物传感器是依据光电效应的原理来工作的。光电织物传感器的制作材料主要是具有光电效应的半导体材料或者金属材料,例如光电二极管和光电晶体管的制造材料一般有硅或者锗,光敏电阻的材料有硫化镉或者锑化铟等;而光纤织物传感器是由光透射率高的玻璃纤维(主要是石英玻璃)构成,成分比较单一,但二者都可以与织物有很好的融合。

半导体二极管是现代计算、通信和传感技术的基础。因此,将半导体二极管整合到纺织品级的纤维中,可以提高织物的"聪明度"。例如,以织物为基础的通信或生理监测系统。目前已经证明,

在纤维预成型时，通过纤维拉伸工艺将具有不同电子和光学性质的材料融合到单丝中，可以增加纤维和织物的功能性。然而，该方法仅限于处于黏性状态下的单丝，并且其性能比不上使用基于晶圆制备方法得到的器件级材料使用。目前为止，采用热拉伸纤维实现高质量半导体二极管的生产在加工技术方面还存在一些挑战。2018 年，麻省理工学院的约尔·芬克（Yoel Fink）将包括 LED 和二极管光电探测器在内的高速光电半导体器件嵌入光纤中，制成一种用于通信系统的可清洗柔软织物。在这项工作中，研究人员采用了一种电连接二极管纤维的热拉伸工艺，将预制棒的拉伸与高性能半导体器件相结合，如图 5.6 所示。首先，他们制造了一根大块预制棒，在该结构内部存在分立的二极管以及空心通道。通过该空心通道可以放置导电铜或钨丝。当预制棒被加热并被拉成纤维时，使导线逐渐接近二极管直到形成电接触，从而在单根纤维内并联数百个二极管。最终，得到了两种类型的纤维内器件：发光二极管和 PIN 型光电二极管。通过在纤维的包层内设计光学透镜，可以实现光准直和聚焦，并且使器件间距小于 20cm。

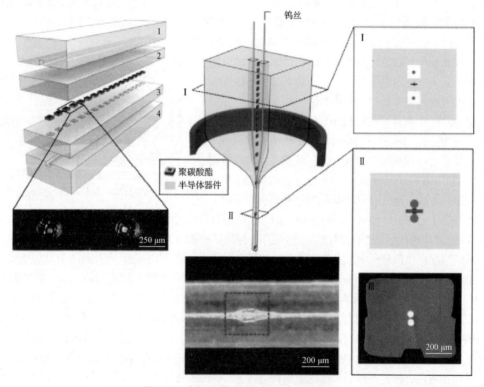

图 5.6　光纤预成形结构及纤维牵引成型

通过上述工艺最终制成的光纤被编成织物。这种织物即使被洗涤 10 次之后仍可发光，证明其作为可穿戴设备的实用性。而且，将光电器件嵌入光纤材料，这些器件可以很好地利用光纤自身固有的防水性。除了通信领域，研究人员相信这种光纤还可用于生物医学领域。例如，二极管的光电容积脉搏波脉冲测量方法可用于制造实时检测人体生理状态的智能织物，包括测量脉搏或血氧水平的腕带，或编织成绷带以连续监测愈合过程。

5.4.3　湿敏织物传感器

湿度是表征大气中水蒸气所占的比例，即表征大气干燥程度的物理量。通常表达湿度大小的方式包括绝对湿度和相对湿度。绝对湿度定义为在标准状态下，每立方米的空气中水蒸气质量所占的比例。绝对湿度表征的是空气中水蒸气含量的实际值。相对湿度是饱和湿度与绝对湿度的比值，表征空气中水蒸气的饱和程度，在数学上，其值代表了空气中水蒸气的压力与相同温度下饱和的水蒸气压力的比值，用%RH来表示。

高分子型湿度传感器是目前研究最多的一类湿度传感器。它根据环境湿度的变化，感湿特征量（电阻、电容、击穿电压、沟道电阻等）发生变化，从而检测湿度。特征量的变化可以是材料的介电常数、导电性能等的变化，也可以是材料长度或者体积的变化。与其他湿度传感器相比，它具有量程宽、响应快、湿滞小、与集成电路工艺兼容、制作简单、成本低等特点，在气象、纺织、集成电路生产、家用电器、食品加工等方面得到广泛的应用。按照其测量原理，一般可分为电阻型、电容型、声表面波型、光学型等，并以前两类为主。

1. 电阻型湿度传感器

电阻型湿度传感器是目前发展比较迅速的一类传感器，具有制作简单、价格低廉、稳定性好、易于大规模生产等优点。基于感湿膜的导电能力随相对湿度的变化而变化，通过测定元件阻抗就可求出相对湿度。其基本结构是在基片上镀一对梳状金或铂电极，再涂上一层感湿膜，有的还在膜上涂敷透水性好的保护膜。

目前，湿度织物传感器面临的最大挑战之一是制备既具有导电性又对水分子敏感的高韧性细丝。一维的单壁碳纳米管（SWCNT）具有高强度特点，因此仅需少量SWCNT就能得到理想的导电网络。聚乙烯醇（PVA）是一种环境友好型的吸水膨胀聚合物。2017年，周庚衡等利用具有优异的导电性和强度的SWCNT，在PVA基体中形成导电网络，得到了高韧性和高水分子敏感性的可纺织长丝。将高纯度SWCNT超声溶解于添加了十二烷基硫酸钠表面活性剂的蒸馏水中，得到均匀分散的SWCNT悬浮液，再添加PVA粒料在95℃下溶解。PVA分子链通过和十二烷基硫酸钠形成的缔合而被拉伸，从而改善SWCNT在PVA水溶液中的分散性。将制备的SWCNT/PVA悬浮液挤出到丙酮凝固浴中，并在纸鼓上收集到连续的SWCNT/PVA长丝，在得到的长丝中，SWCNT沿丝轴线方向有较好的取向性。

对织物来说，使用的丝需要具有足够的强度和韧性。这种SWCNT/PVA长丝的拉伸强度随含量比变化而变化。直径60μm的SWCNT/PVA长丝可以弯曲、打结，并吊起200g的重物，表现出良好的强度和韧性。长丝可以通过缝合到所需的布基材上来设计、制备具有不同图案的湿敏织物传感器。采用1∶5的SWCNT与PVA，该湿度传感器在高相对湿度（RH=100%）条件下，相对于在低相对湿度（RH=60%）条件下的电阻增加24倍以上。

这种长丝形湿度传感器的传感机理是，在复合丝中SWCNT形成导电网络，低导电性的PVA分子充当基体，涂覆在SWCNT表面上。有水分时，水分子吸附在长丝表面上，再被PVA分子吸收到长丝中。PVA分子随之溶胀，管间距增加，使得导电网络改变（见图5.7）。因此，SWCNT和PVA的含量比能显著改变器件的湿度灵敏度。当SWCNT的含量接近渗滤阈值时，其灵敏度最大。

2. 电容型湿度传感器

电容型湿度传感器是利用湿敏元件电容随湿度变化的特性来进行测量的。几乎所有高分子材料都吸附水分子，特别是带有极性官能团的高分子材料。高分子材料对水分的吸附量的多少取决于材料中极性官能团的种类和多少、气体中水蒸气的含量。单纯的高分子材料介电常数

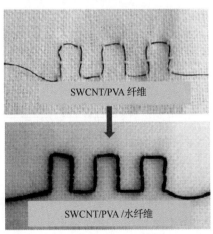

图5.7　SWCNT/PVA长丝吸水前后对比

很小（如聚酰亚胺的介电常数约为2.93），而水的介电常数很大（室温下约为80）。当高分子材料

吸附水分后，介电常数会发生显著变化。电容型湿敏器件的典型结构为"三明治"结构：在基片上镀一层梳状镀金电极，再涂上高分子感湿膜，最后在膜上镀另一层透水性好的金膜作为上部电极；有的电容型湿度传感器再盖上一层多孔网罩以增加抗污染能力，延长使用寿命。因此，这种传感器具有响应快、温度系数小、中低湿区响应稳定性高和湿滞小等优点，但也存在高湿区漂移明显、抗高湿能力差、长期稳定性不够理想等问题。

为提高传感器的舒适性，近年来经常使用湿敏织物传感器替换模块化湿度传感器。2020 年，沙特学者哈立德·纳比勒·萨拉马（Khaled Nabil Salama）教授研究团队以 MOFs 为活性功能层对织物进行修饰改性，构筑了高性能柔性湿度传感器（TEX）。他们将 MOFs 薄膜分别直接沉积在亚麻和棉质织物的叉指形状表面，研究表明，MOFs 在亚麻织物表面覆盖率高、湿度传感性能更为优异（见图 5.8）。所制备的湿度传感器展现出 0.6fF/%RH（相对湿度下的电容变化量）的灵敏度、最低湿度检测极限达 0.71%RH；同时在多种气体氛围下具有对湿度的高选择灵敏特性。该研究成果对 MOFs 材料以及其他纳米功能材料在柔性智能湿敏织物传感器研发方面具有一定的指导意义。

图 5.8　高性能柔性湿度传感器

5.4.4　织物温度传感器

目前，各种形式的柔性温度传感器已经被用于人体体温的测量，与热电阻、热电偶等体积较大的刚性温度传感器相比，具有轻便易携带、柔软易变形、灵敏度较高等优点。而织物温度传感器以织物作为柔性基底，相较于以金属箔片、玻璃板或有机聚合物材料作为基底的一般柔性传感器，拥有更好的手感以及服用性能。

织物温度传感器多为热电阻式，其工作原理是感温材料的电阻会随温度变化而变化，由此可以将温度信号转换为相关的电信号。织物温度传感器中常用的感温材料包括碳基材料、导电聚合物、金属颗粒和金属纤维以及其他热敏导体，具体如表 5.5 所示。由于感温材料电阻变化具有连续性，因此可以应用在医疗及日常生理监测服装和可穿戴设备中实现对人体温度变化的连续监测。

表5.5　常见织物温度传感器的感温材料

名称	具体材料
碳基材料	碳纳米管、炭黑和石墨等
导电聚合物	聚磺苯乙烯、聚苯胺等
金属颗粒	镍微米或纳米颗粒
金属纤维	镍、铜、金、铂等
其他热敏导体	有机银络合物

目前织物温度传感器制备方法研究主要集中在导电复合材料涂覆法、柔性感温器件封装法以及金属纤维织入法。

1. 导电复合材料涂覆法

导电复合材料涂覆法是将导电复合材料通过交联剂等的作用，与纱线及织物等纺织品相结合。导电复合材料是将导电粒子分散到绝缘聚合物基体中，从而形成一个导电网络，其导电性能主要取决于导电粒子在聚合物基体中分布的均匀程度。因聚合物基体与导电粒子的热膨胀系数不同，当温度升高时，由于聚合物基体的体积膨胀，导电粒子之间的距离增大，因此，电阻增大。当温度持续升高至聚合物熔点时，其体积膨胀到最大，此时导电复合材料的电阻变化可以达到几个数量级，具有较高的电阻温度系数。

　　例如，通过在 PVDF 静电纺丝膜表面涂覆碳纳米管与树脂组成的导电复合材料，制备纤维基温度传感器，结果表明，碳纳米管在聚合物中含量为 2%，当温度范围为 30～45℃时，其电阻温度系数可达 0.13%/℃；并将纤维基温度传感器经封装后集成为纱线，纤维基温度传感器的结构示意图如图 5.9 所示。这种温度传感器的制备方法工艺流程简单、设备投资小，但也存在两方面缺点：一是单独基体和填料的聚合物的电阻变化的再现性往往很小，重复性不高；二是利用聚合物制备的传感器容易受外界干扰，且在经常受到弯曲、拉伸等作用时易遭受破坏，影响性能和使用寿命。

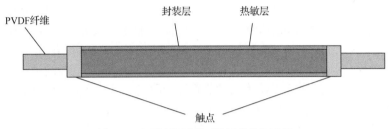

图 5.9　纤维基温度传感器的结构示意图

2. 柔性感温器件封装法

　　柔性感温器件封装法是指将已有的温度传感器以缝合的方式集成到织物中。通过这种方法可将温度传感器整合到服装及织物中来达到监测人体健康状况的目的。例如，美国 VivoMetrics 公司开发的一款可穿戴生理参数监测系统 Lifeshirt，用一件仅重 230g 的棉质背心作为载体，如图 5.10（a）所示，监测系统通过嵌入背心中的传感器检测穿戴者的体温、血压和呼吸状况，但由于其电极材料为 AgCl，因此不适合长期穿戴。

　　针对上述问题，有研究采用机织的方法，利用喷墨印刷技术制备温度传感带织物，如图 5.10（b）所示。将含有温度传感器和湿度传感器的切片条带沿纬纱方向嵌入织物中，替代标准纬纱。织造过程中考虑到条带的尺寸，在织造周期中省略了 3 根纬纱，为了接触织物内的传感器，用导电纱取代其中 6 根经纱，并在纱线和条带之间使用环氧树脂以实现稳定的电接触。但是这种条带长度有 4cm 左右，测量人体皮肤温度时很难实现良好的曲面接触，并且影响外观及穿着舒适性。为此，研究人员利用导电纤维将柔性硅基薄膜缝合在织物上，如图 5.10（c）所示，但这种方法也存在织物手感较硬的缺陷，而且制作柔性硅基薄膜的工艺复杂。

（a）可穿戴生理参数监测系统 Lifeshirt　　　（b）利用喷墨印刷技术制备的温度传感带织物

（c）缝合在织物上的柔性硅基薄膜

图 5.10　柔性感温器件

3. 金属纤维织入法

现阶段普遍采用的金属纤维织入法是将先进的插拔技术或电子器件嵌入织物中，其与服装的融合度低。因此，在人体穿着方面（如舒适性、外观、质地等）与普通纺织品相比，具有一定的差距。加强对织物温度传感器的研究，实现服装自身的传感器化，是实现通过服装监测体温真正应用的基础和前提。例如，2005 年，洛克（Locher）等提出了一种利用长铜丝自身的感温性能制成的温度传感器。在织造过程中将直径 50μm 的铜丝与直径 42pm 的涤纶纱线通过特殊的织造方法织造，该方法包括经纬两个方向的纱线系统（3 根 PET 线和 1 根铜线），利用分布式网状结构形成温度传感器的电路，测得在 10～60℃范围内精度达到 1℃，但是网状结构的设计较为复杂，且各网状结构导线容易产生相互影响。为此，2013 年，侯赛因（Husain）等利用双层针织结构将细度为 100μm 左右的感温金属纤维镍、钨、铜等用缝纫的方法织入针织物中，如图 5.11 所示，测温结果表明，用镍、钨等不同感温金属纤维所制备的针织结构温度传感器的温度系数分别为 0.0048℃$^{-1}$ 和 0.0035℃$^{-1}$；用镍包覆铜作为感温元件时，温度系数为 0.0040℃$^{-1}$。但由于所选感温金属纤维的电阻率不够大，且针织工艺不能实现较细的金属纤维的织造，因此感温部分的面积较大，从而影响传感器对温度的响应速度。而且，感温金属纤维处于双层针织结构中间，导致感温元件测量的温度是身体与织物形成的内环境温度，影响其测量的准确性，且易受外界环境影响。

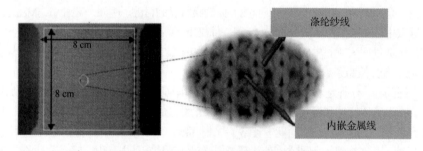

图 5.11　双层针织结构的织物温度传感器

综上所述，将感温元件以纱线的形式织入织物中，由于感温元件不再是体积较大的刚性元件，而是具有一定可织造性的金属纤维，实现了柔性传感测量，但现阶段相关研究尚处于初级阶段，因此织物温度传感器的制备方法及性能改进还有待进一步深入研究。

习题

1. 简述织物传感器的特点及发展趋势。
2. 根据应用划分，织物传感器有哪些常见的类型？
3. 简述织物传感器显著的特征。
4. 织物传感器设计中，有哪些常见的敏感材料？各有什么特点。
5. 常见的纳米碳基导电材料有哪些？
6. 织物传感器中，导电复合材料有哪些？简述其各有什么特点。
7. 电容型湿度传感器的灵敏度如何表示？
8. 简述织物传感器常见的 3 种的加工方法及其特点。
9. 简述常见的光电织物传感器测试原理。
10. 简述织物温度传感器的原理及常见的感温材料。

第 6 章
谐振式传感器

谐振式传感器是一种利用谐振敏感元件把被测参量转换为频率信号的传感器，又称频率式传感器，属于一种高端传感器，是目前传感器领域研究的重点之一。本章针对谐振式传感器的定义、特点及发展趋势，谐振子激振及拾振方式，典型谐振式传感器的结构及工作机理进行阐述，为学生了解、选用和设计谐振式传感器提供必要的基础理论与专业知识。

6.1 谐振式传感器概述

6.1.1 谐振式传感器的定义

谐振是系统的固有特性，当系统工作于某一特定频率时，其响应得到明显增强，且响应特性仅由系统固有参数决定，此时系统维持振动所需外界的输入能量最低，且系统对外界环境的敏感性强，因此输出信号的信噪比较高。谐振式传感器的核心元件为谐振器（或称谐振子），作为被测量的物理、化学参量等通过直接或间接的方式作用于谐振器。对其谐振特性参数进行调制，通过测量谐振器的谐振参数，实现对被测量的检测。谐振式传感器的应用领域十分广泛，目前在压力、温度、加速度、质量、流量、生物分子、位移的测量等领域应用。

谐振式传感器一般由谐振子、参量转换元件、信号测量电路等部分构成。作为谐振敏感元件的谐振子的工作状态可以等效为一个单自由度的谐振系统，其动力学方程为

$$m\ddot{x} + c\dot{x} + kx - F(t) = 0 \tag{6.1}$$

其中，m 为谐振系统的等效质量；c 为谐振系统的等效阻尼系数；k 为谐振系统的等效刚度；F 为施加于系统的外力；$m\ddot{x}$、$c\dot{x}$ 和 kx 分别代表谐振系统的惯性力、阻尼力和弹性力的作用。当系统处于稳定的谐振状态时，惯性力与弹性力平衡、系统外力与阻尼力平衡，有

$$\begin{cases} m\ddot{x} = -kx \\ c\dot{x} = F(t) \end{cases} \tag{6.2}$$

此时谐振系统的外力与速度矢量同相位，并超前位移矢量90°，系统的固有频率为

$$\omega_n = \sqrt{\frac{k}{m}} \tag{6.3}$$

实际谐振系统中的阻尼力很难确定，一般根据系统的频谱特性认识谐振现象。当式（6.2）中外力 $F(t)$ 为周期信号时，即

$$F(t) = F_m \sin(\omega t) \tag{6.4}$$

系统的归一化幅值以及相位响应分别为

$$A(\omega) = \frac{1}{\sqrt{(1-P^2)^2 + (2\zeta_n P)^2}} \tag{6.5}$$

$$\varphi(\omega) = \begin{cases} -\arctan\dfrac{2\zeta_n P}{1-P^2}, & P \leqslant 1 \\ -\pi + \arctan\dfrac{2\zeta_n P}{P^2-1}, & P > 1 \end{cases} \tag{6.6}$$

其中，ζ_n 为系统的阻尼比，且 $\zeta_n = \dfrac{c}{2\sqrt{km}}$，若 $\zeta_n \ll 1$，则系统可认为是弱阻尼系统；P 为相对系统固有角频率的归一化频率，且 $P = \omega/\omega_n$。典型的谐振系统的幅频特性曲线与相频特性曲线如图 6.1 所示。

当 $P = \sqrt{1-2\zeta_n^2}$ 时，谐振系统幅值最大，为

$$A_{\max} = \frac{1}{2\zeta_n\sqrt{1-\zeta_n^2}} \approx \frac{1}{2\zeta_n} \tag{6.7}$$

此时系统相位为

$$\varphi = -\arctan\frac{\zeta_n P}{\zeta_n^2} \approx -\arctan\frac{1}{\zeta_n} \approx -\frac{\pi}{2} \tag{6.8}$$

工程上将此时的状态定义为谐振状态，相应的激励频率为系统的谐振频率。

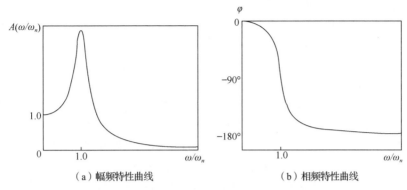

（a）幅频特性曲线　　　　　　　　　　（b）相频特性曲线

图 6.1　典型的谐振系统的幅频特性曲线与相频特性曲线

对于谐振敏感元件，其阻尼比是影响其运动状态的重要参数。因此，引入谐振敏感元件的机械品质因数（Q），可表示为

$$Q = 2\pi \frac{E_S}{E_C} \tag{6.9}$$

式中，E_C 为谐振敏感元件的总能量，E_S 为谐振敏感元件每个谐振周期由阻尼消耗的能量。

谐振式传感器中的谐振系统是弱阻尼系统，即 $\zeta_n \ll 1$，则有

$$Q \approx \frac{1}{2\zeta_n} \approx \frac{\omega_r}{\omega_2 - \omega_1} \tag{6.10}$$

式中，ω_1、ω_2 对应半功率点，相应的幅值增益为 $0.707A_{max}$；ω_r 表示幅值最高点对应频率，如图 6.2 所示。

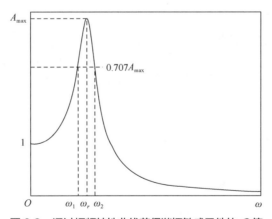

图 6.2　通过幅频特性曲线获得谐振敏感元件的 Q 值

从系统能量角度来说，Q 值越高，表明相对于谐振敏感元件每周期储存的能量，由阻尼等因素消耗的能量越少，即谐振系统的储能效率越高，维持系统固有振动的能力就越强。相应地，系统抗外界干扰的能力越强，传感器的稳定性就越好。从系统幅频特性曲线来说，Q 值越高，表明谐振敏感元件的谐振频率与固有频率越接近，即谐振系统的选频特性越好，同时谐振敏感元件的谐振频率越稳定，重复性就越好。因此，提高谐振敏感元件的 Q 值对于提升传感器性能至关重要，而如何提高谐振敏感元件的 Q 值是谐振式传感器设计的核心问题。

6.1.2 谐振式传感器的特点

由于谐振式传感器敏感元件的谐振特性，因此当其工作在谐振状态时，系统的能量损耗最低，对外界环境变化也有很好的敏感性。谐振式传感器具有以下特点。

（1）由于谐振敏感元件的固有谐振特性，谐振敏感元件具有稳定的谐振状态，具有精度高、稳定性强、功耗低的优势。

（2）谐振式传感器的输出为数字信号，不需要在传感器系统中增加额外的模数转换模块或数模转换模块，且输出的频率信号为周期信号，在传输中不易失真，抗干扰性能强。

（3）谐振式传感器的系统为闭环系统，谐振敏感元件的振动状态可自动跟踪。

（4）传感器中的谐振敏感元件的 Q 值高，使得传感器功耗低、误差小。

谐振子是谐振式传感器的关键部件，其结构设计、材料品质、制作工艺等直接影响传感器的性能。上述多项要求使得谐振式传感器的制造难度大、研发周期长且成本相对较高。因此，谐振式传感器具有多学科技术交叉融合的特点，是一种高技术、高附加值的传感器。

6.1.3 谐振式传感器的发展趋势

（1）新工艺的研究。发展新工艺，可以满足传感器工作场合对其提出的新要求，例如，灵敏度更高、检测速度更快、稳定性更好等。此外，通过发展新工艺，如微机械加工工艺、二维材料加工工艺、特种加工工艺等，可以满足在设备功能逐渐增加的情况下，使其部件体积达到微型化的目的。这不仅可以减小器件的体积、质量，亦有利于减少器件的能量损耗。

（2）新材料的开发。传感器材料特性会严重地影响传感器的性能，因此，对新型材料的开发与应用是发展传感器的关键之一。传统材料主要为弹性合金、石英和硅等机械强度高、抗疲劳特性好的材料。近年来，随着二维材料的快速发展，石墨烯、二硫化钼、黑磷晶体等材料进入研究人员的视野，以二维材料为谐振子的谐振式传感器凭借其超小的尺寸与超高灵敏度正逐渐受到重视。

（3）小型化与集成化。微机械加工工艺的出现为传感器的集成化提供了可能，传感器从原来的单一元件、单一功能向集成化、多功能的方向发展。传感器的集成化包括两种含义：第一，将传感器和其后的放大电路、运算电路等集成在同一组件上，实现一体化的传感器；第二，将同一类传感器集成为同一块电路板上，构造一维、二维甚至多维传感器阵列，实现传感器集成化工作。而且，集成化技术可实现传感器的多功能化，即能够感知或者转化两种及以上的不同物理量，从而通过单一器件实现多参数检测的功能。

6.2 谐振敏感元件的激励方式

谐振敏感元件的振动激励是将电能转换为机械能。目前激励方式主要有静电激励、压电激励、电磁激励和热激励等。

6.2.1 静电激励

静电激励利用静电力使谐振器振动，其基本原理为库仑定律，即两静止电荷之间的相互作用力与两电荷电量的平方成反比，力的方向沿着两电荷连线的方向。实际应用中采用两个平板电极，常为平面平板电容的情况，如图 6.3 所示，电量 Q、Q' 与施加的电压 V 成正比，$Q=CV=-Q'$，静电驱动力为吸引力，与电压 V 的平方成正比。这类静电力 F_{el} 往往通过虚功原理进行求解，这里直接给出结论，$F_{el} = \dfrac{1}{2}\nabla C \cdot V^2$。

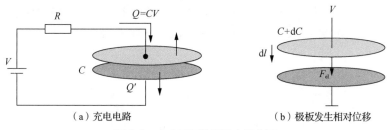

（a）充电电路　　　　　　　　　　　（b）极板发生相对位移

图 6.3　电容平板的驱动力示意图

图 6.4（a）所示为平板电容几何模型，固定电压施加在平板电容两端，下极板固定，上极板可动，极板间初始距离为 d，极板初始面积为 S，z 为上极板相对 z 轴零点的位移，则平板初始电容可表示为

$$C = \frac{\varepsilon_0 S}{d} \tag{6.11}$$

其中，ε_0 为极板之间的介质的介电常数。

则静电驱动力为

$$F_{\mathrm{el}} = \frac{1}{2} V^2 \frac{\partial C}{\partial z} e_z \tag{6.12}$$

对于平板电容，$\partial z = -\partial d$，有 $\dfrac{\partial C}{\partial z} = -\dfrac{\partial C}{\partial d}$，进而

$$F_{\mathrm{el}} = -\frac{1}{2} V^2 \frac{\varepsilon_0 S}{d} e_z \tag{6.13}$$

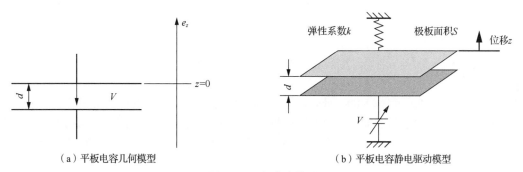

（a）平板电容几何模型　　　　　　　　　　（b）平板电容静电驱动模型

图 6.4　平板电容模型

在谐振式传感器中，大部分静电驱动的情况可等效为图 6.4（b）所示的模型。假设初始平衡状态时 $V=0$，两极板间隙为 d（$z=0$ 时），则电容为 $C = \dfrac{\varepsilon_0 S}{d + z}$。当极板间施加激励电压 V 时，极板间隙发生变化，静电力满足

$$F_{\mathrm{el}} = \frac{1}{2} V^2 \frac{\varepsilon_0 S}{(d + z)^2} \tag{6.14}$$

弹性环节的作用力 F_{sp} 与静电力的作用相反，有

$$F_{\mathrm{sp}} = -kz \tag{6.15}$$

其中，k 为弹性系数。根据式（6.14）和式（6.15）可知，静电力与弹性力的相对大小存在两种变化情况，如图 6.5 所示。根据两条曲线与直线的位置关系可知，当激励电压较低时，系统存在两个力平衡点，其中一点为稳定平衡点，另一点为不稳定平衡点；当激励电压较高时，不存在力平衡点，

此时静电力永远比弹性力大，运动极板会被拉下与固定极板接触。这一现象称为拉靠现象，会导致传感器失效。因此，在传感器设计时要避免出现此现象，采取适当的绝缘措施以防止发生短路。

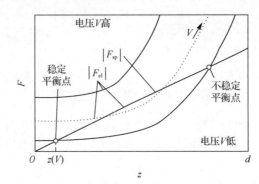

图 6.5　静电激励中的静电激励与弹性环节

6.2.2　压电激励

压电材料的变形引起材料内部电压变化称为压电效应。谐振敏感元件的压电激励基于逆压电效应，即材料内部的电场变化引起机械变形。常用的天然压电材料为石英和电石，广泛使用的压电材料是陶瓷。陶瓷由大量微小的致密单晶体（约为 1μm）构成，制造过程中要对单晶体施加强电场，使单晶体的取向一致化，即极化。外加电场的强度取决于材料的厚度。在温度略高于居里温度的情况下，施加的电场值可达 10kV/cm，而后材料在恒定的电场中冷却，最后移去电场，由于积累的机械应力，大量的单晶体不能随机重新排列，电场极化得以长久维持。

压电陶瓷中常用的为锆钛酸铅（$PbZrO_3$ 和 $PbTiO_3$ 形连续固熔体，PZT）、钛酸钡和铌酸铅。压电陶瓷具有较高的热稳定性和物理稳定性，并可制成各种不同形状；根据关注的特性参数，如介电常数、压电常数和居里温度等，可以制得很宽的数值范围；其主要缺点是参数的温度灵敏度差，以及在接近居里温度时容易老化，甚至丧失压电性能。

相比压电陶瓷材料，天然压电材料的稳定性很好，如石英和电石，但其灵敏度较压电陶瓷低，只有同等尺寸的 PZT 元件的 1%。此外，某些各向异性聚合物表现出较好的压电特性，由于其各向异性的特点，可以制成薄膜，应用于其他块状固体材料无法满足要求的场合，常用的压电薄膜的材料为聚偏二氟乙烯（PVDF），其压电常数是石英的 4 倍，其成本同样较为低廉，但稳定性相对较差。

大部分压电材料的压电特性是各向异性的，因此按照压电效应的方向不同，压电效应可分为图 6.6 所示的 3 种情况。

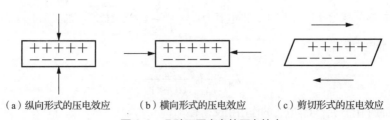

（a）纵向形式的压电效应　　（b）横向形式的压电效应　　（c）剪切形式的压电效应

图 6.6　几种不同方向的压电效应

图 6.7 所示为压电激励的悬臂梁示意图，压电薄膜贴附于硅悬臂梁的上表面，对悬臂梁施加激励电压 V_{ex} 使压电层变长，产生的弯矩 M 作用于悬臂梁引起悬臂梁弯曲。若压电层厚度 t_{pe} 远小于硅悬臂梁的厚度 t_{si}，则弯矩可表示为

$$M = E_{pe}d_{31}V_{ex}\omega t_{si}/2 \tag{6.16}$$

式中，E_{pe} 为压电层的杨氏模量，t_{si} 为硅悬臂梁的厚度，d_{31} 为压电层的压电常数（描述压电体的力学量和电学量之间的线性响应关系的比例常数），ω 为悬臂梁的宽度。

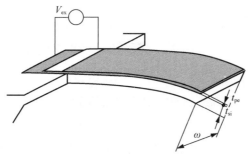

图 6.7　压电激励的悬臂梁示意图

式（6.16）表明压电效应是机械量与电量之间的线性转换关系。这一转换关系的效率可由压电耦合因数 K^2 表示，其定义为

$$K^2 = \frac{W_M}{W_M+W_E} \tag{6.17}$$

式中，W_M 为压电执行器传递给机械负载的功。W_M+W_E 是压电执行器在自由机械边界条件下通过电源预先加载的势能。在一维条件下，压电耦合因数可由式（6.18）表示。

$$K^2 = \frac{e^2}{c_E\varepsilon_T} \tag{6.18}$$

式中，压电耦合因数 K^2 为无量纲的量，e 是电场方向和机械应力方向的压电常数，c_E 是零电场下的刚度，ε_T 为零应力下电场方向的介电常数。由此可知，压电耦合因数对压电常数有强依赖性，并与材料刚度成反比。当压电材料的介电常数增加时，可以直观地描述为总势能的大部分被存储在电学域中。常用的压电材料，如石英的压电耦合因数 K^2 为 0.86%，而 PZT 的压电耦合因数 K^2 可达 23%。

6.2.3　电磁激励

根据荷兰物理学家洛伦兹的发现，当带电粒子在磁场中运动时，会受到磁场力，即洛伦兹力的作用。根据该理论，假设一个带电粒子电荷为 q_0，速度为 v，磁感应强度为 B，则洛伦兹力为

$$F = q_0 v \times B \tag{6.19}$$

如果带电粒子方向 v 与磁感应强度方向 B 的夹角为 θ，则洛伦兹力的大小为

$$F = q_0 v B \sin\theta \tag{6.20}$$

电流是由带电粒子运动形成的，因此，当电流通过在磁场中的导体时，洛伦兹力也会随之产生。对于通电导线，假设其单位体积电荷数为 n，导线长度为 l，截面积为 A，则洛伦兹力为

$$F = (q_0 v B \sin\theta)(nAl) \tag{6.21}$$

式中，nq_0vA 即电流，因此有

$$F = BIl \sin\theta \tag{6.22}$$

另外，通电导体中的电流也可产生磁场，如图 6.8（a）所示，距导体轴线 r 处的磁感应强度 B 的大小为

$$B = \frac{\mu_0 I}{2\pi r} \tag{6.23}$$

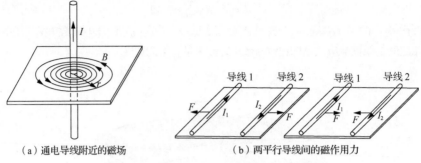

（a）通电导线附近的磁场　　　　　（b）两平行导线间的磁作用力

图 6.8　通电导线产生磁场及双通电导线模型

式中，μ_0 为真空的磁导率。因此，两个通电导体相邻放置时，由于每个导体均产生磁场，彼此之间就会产生相互作用。图 6.8（b）所示的距离为 d 的两根平行导线，导线内的电流分别为 I_1、I_2，导线 2 内的电流在导线 1 位置产生的磁场为

$$B_2 = \frac{\mu_0 I_2}{2\pi d} \tag{6.24}$$

相应的洛伦兹力为

$$F_1 = B_2 I_1 l = \left(\frac{\mu_0 I_2}{2\pi d}\right) I_1 l = \frac{\mu_0 I_1 I_2 l}{2\pi d} \tag{6.25}$$

如果两个导体中的电流方向相同，则二者相互吸引；如果方向相反，就互相排斥。这就是谐振式传感器中常用的电磁激励的基本原理。这种方法的优点是电能与机械能的转换效率很高，激振力可以很大，而且既可以相互吸引，也可以相互排斥。但这种方式的缺点是一般功耗较高，并且由此产生的磁场很可能会对附近的物体，特别是带电粒子或磁性存储介质等造成影响。

类似地，一条置于磁场中的柔性金属线在通电后会受到磁场的作用力而产生形变，如图 6.9 所示，此即振弦式传感器的振动激励原理。

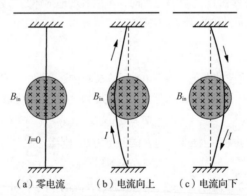

（a）零电流　　　（b）电流向上　　　（c）电流向下

图 6.9　磁场对 3 种电流情况下通电导线的作用情况

电磁激励一般应用于尺寸较大的谐振式传感器中，典型的应用有振弦式传感器。因为电磁激励需要比较大尺寸的驱动线圈，所以这种激励方式在微传感器中的应用比较困难，使用时一般需结合磁致伸缩材料。铁磁体在磁场的作用下长度和体积会发生变化，这种现象称为磁致伸缩效应。不同铁磁体磁致伸缩的特性不同，即磁致伸缩系数 λ_s 不同。富铁合金（如 $Fe_{40}Ni_{38}Mo_4B_{18}$）的磁致伸缩系数较高，可达 10^{-5} 量级，富钴合金的磁致伸缩系数 λ_s 一般为 1×10^{-7}。磁致伸缩同样存在逆效应，称为磁弹性效应，具体体现为应力和应变对磁体磁化的影响，可用磁弹性耦合系数描述。富铁合金的磁弹性耦合系数同样较高，可达 0.98。高的磁弹性耦合系数意味着磁能与机械能之间

的高转换效率。

图 6.10 所示为磁致伸缩激励检测系统，谐振器的振动是基于激励线圈所提供的交变磁信号，利用磁致伸缩效应产生的。激励信号可以是连续的正弦信号，也可以是断续的访问脉冲信号。因此，这种传感器的一个优点是可以实现无线访问。谐振器的谐振频率可采用电磁、声学或光学的方法进行检测。对于电磁的检测方式，谐振子的振动通过磁弹性效应转换为磁通量的变化，进而可以通过检测线圈得到振动信号。在磁、声及光学等几种检测方法中，电磁检测方法精度最高，但检测距离相对较近，对于长度为 1cm 的谐振器，最大检测距离约为 30cm。而采用声学方法的检测距离约 2m，采用光学方法的检测距离最大可达到约 6m。

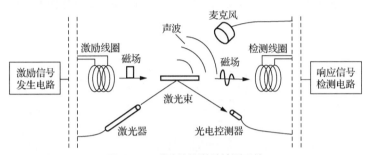

图 6.10　磁致伸缩激励检测系统

6.2.4　热激励

热激励机制基于热膨胀理论，在热源的作用下，被激励的谐振子内部产生时变的温度场，从而产生高频变形的情况，多用于微型谐振式传感器。例如，在谐振梁上加载一热源，则沿着梁和与梁垂直的方向会产生温度梯度，从而在梁的内部产生热应力，造成梁的弯曲。从热源种类来看，热激励的方式可以分为电学的激励方式以及光学的激励方式。虽然方式不同，但归根结底都是热能与机械能的转换。下面以电热激励为例进行说明。

电热激励由维尔芬格（Wilfinger）等人于 1968 年率先提出，通过周期性加热谐振子在材料内部产生周期性的温度梯度，进而产生机械驱动力。由于电产生的热效应正比于电流的平方，因此交流激励的信号可以使用两种形式：其一是激励信号频率等于谐振频率的一半，其二是激励信号频率与谐振频率一致，但将交流激励信号叠加在直流偏压上。对于电热激励的换能器，可供选择的加热材料有多种，如金属薄膜、扩散多晶硅薄膜、P 或 N 型单晶硅等。从原理上讲，电阻的发热是不存在逆效应的，因此这一换能机理不能用来实现检测。通常对应的检测方式是基于采用扩散电阻的压阻效应。图 6.11 所示为一种基于压阻效应的电热激励悬臂梁结构。

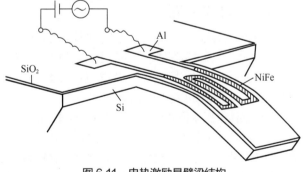

图 6.11　电热激励悬臂梁结构

6.3　谐振式传感器检测方式

谐振子振动状态的检测方法有电学、光学两种方法。电学方法主要是把谐振器的机械振动转换成电学量，包括压阻检测、压电检测、电容检测、电磁检测等。其中电磁检测是电磁激励的逆过程。

对于压阻检测、压电检测、电容检测，由于所需要的敏感元件尺寸小，且与微细加工工艺兼容性好，逐渐成为微型谐振式传感器中常见的振动检测方法。光学方法多采用光干涉调制检测方法，这种方法与经典光纤传感器的光信号检测方法基本相同，具有高精度和高灵敏度的优势。

6.3.1　压阻检测

压阻效应是指当材料受到外力作用时，其体电阻发生相应变化的现象。材料中导电粒子的数量及迁移率是材料体积的函数，会表现出一种与应力相关的特性。体积的变化会影响材料的价带与导带之间的能量间隙，进而影响导电粒子的数量，从而影响其电阻。对于三维各向异性晶体，电场 E 与电流通过三维电阻张量相联系。对于大部分材料，矩阵是对称的，三维张量的 9 个系数可简化为 6 个，即

$$\begin{bmatrix} E_1 \\ E_2 \\ E_3 \end{bmatrix} = \begin{bmatrix} \rho_1 & \rho_6 & \rho_5 \\ \rho_6 & \rho_2 & \rho_4 \\ \rho_5 & \rho_4 & \rho_3 \end{bmatrix} \begin{bmatrix} i_1 \\ i_2 \\ i_3 \end{bmatrix} \tag{6.26}$$

其中，ρ_1、ρ_2、ρ_3 为电阻率，代表电场 E 沿电流方向的依赖度；ρ_4、ρ_5、ρ_6 也为电阻率，代表电场 E 垂直于电流方向的依赖度。各向同性材料的 $\rho_1=\rho_2=\rho_3$，$\rho_4=\rho_5=\rho_6=0$。对于压阻材料，此 6 个电阻率的值与受到的应力直接相关。应力可以表示为 6 个变量，包括 3 个正应力 σ_1、σ_2、σ_3 与 3 个剪切应力 τ_1、τ_2、τ_3，如图 6.12 所示。

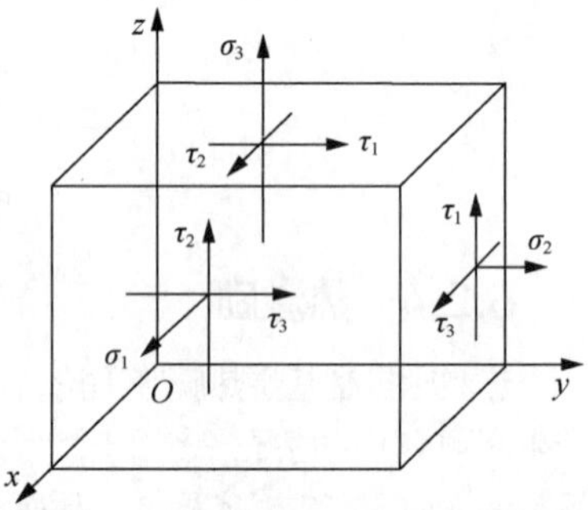

压阻效应即 6 个电阻率与 6 个应力分量之间的关系，可表示为

$$\frac{\Delta\rho}{\rho} = \sum_{j=1}^{6} \pi_{ij} T_j, i = 1, 2, \cdots, 6 \tag{6.27}$$

图 6.12　材料内部的正应力与剪切应力

$$T = \begin{bmatrix} \sigma_1 & \sigma_2 & \sigma_3 & \tau_1 & \tau_2 & \tau_3 \end{bmatrix}^{\mathrm{T}} \tag{6.28}$$

式（6.27）中的 π_{ij} 即压阻系数（单位为 Pa^{-1}）。将压阻材料置于谐振子的表面，则可通过检测目标材料电阻的变化实现谐振子振动的检测。

6.3.2　压电检测

在谐振式传感器中，基于压电效应的检测方式往往与压电激励一同应用。压电材料的应用有两种常用方式：一种是谐振器整体由压电材料制作，典型的就是石英晶体谐振器以及由各种陶瓷材料制作的谐振器，可以直接通过电信号激励谐振器；另一种是在非压电材料的谐振器结构中贴附压电薄膜，此种方式常用于微型谐振器。

石英晶体谐振器是最常见的具有高稳定度的谐振器之一，这种谐振器具有 Q 值高（空气中 Q 值可达 $1\times10^4\sim1\times10^7$）、温度系数低（AT 切型石英晶体谐振器）的优点。但其缺点在于石英材料难与集成电路工艺结合。近年来发展的硅微机械谐振器体积小，正逐渐替代石英晶体振荡器，作为时间基准，具有良好的应用前景。其优点为谐振器体积小、与集成电路工艺兼容性好等。压电检测的原理如图 6.13（a）所示，谐振器的振动导致压电元件发生形变，压电元件的两个表面产生正负相反的电荷。压电元件的等效电路如图 6.13（b）所示。两极板间电容为 C_d，电容器上开路电压 V 可表示为

$$V = \frac{Q}{C_d} \tag{6.29}$$

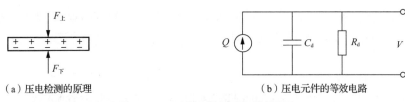

（a）压电检测的原理   （b）压电元件的等效电路

图 6.13　压电检测的原理与等效电路

总而言之，压电材料的突出优点在于实现谐振状态的激励与检测的直接性。在实现时需要在谐振器表面沉积合适的电极材料并刻蚀出适当的图形。电极的形状以及在谐振器中的位置要保证对于所需的振动模态有比较高的机电耦合效率。机电耦合效率高，可提升谐振器在所需的振动模态的振动激励，使振动检测信号的信噪比提高。

6.3.3　电容检测

电容检测的基本原理是通过改变电容器的电容来检测物体的振动状态。由绝缘介质分开的两个平行金属板组成的平板电容器，当忽略边缘电场的影响时，其电容与真空介电常数 ε_0、极板间介质的相对介电常数 ε_r、极板的有效面积 A 以及两极板间的距离 d 有关，表示为

$$C = \frac{\varepsilon_0 \varepsilon_r A}{d} \qquad (6.30)$$

若被测量的变化使式（6.30）的 A、d、ε_r 这 3 个参量中任意一个发生变化，都会引起电容的相应变化。在谐振式传感器中，比较常见的情况是振动位移导致极板间距 d 或极板面积 A 改变。通过配置合适的测量电路，将电容的变化转换为电量输出，即可实现振动的电容检测。需要注意的是，在计算电容时，边缘电场的影响不可忽视。两极板之间的距离相比极板尺寸足够小时，利用式（6.30）计算电容可达到满意的精度。然而，当极板间距离增加到相对极板面积而言足够大的情况下，边缘电场以及从极板背面绕过来的电场的影响会凸显出来，测量得到的电容会比利用式（6.30）计算得到的电容大。

在实际中利用电容进行振动检测时，可能出现的问题是：传感器所在空间中导体的存在可能会影响极板之间的电容，从而影响振动检测的准确性。当空间中的两个导体之间存在电位差时，导体上就会分别带正、负电荷。达到稳态时，导体所带电荷量的多少与导体之间的距离、导体放置方式及导体两端施加电压的大小有关。电容越大，达到某一电压所需的电荷量就越大。电容大小是由两导体间的空间结构决定的。在实际应用中，由于电场的分布情况复杂，想要直接计算任意物体间的电容的难度较高。通过电容检测振动，除电容极板之外，空间中往往还存在多个其他导体。对于这一因素的影响，可以在发射电极外侧加装保护环用于避免边缘电场对电容的影响。这一解决方案可以由麦克斯韦（Maxwell）在 1873 年给出的电容的定义来解释，在空间中存在多个电极的情况下，两电极（i 和 j）间的电容可直接用两电极间的电位差及由此电位差所导致的电荷变化量来计算，即

$$C = \frac{Q_{ji}}{V_j - V_i} \qquad (6.31)$$

总体上，在谐振式传感器中采用电容检测的一个突出优点是，检测电极的存在不会对谐振器的振动带来显著影响。

6.3.4　光检测

光检测一般与光激励一同使用，光检测是一种常用的比较成熟的检测方式，既可以抵抗电磁干扰，又具有较高的灵敏度和精度。图 6.14 所示是光检测中一种常用的光纤法布里-珀罗（F-P）干涉腔结构，入射激光照射至谐振子表面，从光纤端面以及石墨烯膜反射的激光存在光程差，出现干涉现象，光程差的大小取决于 F-P 干涉腔的长度。

假设入射激光的光强为 I，R_1、R_2 分别为入射激光经过两个反射面的反射率，入射激光经过两个反射面的反射光强为 I_1、I_2，依据多光束干涉原理，两个反射光强发生干涉所产生的干涉光强 I_r 可由式（4.4）表示出来。

图 6.15 所示为典型的相对干涉光强（反射光强与入射光强之比）随干涉腔长变化的关系。取 P 点为初始腔长位置，因此，当薄膜发生周期性的振动时，F-P 腔的腔长也会随薄膜振动产生周期性的变化，如图 6.15 中箭头所示，由此通过检测干涉光强可获取谐振子的振动情况。

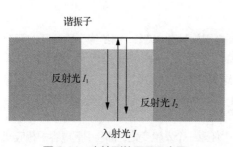

图 6.14　光检测的原理示意图

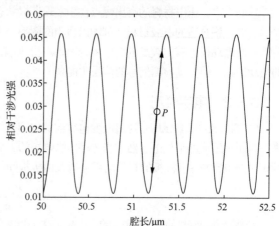

图 6.15　相对干涉光强随干涉腔长变化的关系

6.4　典型的谐振式传感器

6.4.1　谐振梁式加速度传感器

下面介绍两种谐振梁式加速度传感器，分别为石英振梁式加速度传感器与谐振式硅微结构加速度传感器。

（1）石英振梁式加速度传感器

石英振梁式加速度传感器是一种典型的微机械惯性器件，其结构包括石英谐振器、挠性支承、敏感质量块等，如图 6.16 所示。敏感质量块由精密挠性支承约束，具有单自由度。用挤压膜阻尼间隙作为超量程时对敏感质量块进一步约束，并用作机械冲击限位，以保护晶体免因过压而损坏，该开环结构是一种典型的二阶机械系统。石英振梁式加速度传感器中的谐振敏感元件采用双端固定调谐音叉结构，其主要优点为：两个音叉臂在其结合处所产生的应力和力矩相互抵消，从而使整个谐振敏感元件在振动时具有自

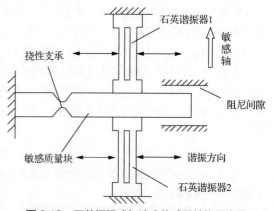

图 6.16　石英振梁式加速度传感器结构示意图

解耦的特性，对周围的结构无明显的反作用力，谐振敏感元件的能耗可忽略不计。为了使有限的敏感质量块产生较大的轴线方向惯性力，合理地选择机械结构可以将惯性力放大几十倍，甚至上百倍。

按照机械力学中的杠杆原理，放大了的惯性力作用在谐振敏感元件的轴线方向上，使谐振敏感元件的谐振频率发生变化。当系统受到沿纸面向上方向的惯性力时，石英谐振器 2 被拉伸，谐振频率增加；当惯性力沿纸面向下时，石英谐振器 2 被压缩，谐振频率减小。由于图 6.16 所示的石英振

梁式加速度传感器为差动检测结构,当一个石英谐振器受到轴线方向拉力时,其谐振频率升高;而另一个石英谐振器受到轴线方向压力时,其谐振频率降低。石英振梁式加速度传感器对共轭干扰(如温度、随机振动等)具有很好的抑制作用。

(2)谐振式硅微结构加速度传感器

图 6.17 所示为一种谐振式硅微结构加速度传感器的结构示意图,包括支撑梁、敏感质量块、谐振敏感元件等,通过两级敏感结构将加速度的测量转换为谐振敏感元件谐振频率的测量。第一级敏感结构是敏感质量块和支撑梁,敏感质量块将加速度转换为惯性力向外输出;第二级敏感结构是谐振梁,惯性力作用于谐振梁轴线方向引起其谐振频率变化。检测时通常通过自激闭环实现对谐振敏感元件固有频率的跟踪,主要由谐振敏感元件、激励单元、检测单元、调幅环节和移相环节组成,激励单元将激励力作用于谐振敏感元件,检测单元将谐振敏感元件的振动信号转换为电信号输出,调幅环节与移相环节用于调节整个闭环回路的幅值增益和相移,实现闭环自激。

图 6.17 所示的结构包括两个双端固支调谐音叉(Double-Ended Tuning Fork,DETF),每个调谐音叉谐振子包含一对双端固支梁谐振子。两个调谐音叉谐振子同样工作于差动模式,当其中一个DETF 的谐振频率随着被测加速度的增加而增大时,另一个 DETF 的谐振频率同步减小。在理想情况下,惯性力平均作用于两个双端固支梁谐振子,加上差动结构的优势,这种谐振式硅微结构加速度传感器对共轭干扰的抑制作用也很好。

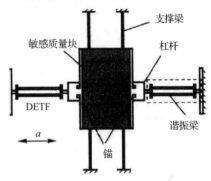

6.4.2 谐振筒式压力传感器

图 6.17 谐振式硅微结构加速度传感器结构示意图

(1)电磁激励谐振筒式压力传感器

图 6.18 所示为一种电磁激励谐振筒式压力传感器的结构示意图,其中传感器主体包括谐振筒压力敏感元件、激励线圈和检测线圈等。该传感器为绝压传感器,谐振筒与外壳体间为真空环境。谐振筒的材料通常为恒弹合金,一般来说,其 Q 值高于 5 000。近年来,国内外还出现了小型化谐振筒式压力传感器和用于高温环境的大压力谐振筒式传感器。其中小型化谐振筒式压力传感器直径为 9~12mm,壁厚度为 0.03~0.04mm,有效长度为 26~30mm;大压力谐振筒式传感器直径为 18~22mm,壁厚度为 0.15~0.3mm,有效长度为 50~55mm,压力探测上限可达 4MPa。

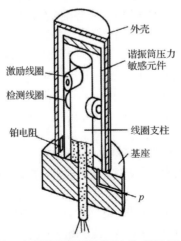

图 6.18 电磁激励谐振筒式压力传感器结构示意图

图 6.19 所示为谐振筒可能的振型示意图。图中 n 为谐振筒环线方向振型的整波数，m 为谐振筒母线方向振型的半波数。

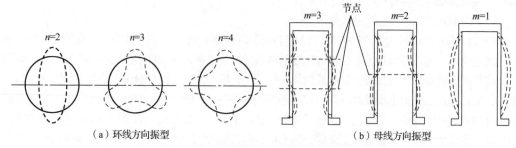

（a）环线方向振型　　　　　　　　　　　　　（b）母线方向振型

图 6.19　谐振筒可能具有的振型示意图

图 6.20 所示为谐振筒母线方向振型半波数为 1 时的零压力频率与弹性势能的变化规律。其中图 6.20（a）所示为零压力频率随 n 的变化曲线；图 6.20（b）所示为弹性势能随 n 的变化曲线。当 $m=1$ 时，n 为 3～4 所需的应变能最小，因此在实际谐振筒式压力传感器设计时，大多使其 $m=1$，$n=4$。在谐振筒的被测压力不同时，谐振筒的等效刚度不同，从而通过测量谐振筒的固有频率可以计算被测压力。

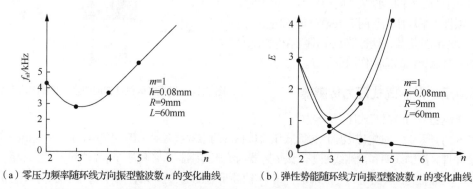

（a）零压力频率随环线方向振型整波数 n 的变化曲线　　　（b）弹性势能随环线方向振型整波数 n 的变化曲线

图 6.20　谐振筒母线方向振型半波数为 1 时的零压力频率与弹性势能的变化规律

采用电磁激励的谐振筒式压力传感器的优点是通过非接触方式实现了谐振敏感元件的能量补充与谐振频率获取，因此整个系统几乎不存在激励单元或检测单元对谐振筒压力敏感元件的不良影响。当然，上述采用电磁方式进行激振、拾振的压力传感器，在激振拾振的能量交换过程中也有许多值得注意的问题。首先，激励单元与检测单元由铁芯和线圈组成，要尽可能减小它们之间的电磁耦合，就需要将二者在空间中呈正交放置，通过环氧树脂骨架固定。其次，外界磁场可能对传感器形成干扰，因此应把维持振荡的电磁装置放置于高磁导率的合金材料筒中屏蔽起来。再者，由于谐振筒式压力传感器的工作特点，谐振筒谐振敏感元件与外壳之间形成真空腔，再将被测压力引入谐振筒的内腔。由于激励单元与检测单元在谐振筒的内腔所占空间较大，因此会产生较大的压膜阻尼。进一步可导致被测气体介质对谐振敏感元件的振动特性影响较大，在被测压力较大时这一问题尤为突出。这会引起谐振筒式压力传感器性能降低乃至停止工作。总的来说，电磁激励谐振筒式压力传感器的缺点在于能量转换效率低、体积较大、功耗高、抗干扰能力较差、成品率较低等。

（2）压电激励谐振筒式压力传感器

由于上述电磁激振谐振筒式压力传感器存在一定的不足，这里介绍一种采用压电元件作为谐振筒式压力传感器的激励单元与检测单元的设计方案，如图 6.21 所示。图中压电激励单元与检测单元均设置于谐振筒压力敏感元件根部的波节处，筒内完全形成空腔。该方案利用压电换能元件的正压电特性检测谐振筒的振动，实现机械振动信号到电信号的转换；逆压电特性产生对谐振筒谐振敏感元件的激励力，实现电激励信号到机械激励力的转换。采用电荷放大器构成闭环自激电路。显然，与电磁激励方式相比，压电激励谐振筒式压力传感器克服了电磁激励谐振筒式压力传感器的一些缺陷，具有结构简单、机电转换效率高、易于小型化、功耗低、便于构成不同方式的闭环系统等优点，但迟滞误差较电磁方式略大些。

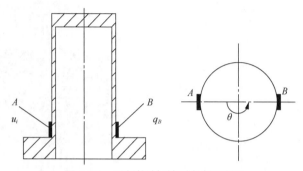

图 6.21　压电激励与检测方案示意图

6.4.3　硅微角速率传感器

角速率传感器，又称为陀螺仪，是一种基于角动量守恒理论，用来感测与维持方向的装置，其由一个位于轴心且可旋转的转子构成。由于转子的角动量，陀螺仪开始旋转后具有抗拒方向改变的趋势。早期的陀螺仪依赖机械机构，而随着激光陀螺、光纤陀螺等技术的逐渐发展，新一代的角速率传感器不再依赖机械转子，但角速率传感器仍旧被研究人员习惯称为陀螺仪。

图 6.22 所示为具有解耦特性的结构对称的硅微角速率传感器结构示意图。该硅微结构陀螺的工作原理基于科氏效应。其敏感结构在最外侧 4 个角设置有支点，并且通过梁结构连接驱动电极和敏感电极。工作时两个振动模态的固有振动相互独立，因此这种连接方式可以避免机械耦合。驱动电极与敏感电极通过悬臂梁与敏感质量块连接到一起。此种陀螺整体结构具有对称性，驱动模态与检测模态相互解耦，结构在 x 轴和 y 轴方向的谐振频率相同。

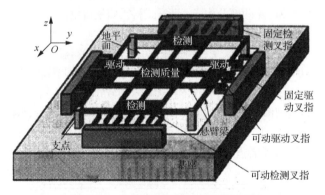

图 6.22　硅微角速率传感器结构示意图

工作时，通过在敏感质量块上施加直流偏置电压，并在可动叉指和固定叉指间施加交流激励电压，可激发敏感质量块沿 y 轴方向的固有振动。当陀螺具有绕 z 轴方向的角速度时，由于科氏效应的影响，敏感质量块会产生沿 x 轴方向的附加振动。通过测量 x 轴方向附加振动的幅值，可以得到被测角速度。一般来说，振动陀螺的驱动和检测模态是耦合在一起的，该结构采用了相互解耦的弹簧结构，在很大程度上避免了检测振动时的信号串扰问题。又因该整体结构具有对称性，该硅微角速率传感器的灵敏度可以达到较高的水平。在常规的大气情况下，其敏感元件具有优于 0.37 °/s 的分辨力。但由于结构非常薄，驱动电极和检测电极的电容量较小（小于 10fF），这在一定程度上限制了性能。若采取一些措施，减小寄生电容和空气阻尼，则分辨力可以进一步提高。如果采用加工手段使膜片厚度增大，那么传感器将具有更好的性能。另外，若想进一步提高陀螺的性能，可将整体敏感元件置于真空环境。

　　图 6.23 所示为一种可以直接输出频率量的谐振式硅微角速率传感器工作原理示意图。传感器工作时，中心敏感质量块沿 x 轴方向做简谐振动，当受到绕 z 轴方向的角速度作用时，x 轴方向上的简谐振动感受加速度，进而产生沿 y 轴方向的惯性力。

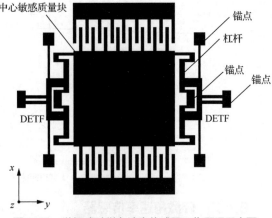

图 6.23　谐振式硅微角速率传感器工作原理示意图

　　两侧的调谐音叉沿轴向振动，此惯性力通过外框结构和杠杆机构传递至两侧的调谐音叉，从而改变调谐音叉的谐振频率，此谐振频率改变量就可反映角速度的大小。需要指出的是，左右两个调谐音叉上的惯性力由作用于中心敏感质量块沿 x 轴方向的简谐振动引起，这个惯性力与上述简谐振动的频率相同，这与以调谐音叉为谐振敏感元件实现测量的传感器不同，调谐音叉本身的谐振状态处于调制的状态，其调制频率即上述中心敏感质量块沿着 x 轴方向做简谐振动的频率。因此，为准确计算出调谐音叉的谐振频率，保证该谐振陀螺的正常工作，调谐音叉的谐振频率相比上述简谐振动的频率应越高越好。另外，左右的两个调谐音叉构成了差动工作模式，可以提高传感器的灵敏度和抗干扰能力。

6.4.4　谐振式科氏质量流量传感器

　　基于科氏效应的谐振式直接质量流量计是一种可以同时直接测量流体质量流量和密度的谐振式传感器，简称科氏质量流量计（Coriolis Mass Flowmeter，CMF）。科氏质量流量计由谐振式科氏质量流量传感器和检测电路两部分构成。谐振式科氏质量流量传感器是科氏质量流量计的核心部分。

　　20 世纪 70 年代，美国的詹姆士·史密斯将流体引入谐振态的测量管中，利用科氏效应将两个方向的运动结合起来，发明了谐振式直接质量流量计。1977 年，美国罗斯蒙特公司成功研制世界上首台基于此原理的质量流量计。之后，许多仪器仪表技术领域的企业跟进了对该流量计的研发工作。

　　这里以双管式结构来说明科氏质量流量传感器的测量原理。图 6.24 所示为科氏质量流量传感器中谐振敏感元件结构的拓扑模型。其由 3 部分组成：一对平行的测量管 T、T′；一个置于"中心点"的弹性激励单元 K；一对关于中心点对称的测量元件 B、B′。

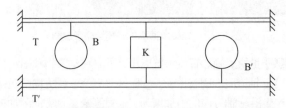

图 6.24　科氏质量流量传感器中谐振敏感元件结构的拓扑模型

工作时，弹性激励单元 K 维持测量管 T 与 T'处于一阶弯曲谐振状态，如图 6.25（a）所示，T、T'关于 K 对称，做互为反向的同步弯曲"主振动"。当有质量流量流过振动的测量管时，所产生的科氏效应使 T、T'在上述"主振动"的基础上，产生二阶的弯曲"副振动"，如图 6.25（b）所示。由于科氏效应与测量管中流过的质量流量成比例，因此该"副振动"直接与测量管中流过的质量流量（kg/s）成比例，由此可通过测量元件 B、B'检测测量管的"合成振动"，计算得到流体的质量流量。上述即科氏质量流量传感器测量质量流量的基本原理。

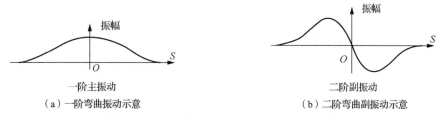

（a）一阶弯曲振动示意　　　　　（b）二阶弯曲副振动示意

图 6.25　谐振式科氏质量流量传感器弯曲振动分析

而且，科氏质量流量传感器可以测量流体密度。当测量管内充满流体时，传感器谐振敏感元件的整体质量与测量管内流体的质量直接相关，或者说谐振敏感元件的固有频率与测量管内流体的质量直接相关。由于测量管的体积已知，谐振敏感元件的固有频率与流体的密度直接相关，因此，通过检测测量管的谐振频率就可以计算出所测流体的密度。考虑到系统同时获得了流体的质量流量与密度，则可以计算得到流体的体积流量；再利用得到的流体的质量流量和体积流量，通过对时间积分，获取流体的累计质量和累计体积。例如，在原油中有大量的水，这时需要测量原油中水含量和油含量。由于它们是物理不相容的，可以利用体积守恒与质量守恒计算出双组分各自的质量流量和体积流量，可以进一步计算出某一段时间内，双组分流体各自的累计质量和累计体积。综上所述，科氏质量流量计已成为一种高智能化仪器仪表。

6.4.5　声表面波气体传感器

检测空气中特定气体微小浓度最常用的方法之一是使用半导体气敏传感器。半导体与金属不同，材料内部的载流子数量可控。当载流子数量很少时，半导体会呈现出明显的表面效应。半导体气敏传感器的基本工作原理就是利用其表面上的吸附反应改变载流子的数量，即利用电阻变化作为检测气体浓度的一种手段。现在比较成熟的半导体气敏传感器有烧结型、接触燃烧型和传导型。但它们都要工作在加热状态，一般加热温度为 $300 \sim 500 ℃$，这就导致半导体材料内部晶粒不断生长，使传感器性能恶化，稳定度变差，响应速度变慢。同时，半导体气敏传感器通常采用电阻式或电容式，输出为模拟信号，必须经 A/D 转换才能输入微处理器，这又使其精度进一步下降。

1979 年，美国科学家提出用 SAW 器件来检测各种气体成分。他们采用 ST 切型石英或 $LiNbO_3$ 制作的 SAW 器件检测气相色谱。此后，SAW 谐振式气体传感器的研究工作开展迅速，可检测的气体种类越来越多。目前可检测的气体主有 SO_2、丙酮、H_2、H_2S、CO、CO_2 和 NO_2 等。SAW 谐振式气体传感器的优势有输出准数字信号、可简便地与微处理器组成自适应实时处理系统。

SAW 是沿物体表面传播的一种弹性波。SAW 谐振式传感器利用外界变化物理量对 SAW 传播特性的影响来进行测量，其核心是 SAW 谐振敏感元件。它有两种结构形式：SAW 谐振器（Surface Acoustic Wave Resonator，SAWR）和 SAW 延迟线谐振敏感元件。SAWR 具有一种平板电极结构，其工作原理和传统石英谐振器的相同，可在超高频段实现高 Q 值，具体结构由叉指换能器及金属栅条式反射器构成，如图 6.26 所示。其中，对于一对叉指换能器，一个用作发射 SAW，另一个用作接收 SAW。SAW 由叉指换能器产生，并被反射栅条限制在谐振腔内，叉指换能器既可将机械信号转换成电信号，又可将电信号转换成机械信号。叉指换能器及反射器是由半导体集成工艺将金属铝淀积在压电基底材料上，再用光刻技术将金属薄膜刻成一定尺寸及形状的特殊结构。叉指换能器的指宽、叉指间隔以及反射栅条宽度、间隔都必须根据中心频率、Q 值的大小、对噪声抑制的程度和损耗大小来进行设计、制作。通过严格地控制制造工艺，SAWR 能实现和石英谐振器一样优良水平的频率控制特性。

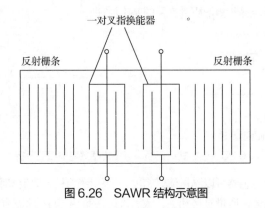

图 6.26　SAWR 结构示意图

　　早期的 SAW 谐振式气体传感器的基础是单通道 SAW 延迟线谐振敏感元件。在延迟线的 SAW 传播路径上覆盖选择性吸附膜，该吸附膜只对敏感的气体有吸附作用。在吸附了气体后，薄膜会引起 SAW 延迟线谐振敏感元件谐振频率的变化，从而通过精确测量频率的变化量就可获取所检测气体的浓度。但目前，SAW 谐振式气体传感器大都采用双通道 SAW 延迟线谐振敏感元件结构，以实现对环境温度变化等共模干扰影响的补偿。图 6.27 所示为双通道 SAW 谐振式气体传感器结构示意图。在双通道 SAW 延迟线谐振敏感元件结构中，一个通道的 SAW 传播路径被气敏薄膜所覆盖而用于感知被测气体成分，另一个通道未覆盖薄膜而用于参考。两个振荡器的频率经混频器后，取差频输出，以实现对共模干扰（主要是环境温度变化）的补偿。

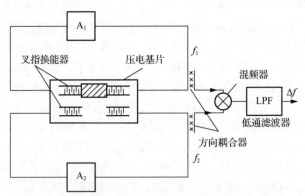

图 6.27　双通道 SAW 谐振式气体传感器结构示意图

　　在 SAW 谐振式气体传感器中，除 SAW 延迟线谐振敏感元件之外，关键的部件是对敏感气体具有选择性的气敏薄膜。SAW 谐振式气体传感器的传感机理因气敏薄膜的种类不同而相异。当气敏薄膜采用各向同性绝缘材料时，它对气体的吸附作用转换为覆盖层密度的变化，SAW 延迟线谐振敏感元件传播路径上的质量负载效应使 SAW 波速发生变化，进而引起 SAW 延迟线谐振敏感元件的谐振频率的偏移。覆盖层的气敏薄膜是 SAW 谐振式气体传感器直接的敏感部分，其特性与传感器的性能指标有着紧密的关系，下面对其特性进行简要介绍。

　　（1）气敏薄膜与传感器的选择性。气敏薄膜对气体的选择性决定了 SAW 谐振式气体传感器的选择性。目前用于 SAW 谐振式气体传感器的气敏薄膜主要有三乙醇胺薄膜（对 SO_2 敏感）、Pd 膜（对 H_2 敏感）、酞菁膜（对 NO_2 敏感）等。只要研制出实用的可选择吸附某种特定气体的气敏薄膜，就能实现检测这种气体的 SAW 谐振式气体传感器。因此，对 SAW 谐振式气体传感器而言，研制选择性好的气敏薄膜是一项非常关键的任务。

（2）气敏薄膜与传感器的可靠性。SAW 谐振式气体传感器输出的可靠性在很大程度上取决于气敏薄膜的稳定性，特别地，气敏薄膜特性的可逆性和高稳定性是对气敏薄膜的基本要求。可逆性就是气敏薄膜对气体既有吸附作用，又有解吸作用。吸附过程与解吸过程应是严格互逆的，而且应当是相当快速的。这是气体传感器正常可靠工作的前提。气敏薄膜的稳定性取决于它的机械性质，气敏薄膜中的内应力以及它与基片之间的附着力不适当，会使气敏薄膜产生蠕变、裂缝或脱落。而气敏薄膜的机械性质在很大程度上取决于它的结构，即与气敏薄膜的淀积方法有关。一般用溅射法制备的气敏薄膜，其内应力较小；同时，由于在其制备过程中，注入的粒子具有较高的能量，在基片上产生缺陷而增大结合能，因此溅射法制备的气敏薄膜的附着力优于用其他方法制备的气敏薄膜。

（3）气敏薄膜与传感器的响应时间。SAW 谐振式气体传感器与其他传感器一样，响应时间越短越好。SAW 谐振式气体传感器的响应时间与气敏薄膜的厚度及 SAW 延迟线谐振敏感元件的工作频率密切相关。工作频率较高时，由于气体扩散和平衡的速度更快，响应速度相应提高。但较高的工作频率也产生了较大的基底噪声，妨碍了对气体最低浓度的检测。当气敏薄膜的厚度减小时，由于气体扩散的时间与气敏薄膜的厚度的平方成正比，因此大大缩短了传感器的响应时间。一般而言，随着 SAW 延迟线谐振敏感元件工作频率的提高和更薄气敏薄膜的使用，SAW 谐振式气体传感器的响应时间可大幅降低。

（4）气敏薄膜与传感器的分辨率。SAW 谐振式气体传感器的分辨率主要由气敏薄膜的稳定性决定。研究结果表明：其分辨率与所使用气敏薄膜的稳定度处于同一数量级。

要说明的是，当气敏薄膜涂覆在 SAW 延迟路径上时，不但使被覆盖的延迟线谐振敏感元件的谐振频率发生偏移，而且使 SAW 信号产生衰减。当待测气体浓度足够高时，气敏薄膜吸附了足够的被测气体，以至于当 SAW 沿着被气敏薄膜覆盖的 SAW 延迟线谐振敏感元件传播时，信号很快衰减而使振荡器无法工作。这样就产生了传感器的检测上限问题。提高检测上限的一个有效方法是：减小气敏薄膜所覆盖的 SAW 延迟路径长度，从而减小 SAW 衰减。这样做可能会使传感器的灵敏度降低，因此在设计各项性能指标时要进行综合考虑。

6.4.6 石墨烯光纤谐振式压力传感器

最早于 2007 年，美国康奈尔大学邦奇（Bunch）等首次制作了由单个原子厚的机械剥离石墨烯梁构成的谐振器。单层或多层石墨烯通过机械剥离的方法制备，并被转移至 SiO_2 沟槽上，石墨烯梁的两端由范德瓦耳斯力被吸附于 SiO_2 衬底，所制备谐振器的谐振频率范围为 1～170MHz，Q 值范围为 20～850。这项工作提供了静电激励、光热激励两种激振方案，从而证明了石墨烯谐振式传感器的研发可行性。

图 6.28 所示为一种代表性的石墨烯光纤谐振式压力传感器的结构示意与薄膜显微图像，陶瓷插芯作为石墨烯的衬底，石墨烯通过范德瓦耳斯力吸附在其表面。光纤的出射光照射至石墨烯表面使其发生热致振动。当外界压力发生变化时，薄膜的内外压差会导致石墨烯薄膜内部应力发生变化，从而表现出谐振频率的偏移。检测原理与图 6.14 所示的一致，光纤端面的反射光与石墨烯膜表面的反射光形成 F-P 干涉，谐振状态通过反射光强检出。此种结构的传感器的谐振频率在 100kHz 量级，灵敏度在 100Hz/kPa 量级，但由于直接将谐振子暴露于被测环境，其常压 Q 值一般小于 10。此种谐振式压力传感器具有结构简单、检测噪声小、抗电磁的优势，但如何提高其 Q 值仍是研究人员正在研究的课题。

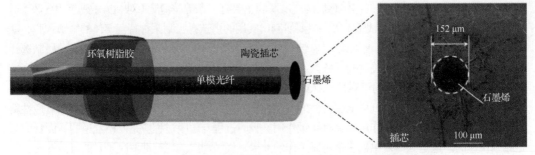

图 6.28 一种石墨烯光纤谐振式压力传感器的结构示意与薄膜显微图像

总体上，石墨烯谐振式传感器仍处在实验室研究阶段。虽然现阶段的研究成果表明石墨烯谐振式传感器相比现有其他材料的传感器具有更高的灵敏度，但与实用化谐振传感器产品仍有相当长的距离，部分问题仍需解决。

（1）石墨烯材料的制备与转移方面，用于高性能谐振器制作的石墨烯薄膜需要规则形状、质量均匀，但在石墨烯薄膜的制备中，无论"自上而下"还是"自下而上"制备方法，都很难做到石墨烯大面积、高质量的生长制备；同时在石墨烯的转移过程中，常用的热剥离胶带法、卷对卷转移法、PDMS 压印转移法、PMMA 转移法，都存在着不同程度的弊端，易受薄膜初始张力及灰尘等杂质的影响，从而影响石墨烯谐振器的性能表现。

（2）传感器结构设计方面，国内外学者主要从石墨烯材料本身及其谐振传感特性方面进行优化，很少对整体的谐振式传感器结构进行改良；合理的传感器结构可以极大地改善测量精度与灵敏度，不局限于传统的谐振膜式和谐振梁式，要充分结合石墨烯材料特性，对加工工艺、边界条件、材料的尺寸及厚度等不同方面进行多样化改进。

（3）在谐振系统的激振、拾振方面，通常采用电学或光学的方式进行谐振传感的激励与检测，不过这两种方式都有着不同程度的问题。对于电学激励/检测，需要在小尺寸的石墨烯薄膜上附着其他材料的电极来完成静电驱动，具有极高的制作难度，同时这种直接接触式的电学激励与检测存在抗电磁干扰能力差、受温度影响较大的问题；而对于光学激励与检测，利用薄膜的光热效应虽可避免光源与薄膜直接接触，但光能量过大会导致薄膜破损，而光能量过小会导致薄膜难以起振，同时复杂的光学系统限制了谐振器的集成化与微型化发展。

习题

1. 讨论谐振式传感器的主要优点和不足。
2. 简述谐振式传感器弹性敏感元件使用材料的主要特性。
3. 谐振式传感器中谐振子振动的激励/检测方式都有哪些？各有何特点？
4. 画出一种谐振梁式加速度传感器的敏感结构示意图，并简要说明其测量原理。
5. 画出一种压电激励谐振筒式压力传感器的原理示意图，简述其工作原理和特点。
6. 画出一种硅微角速率传感器的原理示意图，简述其工作原理和特点。
7. 说明科氏效应在谐振式直接质量流量传感器中的作用机理。
8. 画出一种谐振式直接质量流量传感器的原理示意图，并简要说明其测量原理。
9. 简述 SAW 谐振式气体传感器的工作机理及应用特点。
10. 简述以石墨烯材料为代表的二维材料谐振式传感器的优点和不足。

第 7 章

无线传感器网络

无线传感器网络（Wireless Sensor Networks，WSN）是一种分布式传感器网络，是通过无线通信技术，将数以万计的传感器节点以自由形式进行组织与结合进而形成的网络。本章对无线传感器网络进行概述，介绍无线传感器网络的架构、体系结构和网络安全技术，并对当前研究热点的分布式传感器网络技术和多传感器信息融合技术进行讨论，最后给出几种无线传感器网络的典型应用案例，从而加深学生对无线传感器网络及其应用的了解。

7.1　无线传感器网络概述

无线传感器网络属于多学科高度交叉的新兴前沿研究领域，备受国内外关注。它综合了传感器、嵌入式计算、无线通信网络、分布式信息处理等技术，通过各类集成化的微型传感器协作，可使人们实时监测、感知和获取各种环境或被测对象的信息，具有微型化、集成化、网络化、多功能化等特点。无线传感器网络可随机自组织网络，并以多跳中继方式将所感知的信息传送至用户终端。因此，无线传感器网络可在独立的环境下运行，也可通过网关与基于互联网的现有通信设备相连接。这样，远程用户可通过互联网获取无线传感器网络采集的现场信息。

20世纪70年代就出现了将传统传感器采用点对点传输、连接传感控制器而构成的传感器网络，即第一代传感器网络。随着科学技术的进步，传感器网络具备了获取多种信息信号的能力，并通过与传感控制器的连接而构成了具有信息综合和处理能力的传感器网络，即第二代传感器网络。第三代传感器网络则发展成基于现场总线的智能化传感器网络。目前的无线传感器网络属于第四代传感器网络。无线传感器网络最初的研究重点是国防项目，1978年，美国国防部高级研究计划局（Defense Advanced Research Projects Agency，DARPA）在卡内基梅隆大学成立了分布式传感器网络工作组，从而拉开了无线传感器网络研究的序幕。此后，DARPA又联合美国自然科学基金委员会设立了多项有关无线传感器网络的研究项目。到了20世纪90年代中后期，无线传感器网络引起了学术界和工业界的广泛关注，并逐步发展成具有现代意义的无线传感器网络技术。其主要特点如下。

（1）传感器节点数目多、分布密度大，采用空间位置寻址。

在一个无线传感器网络中，为保证网络的可用性和生存能力，可能会使用成千上万的节点，分布密度很大。而且，网络中一般不支持任意两个节点之间的点对点通信，每个节点也不存在唯一的标识。因此，在进行数据传输时需要采用空间位置寻址。

（2）动态拓扑网络结构，传感器节点具有自组织能力和数据融合能力。

动态拓扑网络结构是指从网络层角度来看的物理网络的逻辑视图。由于无线传感器网络中传感器节点随时可能会受诸如天气、地形等因素影响而发生故障，或者新的传感器节点被添加到网络中，这些情况都将使无线传感器网络的拓扑结构发生变化。因此，无线传感器网络需具有自组织、自配置的能力。由于传感器节点数目众多，很多节点会被配置采集相同类型的数据，因此这就要求一些节点具有数据融合能力，以减少数据传输中的能量消耗，延长寿命。

（3）网络带宽受限，且传感器节点的能量有限。

传感器节点多分布于范围较广泛的现场环境，受无线信道的串扰、噪声、信号衰减与竞争等因素影响，传感器节点的实际带宽远低于理论上可提供的最大带宽。由于无线传感器网络多工作在无人值守的状态，这些节点的能量主要由电池提供，但能量有限，而且在使用过程中更换节点电池会受客观条件限制。因此，传感器节点的能量限制是整个无线传感器网络设计的瓶颈，将直接影响网络的工作寿命。

（4）网络扩展性不强，需改进路由协议。

动态变化的网络拓扑结构使具有不同子网地址的传感器节点可能处于同一个无线自组织网络中，而子网技术所带来的扩展性无法应用于无线自组织网络环境；并且，单个传感器节点的计算与存储能力较低。因此，需要设计简单、有效的路由协议，如可借助中间节点与其射频覆盖范围之外的节点，通过多跳路由协议进行数据通信。

（5）安全性设计。

无线信道、有限的能量、分布式控制都使无线传感器网络容易受到攻击，被动窃听、主动入侵、拒绝服务是攻击的常见方式。由于单个节点抵抗攻击的能力相对较低，攻击者很容易使用常见设备发动点对点的不对称攻击。因此，信道加密、抗干扰、用户认证等安全措施在无线传感器网络的设计中是非常重要的。

作为新一代的传感器网络，无线传感器网络在工业、交通、国防等诸多领域都具有重要的科研价值和非常广泛的应用前景，如图 7.1 所示。发达国家非常重视无线传感器网络的发展。早在 1999年，美国《商业周刊》将无线传感器网络列为 21 世纪最具影响力的 21 项技术之一。我国现代意义的无线传感器网络及其应用研究几乎与其他发达国家同步。早在 1999 年中国科学院《知识创新工程试点领域方向研究》的信息与自动化领域研究报告中，无线传感器网络被列为该领域的五大重大项目之一。2006 年 4 月，国家"十一五"规划和《国家中长期科学与技术发展规划纲要（2006—2020年）》在支持的重点领域及其优先主题"信息产业及现代服务业"中列入了"传感器网络及智能信息处理"，并在前沿技术中重点支持自组织传感器网络技术。在我国 2010 年远景规划和"十五"计划中，无线传感器网络也都被列为重点发展的产业之一。特别是 2022 年 1 月，国务院印发了《"十四五"数字经济发展规划》，瞄准传感器、量子信息、网络通信、集成电路、关键软件、大数据、人工智能、区块链、新材料等战略性前瞻性领域，着力提升基础软硬件、核心电子元器件、关键基础材料和生产装备的供给水平，强化落实网络安全技术措施同步规划、同步建设、同步使用。而且，《国家自然科学基金"十四五"发展规划》公布了 4 个板块 19 个学科重点支持方向，115 项"十四五"优先发展领域，再次强调了智能化传感器技术和无线传感器网络技术的发展重要性，更为我国相关企业、研究院的技术发展指明了方向。

图 7.1　无线传感器网络的典型应用

总之，国内外许多高校和企业都掀起了无线传感器网络的研究热潮。在学术领域上，研究重点主要为无线传感器网络的通信协议、无线传感器网络管理、无线传感器网络数据管理和应用支撑服务等。无线传感器网络的广泛应用是一种必然趋势，它的出现必将给人类社会带来变革。

7.2　无线传感器和传感器网络

7.2.1　无线传感器网络架构和设计

半导体 IC 技术促进了智能化传感器、微传感器及其配套软件的数字射频通信系统的快速发展，使无线传感器系统增加了特点，并扩展了应用领域。目前，现代无线传感器主要为嵌入式设备，或使用附加器件的模块化设备。在嵌入式传感器内，无线通信单元和传感器集成于同一个芯片内。在模块化设备中，用于无线数据传输的射频通信模块连接在传感器的外部。其中，IC 传感器是无线通信设备中的核心部分，在很多应用场合下，其内置数字电路和射频收发器，可进行无线数据操作。一个完整的无线传感器系统主要包括传感单元、信号处理电路、射频通信电路、电池和外壳封装 5 个部分。通过混合电路、MEMS 工艺或混合信号专用集成电路（Application Specific Intergrated Circuit, ASIC）设计，可减小射频通信电路及信号处理电路的尺寸。

图 7.2 给出了基于英飞凌智能化传感器 SP30 的汽车轮胎压力监测系统（Tire Pressure Monitor System，TPMS）结构框图。英飞凌面向 TPMS 应用的 SP30 集成了硅微机械加工的压力与加速度传感器、温度传感器和一个电池电压监测器，提供四合一传感功能，并配有一个能完成测量、信号补偿与调整及提供 SPI 串行通信接口的 CMOS（Complementary Metal-Oxide-Semiconductor, 互补金属氧化物半导体）大规模集成电路，其中，SP30 内置 8 位哈佛结构 RISC MCU（Multipoint Control Unit, 多点控制器）和二维通道的低频（Low Frequency，LF）接口，消耗的电流仅 $0.4\mu A$，无线射频发射器件采用英飞凌公司的 TDK5100F（434MHz ASK/FSK 发射器）。该系统可直接接收 125kHz 的低频唤醒信号以控制发射模块对轮胎压力、温度、电池电压及加速度进行数据采集，并将数据以无线方式发射出去，实现无线传感器节点的功能。

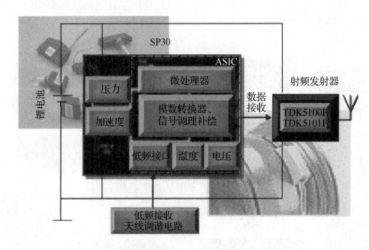

图 7.2　基于 SP30 的 TPMS 结构框图

无线通信网络有点对点和点对多点的通信方式。当无线传感器节点很多、分布密度很大时，需利用智能化传感器和特定编程算法进行无线传感器网络的组网设计。在组网的通信协议方面，诸如 IEEE 1451 的通信标准有利于无线传感器的设计和组网，同时很多运营商也正在研究合适的解决方案将智能化传感器连接到 TCP/IP（Transmission Control Protocol/Internet Protocol，传输控制协议/互联网协议）网络。最近传感器接口技术在底层接口和高层接口上取得进展。其中，底层接口用于由基站和传感器节点组成的传感器簇的开发，它需要具有 Web 功能的智能化传感器，这样利用 Web 传感器可直接由网络进行连接；高层接口用于各类无线通信网络拓扑，例如蓝牙、Ad-hoc 网络、ZigBee、低耗电无线技术和嵌入式操作系统，同时高层接口还减小了人为操作对无线传感器网络的影响。无线传感器网络在不同的应用环境及需求下采用的硬件平台、操作系统、通信协议是有差别的。

首先，无线传感器网络主要涉及传感器节点、汇聚节点（或称基站、网关节点、Sink 节点）和管理平台 3 种硬件平台。其中，传感器节点具有传统网络的终端和路由器功能，可对来自本地和其他节点的信息进行收集和数据处理，其结构框图如图 7.3 所示；汇聚节点用于实现两个通信网络之

间的数据交换，发布管理节点的监测任务，并将收集的数据转发至其他网络，其结构框图如图 7.4
所示；管理平台负责对整个无线传感器网络进行监测和管理，通常情况下为安装有网络管理软件的
PC 或移动终端。目前，很多科研机构都开发自己的硬件平台，代表性的硬件平台有克尔斯博、Intel、
Chipcon、飞思卡尔、Microchip、英飞凌及西谷曙光等，它们的区别主要是处理器、无线通信方式和
传感器的配置。在选择和设计硬件平台时，首先对无线传感器网络所应用的环境、参数要求、功能
需求、成本等进行整体分析；然后，基于上述的系统分析，使用现有的传感器节点或自行设计传感
器节点。在自行设计传感器节点时，需重点考虑传感器单元、CPU、无线通信单元和电源管理单元。
这种方式可使设计的参数更满足现场需求，但存在开发周期较长和风险大的问题。

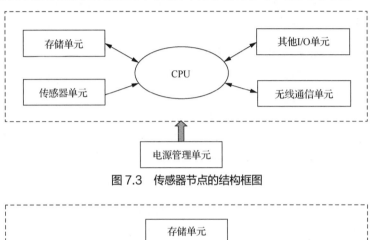

图 7.3　传感器节点的结构框图

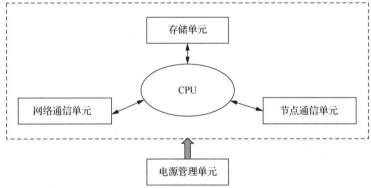

图 7.4　汇聚节点的结构框图

其次，无线传感器网络中涉及的硬件大致可分为智能尘埃和微处理器，而操作系统作为用户与
硬件之间的桥梁，负责硬件资源的管理和应用程序的控制。无线传感器网络是一个典型的嵌入式应
用，其中，嵌入式实时操作系统（Real-Time Operating System，RTOS）是核心软件。微处理器可使
用传统的嵌入式操作系统，如 μC/OS-II、Linux、Windows CE 等。智能尘埃属于小型嵌入式系统，
可使用的硬件资源有限，需要高效、有限的内存管理和处理器，这时传统的嵌入式操作系统将不能
满足要求，可使用 TinyOS、MANTIS OS、Magnet OS 或 SOS 等专门针对无线传感器网络特点而开
发的操作系统。

最后，通信协议是无线传感器网络实现通信的基础。无线传感器网络通信协议的设计目的是实
现无线传感器网络通信机制与上层应用分离，为传感器节点提供自组织的无线通信功能。在网络的
无线通信设计中，可采用表 7.1 所示的通信标准，如 ZigBee、蓝牙、WiFi 等短距离无线通信协议，
或采用自定义通信协议。自定义通信协议可有针对性地解决工业现场的实际问题，但若节点数量大
且功能多，则编制周期会较长且复杂。具体选用哪种通信标准，需结合系统需求和现场实际确定。
目前，多采用 ZigBee 进行无线传感器网络设计。

表7.1　不同短距离无线通信协议的比较

比较项目	ZigBee	蓝牙	WiFi
通信标准	IEEE 802.15.4	IEEE 802.15.1	IEEE 802.11b
内存要求	4KB~32KB	大于250KB	大于1MB
电池寿命	几年	几天	几小时
节点数量	大于65000	7	32
通信距离	300m	10m	100m
传输速率	250kbit/s	1Mbit/s	11Mbit/s

7.2.2　无线传感器网络的体系结构

　　体系结构是无线传感器网络的研究热点之一。无线传感器网络包括监测目标、传感器节点和监测现场等基本实体对象。此外，整个系统还包括外部网络、远程任务管理单元和监控中心，如图7.5所示。系统中，大量传感器节点被随机分布式布置，通过自组织方式配置网络，协同形成对目标的监测现场。传感器节点监测的目标信号经本地简单处理后通过邻近传感器节点多跳传输到观测节点。用户终端和远程任务管理单元通过外部网络，如互联网、移动通信网络与观测节点进行信息交互。

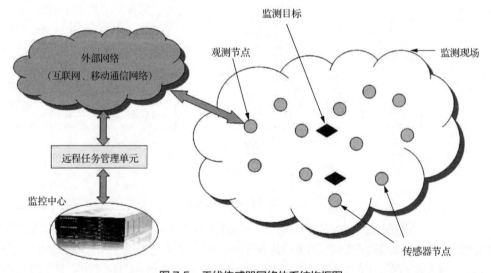

图7.5　无线传感器网络体系结构框图

　　图7.6给出了无线传感器网络应用系统架构。在该架构中，无线传感器网络中间件和平台软件由无线传感器网络的基础设施、无线传感器网络的应用支撑技术和基于无线传感器网络的应用程序的一部分共性功能以及管理、信息安全等部分构成。需要说明的是，无线传感器网络中间件和平台软件体系结构主要涉及网络适配层、基础软件层、应用开发层和应用业务适配层4个层次。其中，网络适配层和基础软件层组成无线传感器网络节点嵌入式软件（布置在无线传感器网络节点中）的体系结构，应用开发层和应用业务适配层组成无线传感器网络应用支撑结构，用于支持应用业务的开发与实现。在网络适配层中，网络适配器是对无线传感器网络底层（无线传感器网络基础设施、无线传感器操作系统）的封装；基础软件层包含无线传感器网络各种中间件，这些网络中间件构成无线传感器网络平台软件的公共基础，从而提供了高度的灵活性、模块性和可移植性。

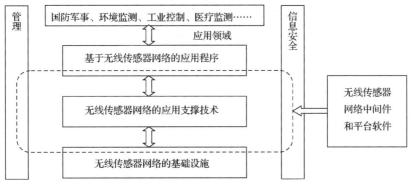

图 7.6　无线传感器网络应用系统架构

需要根据用户对网络的需求设计适应传感器网络自身特点的网络体系结构，为网络协议和算法的标准化提供统一的技术规范，使其能够满足用户的需求。图 7.7 给出了无线传感器网络通信体系结构示意图，即横向的通信协议层和纵向的传感器网络管理面。通信协议层可划分为物理层、数据链路层、网络层、传输层、应用层。网络管理面主要用于协调不同层次的功能以在能耗管理、移动性管理和任务管理方面获得综合最优设计。

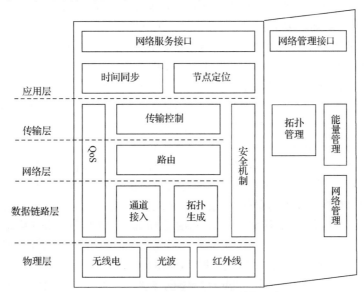

图 7.7　无线传感器网络通信体系结构示意图

（1）物理层

无线传感器网络的传输介质可以为无线电、红外线或光波，但主要使用无线电。

（2）数据链路层

数据链路层通过通道接入与拓扑生成环节，负责数据流的多路复用、数据帧检测、媒体接入和差错控制。数据链路层保证了无线传感器网络内点对点和点对多点的连接。

（3）网络层

传感器网络节点高密度地分布在待测环境内或其周围，在传感器网络发送节点和接收节点之间需要特殊的多跳无线路由协议。在设计无线传感器网络的路由算法时需要特别考虑功率消耗的问题。因此，无线传感器网络的网络层设计以数据为中心，具体某个节点的观测数据并不是特别重要。

（4）传输层

虽然无线传感器网络的计算资源和存储资源有限，但通常数据传输量不是很大。由于互联网的

TCP/IP 是基于全局地址的端到端传输协议,其基于属性命名的设计对于传感器网络的扩展性的作用不大。因此,UDP(User Datagram Protocol,用户数据报协议)更适合作为无线传感器网络的传输层协议。

(5)应用层

由各种面向应用的软件系统构成,主要是开发各种传感器网络应用的具体系统,提供各种实际应用,解决相应的安全问题。

总的来说,无线传感器网络的体系结构受实际应用影响,灵活性、容错性、高密度及快速布置是体系结构设计的重要因素。

7.2.3 无线集成网络传感器

无线集成网络传感器(Wireless Integrated Network Sensor,WINS)为嵌入式传感器、控制器和处理器提供分布式网络和互联网接入。WINS 从 1993 年开始研发,3 年后推出了第一代 WINS 设备和软件。低功率无线集成微传感器(Low Power Wireless Integrated Microsensor,LWIM)工程验证了多跳、自组织无线通信网络的灵活性。同时,该第一代网络也验证了微功率级无线传感器节点和网络运行算法的灵活性。目前,WINS 的基本网络结构和辅助电子元器件与无线传感器网络并无很大区别。

与无线传感器网络相比,WINS 技术应用较早。WINS 最初主要应用于运输、生产、医疗、环境监视、安全系统和城市交通控制等领域以简化监视和控制。通过结合传感技术、信号处理技术、低功耗技术和无线通信技术,WINS 主要用于低功率、低速率、短距离双工通信。在一些基于 WINS 的系统中,传感器需要持续检测事件。所有的元件、传感器、数据转换器、缓存等都工作在微功耗级。在完成事件检测之后,微控制器向信号处理器发布命令。然后,节点工作协议决定是否向远程用户或相邻 WINS 节点报警。由 WINS 节点提供确认事件的属性。由于 WINS 在本地通过短距离、低速率通信设备与众多传感器节点联系,因此,分离节点在网络结构中被采用以进行多跳通信。在 WINS 的密集区域,这种多跳结构允许节点间的链路通信,从而增强窄带通信能力,并可在密集节点布局时降低功耗。

当前,大多数传感器节点采用电池供电方式,制约 WINS 节点的主要因素是费用和功率要求。采用低功耗传感器接口、CMOS 微功率元器件及信号处理电路可延长 WINS 节点的工作时间。传统的 WINS 射频系统设计是基于集成芯片和板级元件的组合,其接口可驱动 50Ω 电阻性负载,但有源元件和无源元件的集合将导致阻抗增大,降低功率消耗。为此,各构成系统内部或构成系统之间的阻抗由每个节点引进的高 Q 值感应器控制,使窄带、高输出阻抗的金属氧化物半导体电路能从低频段转换到相应频带宽度的高频段。而且,为提高 WINS 在强背景噪声情况下的检测范围,传感器灵敏度必须被优化。

近年来,WINS 的嵌入式无线通信和网络协议是研究热点之一。嵌入式无线通信网络通常工作在免许可的 902MHz~928MHz 频段,频点为 2.4GHz,包括扩频通信、信号编码和多址接入。WINS 系统工作在低功率、低抽样频率和受限的背景环境感知度的条件下。通过无线网桥与传统有线通信网络设备相连,WINS 系统支持多跳通信。紧凑的几何分布和较低的成本使 WINS 的配置和分布费用较低,仅占传统有线传感器系统的一小部分。目前,WINS 已有成型的自组织、多跳频分多路访问(Frequency Division Multiple Access,FDMA)和时分多路访问(Time Division Multiple Access,TDMA)网络协议的模型。在一个芯片上实现微功率 WINS 系统的技术能够构建新的、嵌入式的传感与计算平台。而且,智能无线传感器和数字信号处理技术将进一步推进 WINS 的更大规模应用。

7.2.4 无线传感器网络的安全技术

无线传感器网络是一种大规模的分布式网络,通常被布置在无人值守、条件恶劣的环境,除具有一般无线网络所面临的信息泄露、信息篡改、拒绝服务、重放攻击等威胁外,还面临传感器节点易被攻击者物理操作的威胁。攻击者一旦捕获了部分节点,就可以向节点中注入大量虚假路由报文或篡改后的路由报文,可能将攻击节点伪装成基站,制造循环路由,实施拒绝服务攻击,进而控制部分网络。

1. 无线传感器网络的安全设计内容

（1）节点的物理安全性

节点无法完全保证在物理上不可破坏，只能增加破坏的难度，以及对在物理上可接触到的数据的保护。例如，提高传感器节点的物理强度，或者采用物理入侵检测，以及发现攻击则自毁。

（2）真实性、完整性、可用性

需要保证通信双方的真实性以防止恶意节点冒充合法节点达到攻击目的，同时要保证各种网络服务的完整性和可用性。

（3）安全功能的低能耗性

由于常用的加解密和认证算法通常需要较大的计算量，在将其应用至无线传感器网络时需权衡资源消耗和可能达到的安全强度。因此，安全且占用资源少的算法更合适。

（4）节点间协作性

无线传感器网络中的许多应用都需要节点间的相互协作，但节点的协作与节点的低功耗在一定程度上是相互影响的。因此，这对节点间的协作通信协议设计提出了要求。

（5）网络自组织

单点失败或恶意节点的不合作行为，使拓扑发生变化从而导致路由错误，需要无线传感器网络具有自组织性以避免这种情况出现。

（6）网络攻击及时应对

无线传感器网络应能及时发现无线网络上存在的潜在攻击行为，并采取措施以尽快消除该行为对网络造成的影响。

2. 无线传感器网络的安全防护措施

针对无线传感器网络安全的潜在问题，研究人员在密钥管理、安全路由、节点鉴权、数据融合和安全体系等方面采取了一些措施。

（1）密钥管理

密钥管理负责产生和维护加密与鉴别过程中所需的密钥，而加密和鉴别能够为网络提供机密性、完整性、认证等基本的安全服务。相对于其他安全技术，加密技术在传统网络安全领域已相当成熟，但在资源有限的无线传感器网络中，任何一种加密算法都面临如何在有限的内存空间内完成加密运算，同时尽量减小功耗和运算时间的问题。当前的密钥管理方案可分为密钥预分配方案和密钥动态分配方案两类。

① 密钥预分配方案。

密钥预分配方案根据预分配单个主密钥协议和预分配全部节点共享密钥协议演变而来。预分配单个主密钥协议使网络所有节点共享同一个主密钥，具有非常好的有效性、易用性、空间效率和计算复杂度，但是只要一个节点被捕获，攻击者就立刻获得全局密钥。预分配全部节点共享密钥协议为网络中每一对节点都分配一对共享密钥，它具有很好的安全性，却需要占用极大的存储空间且几乎不具有可扩展性。

② 密钥动态分配方案。

与密钥预分配方案相比，密钥动态分配方案并不多见，2006 年尤尼斯（Younis）提出的基于位置信息的密钥动态管理方案 SHELL 是较有代表性的一个。在该方案中，节点根据其地理位置被划分为若干簇，每个簇由一个簇头节点来控制。簇内节点的管理密钥一般由其他簇的簇头节点生成并负责维护。密钥生成时，簇头节点生成所在簇的信息矩阵，并将部分信息发送至负责生成密钥的节点，在密钥生成后再通过原簇头节点向簇内广播。与一般的密钥预分配方案相比，SHELL 方案明显增强了抗串谋攻击的能力，但负责密钥生成的节点受损数量越多，网络机密信息暴露的可能性就越大。

（2）安全路由

无线传感器网络中一般不存在专门的路由器，每一个节点都可能提供路由器的功能，这和无线自组织网络是相似的。对于任何路由协议，其失败都将导致网络的数据传输能力下降，严重的会造成网络瘫痪，但现有的路由协议，如 SPIN（Sensor Protocols for Information via Negotiation，传感器信息协商协议）、DD（Directed Diffusion，定向扩散协议）、LEACH（Low Energy Adaptive Clustering Hierarchy，低能耗自适应聚类层次协议）均未考虑安全因素，这样即使在简单的路由攻击下网络也难以正常运行。当前实现安全路由的基本手段包括利用密钥系统建立起来的安全通信环境来交换路由信息，以及利用冗余路由传递数据报。由于实现安全路由的核心问题在于拒绝内部攻击者的路由欺骗，因此，有研究者将 SPINS（Security Protocols for Sensor Networks，传感器网络安全协议）用于建立无线自组织网络的安全路由，这种方法可用于无线传感器网络，但在这种方法中，路由的安全性取决于密钥系统的安全性。邓镜等提出了对网络入侵具有抵抗力的 INSENS（Intrusion Tolerant Routing in Wireless Sensor Networks，无线传感器网络安全路由协议）。在这个路由协议中，针对可能出现的内部攻击者，综合利用冗余路由及认证机制化解入侵危害。虽然通过多条相互独立的路由传输数据报可避开入侵节点，但由于冗余路由的有效性是以假设网络中只存在少量入侵节点为前提的，并且仅能解决选择性转发和篡改数据等问题，因此，仍存在相当大的局限性。特别是现有无线传感器网络路由协议一般只从能量的角度出发，较少考虑安全问题。今后研究的一个重要方向是以提供备用路径的多径路由协议抵御节点捕获攻击。

（3）节点鉴权

由于传感器节点所处环境的开放性，当传感器节点以某种方式进行组网或通信时，须进行鉴权以确保进入网络内的节点都为有效节点。根据参与鉴权的网络实体不同，鉴权可以分为传感器网络内部实体之间鉴权、传感器网络对用户的鉴权和传感器网络广播鉴权。目前主要的节点鉴权方案大多是基于 μTESLA 协议的改进方案。

（4）数据融合

数据融合是近年来无线传感器网络研究领域的一个热点。通过在网络内融合多个传感器节点采集的原始数据，可达到减少通信次数、降低通信能耗的目的，从而延长网络生存时间。目前，在无线传感器网络内可采用安全融合算法提供数据融合的安全性，但这种方法也有局限性，即融合节点并不能总获得多个有效的冗余数据，而且对于不同的应用效果也不同。

实际上，在应用时融合节点一旦受到攻击，将对网络造成严重危害。2003 年，普日达特克（Przydatek）等提出了一个安全数据融合方案，这种方案使网络的每一个节点都与融合节点共享一个密钥，并基于交互式证明协议确认融合结果的正确性。目前数据融合安全的研究成果还不多，这项技术将成为未来研究的重要方向之一。

（5）安全体系

为了满足无线传感器网络特有的安全特征，希望提出一种完全适用于该网络的包括鉴权协议、密钥管理协议在内的安全体系。其中，2002 年佩里格（A. Perrig）等人提出的 SPINS 是具有代表性的一个。

SPINS 是一个典型的多密钥协议，它提供了两个安全模块：SNEP 和 μTESLA。SNEP 通过全局共享密钥提供数据机密性、双向数据鉴别、数据完整性和时效性等安全保障。μTESLA 首先通过单向函数生成一个密钥链，广播节点在不同的时隙中选择不同的密钥计算报文鉴别码，再延迟一段时间公布该鉴别密钥。接收节点使用和广播节点相同的单向函数，它只需和广播节点实现时间同步就能连续鉴别广播包。由于 μTESLA 算法只认定基站是可信的，故仅适用于从基站到普通节点的广播包鉴别，普通节点之间的广播包鉴别必须通过基站中转。在多跳网络中将有大量节点涉及鉴别密钥和报文鉴别码的中继过程，这将导致安全方面的问题，也会带来大量的无线传感器网络难以承受的通信开销。因此，融合鉴权协议、密钥管理协议、安全路由协议等方面在内的无线传感器网络通用安全体系将有助于无线传感器网络的深入研究。

7.3　分布式传感器网络技术

7.3.1　分布式传感器网络的特点

在多传感器信息融合系统中，经常采用集中式和分布式两种结构。在集中式数据融合结构中，传感器信息被直接送至数据融合中心进行处理，具有信息损失小的优点，但数据互联复杂、可靠性差、计算和通信资源要求也高。而在分布式融合结构中，每个传感器都可独立地处理其自身信息，之后将各决策结果送至数据融合中心，再进行融合。随着通信技术、嵌入式计算技术和传感技术的飞速发展和日益成熟，具有感知能力、计算能力和通信能力的微型传感器已被应用。由这些微型传感器构成的分布式传感器网络（Distributed Sensor Network，DSN）成为近年来一个重要的研究领域。20 世纪 80 年代，韦森（Wesson）等最早开始了对 DSN 的研究，主要是对 DSN 的结构进行研究。目前，国外各科研机构投入巨资，设立、启动了许多关于 DSN 的研究计划，主要有 PicoRadio、WINS、Smart Dust、μAMPS、SCADDS 等。

DSN 的基本要素由被测对象、传感器检测装置和观察者构成，是传感器之间、传感器与监测中心之间的通信方式，如图 7.8 所示。DSN 中的部分或全部节点可以移动，相应的拓扑结构也会随着节点的移动而不断地动态变化。节点之间的距离很短，一般采用多跳（Multi-hop）、对等（Peer to Peer）的无线通信方式。

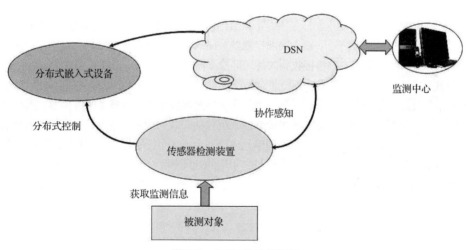

图 7.8　DSN 的功能框图

目前常见的无线网络包括移动通信网、无线局域网、蓝牙网络、Ad-hoc 网络等，与这些网络相比，DSN 具有以下特点。

（1）硬件资源有限。受价格、体积和功耗的限制，节点计算能力、存储空间远逊于普通的计算机。因此，节点操作系统中的协议层不能设计得太复杂。

（2）电池容量有限。节点由电池供电，电池容量不是很大，而且在一些特殊应用场合，电池充电或更换不方便或不允许。因此，节能在 DSN 设计中非常关键。

（3）自组织。网络的布设和展开无须依赖任何预设的网络设施，节点通过分层协议和分布式算法协调各自的行为，节点开机后可快速、自动地组成一个独立的网络。

（4）多跳路由。网络中节点通信距离有限，一般在几百米范围内，节点只能与其相邻的节点直接通信。若与其射频覆盖范围之外的节点进行通信，需要通过中间节点进行路由。在 DSN 中，多跳路由的功能是由节点完成的，没有专门的路由设备。因此，每个节点既可能是信息的发布者，也可能是信息的中转者。

（5）动态拓扑。DSN 是一个动态的网络，其内的节点可自由移动。例如，某一个节点可因为电池能量耗尽或其他故障而退出网络，另一个节点也可能由于某些原因被新增至网络。这些操作都会使网络的拓扑结构发生变化，因此，网络应具有动态拓扑组织功能。

（6）节点数量众多、分布密集。为对某区域进行检测，通常会在该区域密集布置大量的传感器节点，利用节点之间的相对连接性来保证系统的容错性和抗毁性。

DSN 的上述特点对通信协议提出了新的设计要求。

（1）低功耗、节能。DSN 中每个节点只携带有限的不可更换的电源，且硬件资源非常有限，导致计算和存储能力很弱，需要以低功耗、节能为主要目标设计合适的通信协议。

（2）可扩展性。DSN 规模很大，且节点配置会发生动态变化，要求通信协议具有很强的可扩展性，保证通信质量。

（3）环境适应性与稳健性。DSN 通常工作在无人值守的条件下，环境变化、人为破坏及能量受限都会导致系统发生故障。因此，通信协议需具有较强的容错能力以保证系统稳定。

（4）安全性。安全是 DSN 应用的前提，通信协议必须首先保证网络通信的安全性以防止网络攻击和受控。

（5）实时性。DSN 是一种反应系统，通常被应用于航空航天、军事、医疗等领域。这些场合对实时性要求很高，通信协议要能够保证系统具有实时通信能力。

图 7.9 所示为 DSN 的结构框图。它从结构上给出了 DSN 的组成部分。假设由信源输出的外界输入信号为 x_i，传感器输出信号 y_i 输入局部检测器。局部检测器根据 y_i 的结果，采用相应判决准则得出局部决策 u_i。数据融合中心将接收到的各局部检测器的局部决策 u_i 作为其观测值。由于对各传感器的观测是统计独立的，同时假设各局部检测器之间没有数据交互，则局部决策也是统计独立的。根据经典推理理论，数据融合中心可得到一个基于多传感器决策的联合概率密度函数，然后按一定的准则得出最后决策 u，即一个分布式多传感器系统包括一系列传感器节点和相应的处理单元，以及联结不同处理单元的通信网络。每个处理单元连接一个或多个传感器，每个处理单元以及与之相连的传感器被称为簇。数据从传感器传送至与之相连的处理单元，在处理单元处进行数据集成。然后，处理单元相互融合以获得对环境的评价。

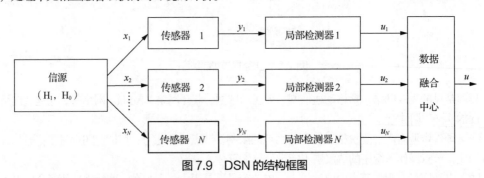

图 7.9 DSN 的结构框图

7.3.2 分布式传感器网络的体系结构

DSN 属于无线传感器网络范畴，由若干个功能相同或不同的无线传感器节点组成。它的基本组成单位是节点，这些节点集成了传感器、微处理器、无线接口和电源 4 个模块。DSN 的体系结构设计会受实际应用和传感器网络自身特性的影响。为此，DSN 的体系结构需满足如下要求。

（1）小物理尺寸。缩减物理尺寸是设计中需要考虑的关键问题之一，其目的是在提供高效处理器、存储器、无线通信单元和其他组件的前提下保持合理尺寸。

（2）低功耗。传感器网络的能力、寿命和性能均与功耗有关。传感器节点在不更换电池的情况下能够长时间工作是重要的设计要求之一。

（3）协同操作。为实现网络的最佳性能，在通道传输处理模式下，传感器数据必须能够同时从传感器中采集、处理、压缩，然后送到网络中。这样，需要将处理器分割成不同的单元，由各个单元负责完成不同的任务。

（4）运行稳定。传感器节点通常被应用于各种恶劣环境（如石油勘探、军事监测等），系统必须对故障和错误具有一定的容错性，具备自检查、自校准和自我修复能力。

（5）安全性和保密性。每个传感器节点都需要具有足够的安全性来阻止未经授权的访问、攻击和传感器节点的信息故障。同时，网络的保密性也有利于安全性的提高。

根据上述 DSN 的特点和体系结构设计的要求，DSN 的体系结构主要由通信协议、DSN 管理及应用支撑技术 3 部分组成，具体如下。

1. 通信协议

物理层协议：物理层负责数据的调制、发送与接收。物理层传输方式涉及 DSN 采用的传输介质、频段及调制方式。其中，DSN 可采用的传输介质主要有无线电、红外线、光波等。

数据链路层协议：数据链路层负责数据成帧、帧检测、介质访问和差错控制。

网络层协议：网络层主要负责数据的路由转发。DSN 的通信模型和数据传输需求与传统的有线网络或无线网络相比存在很大的不同，具体体现在以数据为中心和面向特定的应用。新型的 DSN 路由协议必须具有协议简单、以数据为中心的融合能力和可扩展性。

传输层协议：传输层负责数据流的传输控制，从而确保实现可靠、稳定的数据传输。

2. DSN 管理

能量管理：能量管理负责控制节点的能量使用。在 DSN 中，电池是各个节点的主要供电方式。为延长网络的存活时间，必须合理、有效地利用能量。

拓扑管理：拓扑管理负责保持网络连通和数据有效传输。传感器节点被密集地布置于监控区域，为节约能源，延长 DSN 的生存时间，部分节点将按照某种规则进入休眠状态，即在保持网络连通和数据有效传输的前提下，协调 DSN 中各节点的工作状态。

网络管理：网络管理负责网络维护、诊断，并向用户提供网络管理服务接口，通常包括数据收集、数据处理、数据分析和故障处理等功能。

服务质量（Quality of Service，QoS）支持与网络安全机制：QoS 是指为应用程序提供足够的资源，使它们以用户可以接受的性能指标工作。数据链路层、网络层和传输层可根据用户的需求提供 QoS 支持。

总之，DSN 多用于军事、商业领域，网络安全是重要的研究内容。由于 DSN 中传感器节点被随机布置，且网络拓扑的动态性和不稳定的信道都使传统的安全机制无法适用，因此需要设计新型的网络安全机制。

3. 应用支撑技术

DSN 的应用支撑技术包括时间同步、节点定位、分布式协同应用服务接口。

时间同步在传感器节点的协同操作中是非常重要的。在 DSN 中单个传感器节点的能力有限，通常需要大量的传感器节点相互配合。这些协同工作的传感器节点需要全局同步的时钟支持。

　　节点定位是指确定每个传感器节点在 DSN 中的相对位置或绝对地理坐标。节点定位功能在诸如军事侦察、火灾监测、灾区救助等应用中起着至关重要的作用。

　　分布式协同应用服务接口可屏蔽 DSN 中网络规模动态变化、拓扑结构动态变化、无线信道质量较差等因素对网络应用的影响。

7.4　多传感器信息融合技术

7.4.1　多传感器信息融合技术的发展

　　在多传感器系统中，信息形式表现出多样性，相互之间的关系也变得复杂，且要求信息处理具有实时性、准确性和可靠性。在这种情况下，多传感器信息融合技术应运而生。多传感器信息融合（Multi-Sensor Information Fusion，MSIF）也被称为多传感器数据融合（Multi-Sensor Data Fusion，MSDF），简称信息融合。它是将不同传感器对某一环境特征描述的信息，综合成统一的特征表达信息及处理的过程。

　　多传感器信息融合是人类或其他逻辑系统中常见的基本功能。人类将身体上的各种功能器官（如眼、耳、鼻、四肢）所探测的信息（如景物、声音、气味和触感）与先验知识进行综合，以便对其周围的环境和正在发生的事件进行估计。由于人类感官具有不同的度量特征，因此可测出不同空间范围内的各种物理现象。但这一处理过程是复杂的，也是自适应的，它将各种信息（图像、声音、气味和物理形状或描述）转换为对环境的有价值的解释及用于解释这些组合信息的知识库。图 7.10 以人为例给出了多传感器信息融合的原理。

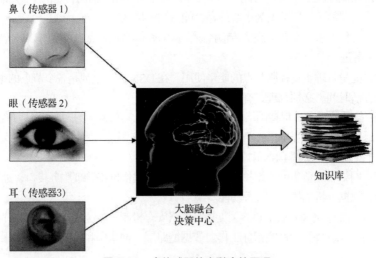

图 7.10　多传感器信息融合的原理

　　20 世纪 70 年代，美国康涅狄格大学系统科学家巴尔·沙洛姆（Y. Bar-Shalom）教授提出了概率数据互联滤波器的概念，这是信息融合的原型。多传感器信息融合技术最初应用于军事领域，如战场环境监测、信息采集和决策等，经过几十年的发展，其已经大量应用于生产生活的方方面面。对其算法的研究也逐渐深入，从单一的传感器信息校准到信息决策等各种算法层出不穷，为环境监测、生物信息科学、医学图像诊断与处理、故障诊断系统、智能机器人、气象预报、军事安防等方面的发展都带来了新的思路与突破。

7.4.2　多传感器信息融合的结构形式

图 7.11 所示为多传感器信息融合的过程，主要包括多传感器信息获取、模数数据采集、数据预处理、数据融合中心和融合结果输出等环节。其中，在数据融合中心进行信息特征提取和数据融合计算。根据传感器和数据融合中心信息流的关系，信息融合的结构可分为串联型、并联型、串并混联型和网络型 4 种形式。

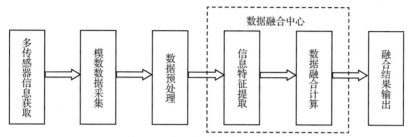

图 7.11　多传感器信息融合的过程

图 7.12 给出了串联型多传感器信息融合系统的结构。它是先将两个传感器数据进行一次融合，之后将融合结果与下一个传感器数据再进行融合，依次进行下去，直至所有传感器数据都完成融合。由于在串联型多传感器信息融合中每个单一传感器均有数据输入和数据输出，各传感器的处理同前一级传感器输出的信息形式有一定关系，因此，在串联融合时，前一级传感器的输出会对后一级传感器的输出产生较大的影响。

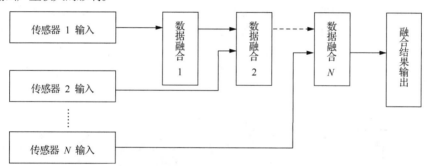

图 7.12　串联型多传感器信息融合系统的结构

图 7.13 给出了并联型多传感器信息融合系统的结构。它是将所有传感器数据都统一汇总输入至同一个数据融合中心。传感器数据可以是来自不同传感器的同一时刻或不同时刻的信息，也可以是来自同一传感器的不同时刻的信息，以及同一时刻同一层次或不同层次的信息。因此，并联型多传感器信息融合比较适合解决时空多传感器信息融合的问题。数据融合中心对上述不同类型的数据按相应方法进行综合处理，最后输出融合结果。该结构形式中各传感器的输出相互不影响。

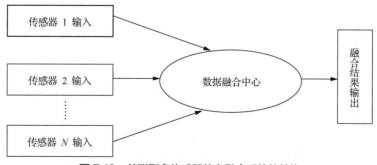

图 7.13　并联型多传感器信息融合系统的结构

　　图 7.14 给出了一种串并混联型多传感器信息融合系统的结构。该结构是串联型和并联型两种形式的组合，可以先串联再并联，也可以先并联再串联。该结构对传感器输入信息的要求与并联型的相同。

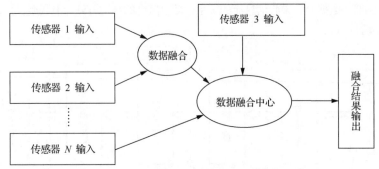

图 7.14　串并混联型多传感器信息融合系统的结构

　　根据信息融合处理方式的不同，人们又将信息融合划分为集中式、分布式和混合式 3 种。其中，集中式是指各传感器获取的信息未经任何处理，直接传送到数据融合中心，进行组合和推理，完成最终融合处理。这种结构的优点是信息损失较小，缺点是对通信网络带宽要求较高。分布式是指在各传感器处完成一定量的计算和处理任务之后，将压缩后的传感器数据传送到数据融合中心，数据融合中心将接收到的多维信息进行组合和推理，最终完成融合。这种结构适用于远距离配置的多传感器系统，不需要过大的通信带宽，但有一定的信息损失。混合式结合了集中式和分布式的特点，既可将处理后的传感器数据送到数据融合中心，也可将未经处理的传感器数据送到数据融合中心。该结构可根据不同情况灵活设计多传感器的信息融合系统，但稳定性较差。表 7.2 分析了上述 3 种信息融合结构的特点，分布式因具有成本低、可靠性高、生成能力强等优点而应用较多。

表 7.2　不同信息融合结构的特点

信息融合结构	信息损失	通信带宽	融合处理	融合控制	可扩充性
分布式	大	窄	容易	复杂	好
集中式	小	宽	复杂	简单	差
混合式	中	中	一般	一般	一般

7.4.3　多传感器信息融合的算法

　　多传感器信息融合的算法主要可以分为基于物理模型的算法、基于特征推理技术的算法和基于知识的算法三大类。其中，基于特征推理技术的算法又可以分为基于参数的方法和基于信息论的方法，如图 7.15 所示。

1. 基于物理模型的算法

　　基于物理模型的算法主要通过匹配实际观测数据与各物理模型或预先存储的目标信号来实现。中间所用技术涉及估计、仿真及句法的方法，具体的估计方法有卡尔曼滤波、最大似然估计和最小方差逼近方法。

2. 基于特征推理技术的算法

　　基于特征推理技术的算法主要通过将数据映射到识别空间来实现。这些数据包括物体的统计信息或物体的特征数据等。该算法可被细分为基于参数的方法和基于信息论的方法。

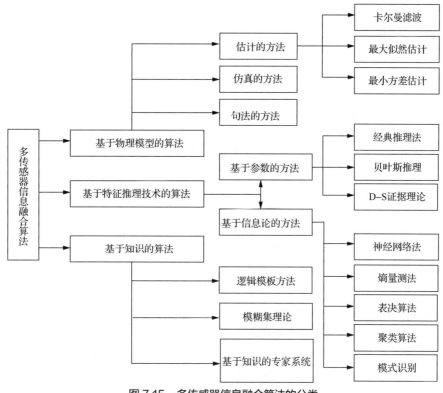

图 7.15　多传感器信息融合算法的分类

（1）基于参数的方法

基于参数的方法是直接将参数数据映射到识别空间中，主要包括经典推理法、贝叶斯推理和 D-S 证据理论等方法。

① 经典推理法是在给出目标存在的假设条件下，表示所观测到的数据与相关的概率。经典推理法使用抽样分布，并且能提供判定误差概率的一个度量值，但主要缺点是很难得到用于分类物体或事件的观测量的概率密度函数，且一次仅能估计两个假设，多变量数据的复杂性增大，无法直接应用先验似然函数这个知识，需要一个先验密度函数的有效度，否则不能直接使用先验估计。

② 贝叶斯推理是英国人托马斯•贝叶斯（Thomas Bayes）于 1763 年提出的，其基本观点是把未知参数看作一个有一定概率分布的随机变量。该推理算法需要先验概率，但在很多实际情况中这种先验信息是很难获得或不精确的，而且，当具有多个假设事件并且是多个事件条件依赖时，计算将变得非常复杂。若各假设事件要求互斥，则不能处理广义的不确定问题。因此，贝叶斯推理尚存在很大的局限性。

③ D-S 证据理论是一种广义的贝叶斯推理，最早由美国数学家登普斯特（Dempster）于 1967 年提出，1976 年谢弗（Shafer）对这一理论进行了推广。该理论算法在进行多传感器信息融合时由各传感器获得信息，并由此产生对某些命题的度量，构成该理论中的证据。这种方法具有较强的理论基础，不仅能处理随机性导致的不确定问题，还能处理模糊性导致的不确定问题，以及可通过证据积累来缩小假设集，增强系统的置信度，不需要先验概率和条件概率密度，且能够处理相关证据的组合问题，从而弥补贝叶斯推理的缺陷。但它的缺点是：其组合规则无法处理证据冲突，无法分辨证据所在子集的大小，以及证据推理的组合条件十分严格，要求证据之间是条件独立的和辨识框架能够识别证据的相互作用。总的来说，D-S 证据理论中是使证据与子集相关，而不是与单个元素相关，这样可缩小问题的范围，减轻处理的复杂程度。作为一种非精确推理算法，D-S 证据理论在

目标识别领域中具有独特的优势。

（2）基于信息论的方法

当多传感器信息融合目标识别不需要用统计的方法直接模拟观测数据的随机形式，而是根据观测参数与目标身份之间的映射关系来对目标进行识别时，可选择基于信息论的方法。该方法主要包括神经网络法、熵量测法、表决算法、聚类算法和模式识别等。

① 神经网络具有很强的容错性，以及自学习、自组织、自适应能力，能够模拟复杂的非线性映射，所有"神经元"可在没有外部同步信号作用的情况下执行大容量的并行计算。神经网络目标识别算法中非常有名的是以自适应信号处理理论为基础的 BP 算法。在多传感器系统中，各信息源所提供的环境信息都具有一定程度的不确定性，对这些不确定信息的融合过程实际上是一个不确定性推理过程。神经网络根据当前系统所接受的样本相似性确定分类标准，同时，可以采用神经网络特定的学习算法来获取知识，得到不确定性推理机制。利用神经网络的信号处理能力和自动推理功能来实现多传感器数据的自适应融合，其缺点是计算量大、实时性较差。

② 在多传感器信息融合目标识别系统中，各传感器提供的信息一般是不完整和模糊的，甚至是矛盾的，包含大量的不确定性。熵量测法为处理这类不确定信息提供了一种很好的方法，这种方法主要用于计算与假设有关的信息的度量、主观和经验概率估计等。该方法在概念上是简单的，但由于需要对传感器输入进行加权、应用阈值和其他判定逻辑，使算法的复杂性增加。

③ 表决算法是多传感器信息融合目标识别算法中比较简单的。它由每个传感器提供对被测对象状态的一个判断，然后由表决算法对这些判断进行搜索，以找到一个由半数以上传感器支持的判断（或采取其他简单的判定规则），并宣布表决结果，也可采用加权方法、门限技术等判定方法。在没有可利用的准确先验统计数据时，该算法是十分有用的，特别适用于实时融合。

④ 聚类算法是一种启发性算法，用来将数据组合为自然组或者聚类。所有的聚类算法都需要定义一个相似性度量或者关联度量，以提供一个表示接近程度的数值，从而可开发算法以对特征空间中的自然组进行搜索。聚类算法能发掘出数据中的新关系，以导出识别范例，因此是一个有价值的工具。但缺点是该算法的启发性质使得数据排列方式、相似性参数的选择、聚类算法的选择等都对聚类有影响。目前，已经提出的聚类算法主要有分裂法、分层设计法，以及基于网格的方法等。

⑤ 模式识别主要来解决数据描述与分类问题，主要为基于统计理论（或决策理论）、基于句法规则（或结构学）和人工神经网络方法等。该方法通常用于高分辨率、多像素图像技术中。

3. 基于知识的算法

基于知识的算法主要包括逻辑模板方法、模糊集理论及基于知识的专家系统等。

（1）逻辑模板方法实质上是一种匹配识别的方法。它将系统的一个预先确定的模式与观测数据进行匹配，确定条件是否满足，从而进行推理。预先确定的模式中可包含逻辑条件、模糊概念、观测数据，以及用来定义一个模式的逻辑关系中的不确定性等。

（2）模糊集理论是将不精确知识或不确定边界的定义引入数学运算的一种算法。它可以将系统状态变量映射成控制量、分类或其他类型的输出数据。运用模糊关联记忆，能够对命题是否属于某一集合赋予一个 0（表示确定不属于）到 1（表示确定属于）的隶属度。当外界噪声干扰导致目标识别系统工作在不稳定状态时，模糊集理论中丰富的融合算子和决策规则可为目标识别提供必要的手段。利用模糊逻辑可将多传感器信息融合过程中的不确定性直接表示在推理过程中。通常情况下，模糊逻辑可与其他的信息融合方法结合使用，如基于模糊逻辑和扩展的卡尔曼滤波的信息融合、基于模糊神经网络的多传感器信息融合等。

（3）基于知识的专家系统是将规则或专家知识相结合，以自动实现对目标的识别，而知识是对某些客观对象的认识，并通过计算机语言来表述对客观对象的认识。当人工推理不能进行时，专家系统可运用专家知识进行自动推理。通常基于计算机的专家系统由一个包括基本事实、算法和启发式规则等组成的知识库，一个包含动态数据的大型全局数据库，一个推理机制，以及人机交互界面构成。基于知识的专家系统的成功与否在很大程度上取决于建立的先验知识库。该方法适用于根据目标物体的组成及相互关系进行识别的场合，但当目标物体特别复杂时，该方法可能会失效。

7.4.4　多传感器信息融合的新技术与发展方向

1. 信息融合技术的新方法

近年来，随着信息融合技术的发展，一些新方法不断地应用于多传感器信息融合技术，如小波变换、神经网络、粗糙集理论和支持向量机等。

（1）小波变换

小波变换是一种新的时频分析方法，它在多传感器信息融合中主要用于图像融合，即将多个不同模式的图像传感器得到的同一场景的多幅图像，或同一传感器在不同时刻得到的同一场景的多幅图像，合成为一幅图像。经图像融合技术得到的合成图像可以更全面、精确地描述所研究的对象。

（2）神经网络

神经网络是在现代神经生物学和认知科学的研究成果基础上提出的一种新技术。它具有大规模并行处理、连续时间动力学和网络全局作用等特点。利用人工神经网络的高速并行运算能力，可在信息融合的建模过程中消除模型不符或参数选择不当带来的问题。由于神经网络的种类、结构和算法很多，因此有关神经网络的研究成为多传感器信息融合技术的研究热点。

（3）粗糙集理论

粗糙集理论（Rough Set Theory，RST）是由帕夫拉克（Pawlak）及其合作者在 20 世纪 80 年代初提出的一种新的处理模糊性和不确定性数据的工具。粗糙集理论是一种处理含糊和不精确性问题的新型数学工具。其主要思想是在保持信息系统分类能力不变的前提下，通过知识约简，导出问题的决策或分类规则。它的一个重要特点是具有很强的定性分析能力，即不需要预先给定某些特征或属性的描述，如模糊集理论中的隶属度或隶属函数等，而是直接从给定的描述集合出发，找出该问题的内在规律。由于粗糙集理论具有对不完整数据进行分析、推理，并发现数据间内在关系，从而提取有用特征和简化信息处理的能力，因此，利用粗糙集理论对多传感器信息进行融合取得了越来越多的研究成果。

（4）支持向量机

支持向量机（Support Vector Machine，SVM）最初是由贝尔实验室的维普尼克（V. Vapnik）提出的一种新兴的基于统计学习理论的学习机。它是目前机器学习领域的一个研究热点，并且已在多传感器信息融合中得到应用。相对于神经网络的启发式学习方式和需要大量前期训练过程，SVM 具有更严格的理论和数学基础，不存在局部最小问题。由于小样本学习具有很强的泛化能力，不太依赖样本的数量和质量的特点，该方法适用于解决小样本、高维特征空间和不确定条件下的多传感器信息融合问题，可提高融合结果的准确性、可靠性，以及输入数据信息的利用效率和融合方法的灵活性。图 7.16 给出了利用 SVM 进行多源信息融合的一种模型框图。由于 SVM 的理论和实践研究尚不成熟，该信息融合方法还有待进一步完善。

2. 信息融合技术的发展方向

随着人工智能技术的发展，以模糊理论、神经网络、证据理论、支持向量机为代表的多传感器信息融合新技术将得到越来越广泛的应用。而且，微传感技术、数字信号处理技术、无线网络通信、人工智能等的快速发展也对信息融合技术提出了新的发展方向。

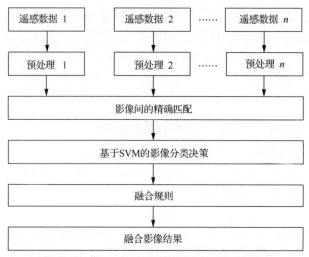

图 7.16　基于 SVM 的遥感影像融合模型框图

（1）发展和完善数据融合的基础理论

数据融合理论的发展与融合技术的数学算法密切相关。虽然近年来国内外数据融合技术的研究非常广泛，并且已取得了很多成功的经验，但目前数据融合还缺乏系统的理论基础，尚未形成一套完整的理论体系及完整、有效的解决方法。因此，发展和完善数据融合的基础理论是非常重要的。例如，将现代统计推断方法大量引入信息融合算法的研究，以及将人工智能、小波分析和自适应神经网络技术引入不同类型信息融合的研究等。

（2）异类多传感器信息融合技术的研究

异类多传感器信息融合由于具有时间不同步或空间不同步、数据率不一致，以及测量维数不匹配等特点，具有很大的不确定性。因此，在融合处理之前需要对异质信息进行信息统一表述、信息转换及去异质性的预处理。在融合过程中，还需要在公共的融合空间对多维信息分别进行定标、时空匹配和时空相关，以使信息融合系统在公共空间进行融合时得到高精度、高质量的融合结果。

（3）优化并行融合算法，建立数据库和知识库

为满足多传感器系统的实时性测量需求，优化并行融合算法，以及为形成优化的数据信息高速存储机制、并行检索和推理机制，建立适用于信息融合系统的数据库与知识库是发展信息融合技术的一项关键任务。但考虑到数据量通常非常大，需深入研究和探讨用于空间数据库的知识发现机制与处理方法。

（4）高性能信息融合系统的研究

虽然信息融合技术已应用于军事和民用领域，但其中的技术水平较低，应进一步开展结合信息获取、融合、传感器管理和控制一体化的多传感器信息融合系统的研究。多传感器信息融合的一项重要研究内容是复杂多传感器系统的性能测试及可靠性评估，但目前尚未有统一的、公认的准则和方法，不同的融合目的有不同的融合评估准则和方法。为使测试具有可检测性和可比性，应建立一个统一的信息融合测试平台和评估体系。

7.5　无线传感器网络的典型应用

7.5.1　无线传感器网络在健康监护中的应用

随着经济和社会的发展，现代社会中人的生存压力日益增大，使高血压、心脏病等慢性病有年轻化发展的趋势，且患病人数也在逐年增加。因此，对慢性病患者进行院外监测，获取实际生活状

况下的生理和心理变化参数对评估家庭治疗效果具有重要意义。而且，社会的老龄化现状也迫切需要这种技术。随着传感技术、MEMS 技术和嵌入式系统的发展，出现了可直接嵌入人的衣服和各种随身设备中的可穿戴健康监测传感器，并且通过布置在人体上的微型无线传感器网络节点，可采集人体日常的心电、血压、体温和活动参数，经无线网关发送给远程的社区医生或医院。这样被监护者在家中就可通过远程问诊来了解自己的健康状况。

可穿戴式技术是近年来出现的一种新应用，其关键技术涉及多个学科的交叉领域，包括微型生物传感技术、微弱生物医学信号检测与处理、生物系统的建模与控制、生物微电子机械系统、无线数据传输及数据保密等。该技术可广泛应用于临床监护、家庭保健、睡眠分析、应急救护、航空航天、特殊人群监护、心理评价、体育训练等方面。通过智能区域网（Intelligent Body Area Network，IBAN）、家庭信息网（Home Information Network，HIN）、移动网络（4G/5G）、互联网等网络连接到医护中心的远端服务器上，实现诊疗数据的远程实时监控。

国外许多研究机构、公司都投入大量人力、物力来研究可穿戴式技术。20 世纪 70 年代，美国国家航空航天局将远程监护技术用于对执行太空任务的宇航员进行生理参数监测，并将这种监护技术应用于对边远地区患者提供医疗服务。图 7.17 所示为 Life Guard 可穿戴健康系统。该系统主要用于监测处于活动中宇航员的生理参数，它由穿戴式生命体征监测器（Crew Physiologic Observation Device，CPOD）和基站组成。穿戴在身体上的 CPOD 能连续记录呼吸率、心率、血氧饱和度、体温等生理参数。这些参数可以通过内置的蓝牙通信模块无线传输至上位机，实现健康状况的无线监测。

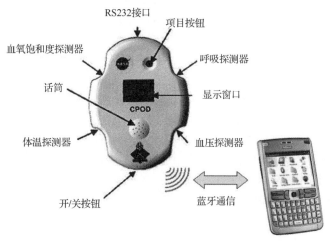

图 7.17　Life Guard 可穿戴健康系统

我国近年在远程医疗方面也有较大发展。20 世纪 90 年代，我国大力发展通信和信息联网的基础设施建设，为远程医疗创造了条件。图 7.18 给出了某远程健康监护系统的示意图。被监护者在身上布置或植入一些传感器节点，以采集生理健康数据和活动背景信息。这些传感器节点通常将数据发送给一个网关节点，从而根据协议的不同形成基于 IEEE 802.15.4 或者蓝牙的身体无线传感器网络。网关节点将接收的数据经数据压缩或者融合后通过互联网或者移动网络（如 4G/5G）发送给远程的健康监护数据中心。健康监护数据中心在发现被监护者健康情况出现异常时向医生或急救中心报告，从而实现对被监护者的连续 24 小时监控或即时监控。

总之，随着信息技术的不断发展，远程医学的形式将更加多样化，无线、移动和传感技术融合而成的微型化无线智能化传感器网络必将为远程医学的发展带来新的突破，远程医疗将逐步进入常规的医疗保健体系并发挥越来越大的作用。大力发展面向家庭和社区的远程监护技术可缓解人口老龄化所带来的老龄人口医疗保健问题。

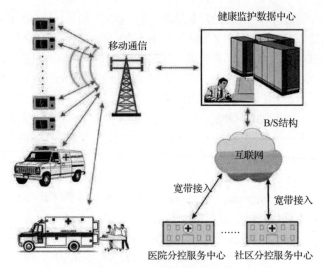

图 7.18　远程健康监护系统示意图

7.5.2　无线传感器网络在煤矿安全监测中的应用

煤矿有线监控系统是煤矿安全生产的重要保障。由于煤炭开采主要以井下作业为主，巷道长达数千米至数十千米，矿井生产工序多，作业地点分散，人员流动性大，且工作环境恶劣。矿井生产的这种特点对建立一个功能较为完善的集调度移动通信、机车的无线定位和导航、人员定位与追踪、无线可视多媒体监视、矿井环境无线安全监测的全矿井无线信息系统有着迫切的需求。因此，结合煤矿的井下实际工作环境，在有线监测的基础上，将无线传感器网络技术应用于煤矿安全监测具有实际价值。

根据煤矿的地形，可将煤矿分为开采区和巷道区，巷道区又可分为主巷道和支巷道。在各个主巷道区域，地形比较开阔，方便布线，可架设有线光纤骨干网，采用有线监控模式。对于地形相对狭窄的支巷道，特别是在形状不规则的开采面，可建立无线传感器网络。通过各个传感器节点采集其周围的温度、风速、甲烷、一氧化碳、煤尘、矿尘等参数目标信息，地面控制中心根据收集到的参数目标信息对煤矿进行实时监控。为此，利用 ZigBee 无线传输技术，建立基于 ZigBee 的无线传感器网络，通过对井下传感器采集的对矿井安全生产有重要影响的矿井环境参数进行无线传输，实现有线监控系统难以覆盖的区域的监测，从而提高全矿井安全监测的实时性与可靠性。图 7.19 给出了基于 ZigBee 的井下煤矿安全监测网络。

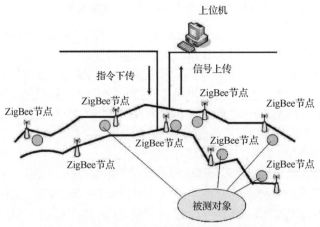

图 7.19　基于 ZigBee 的井下煤矿安全监测网络

ZigBee 是一种采用成熟无线通信技术的全球统一标准的开放的无线传感器网络。它以 IEEE 802.15.4 标准为基础，使用全球免费频段进行通信，具有低功耗和低成本的优势，通信距离的理论值为 10～75m。一般矿井的深度或长度在 10km 以上，需要布设的 ZigBee 节点达 100 个以上，由这些节点执行组网、感知、采样和初步的数据处理任务。首先，地面控制中心（如 PC）负责收集矿井下面的各种信息。之后，根据现场情况，沿坑道每隔一定距离（根据 ZigBee 技术可选择 50～100m）在坑道顶部设置一个 ZigBee 节点，同时在其他需要网络连接的地方也安置一个 ZigBee 节点。为避免井下环境对无线信号进行干扰，所有 ZigBee 节点使用抗干扰的直序扩频通信方式，且每个节点都有接收信号强弱指示功能。这样，布置的 ZigBee 节点自动组成一个 ZigBee 通信网络。而且，矿井工作人员可携带 ZigBee 节点作为移动节点，这些移动节点将自己的信息发送至固定的 ZigBee 节点上，再将诸如身份 ID 等信息传送到地面控制中心。这样，地面控制中心可知道井下设备和工作人员的情况。

7.6　无线传感器网络的发展趋势

无线传感器网络已经成为国际上诸多机构研究的热点，随着小规模的广泛投入使用，大规模动态的无线传感器网络将更具重要的科研价值和广泛的应用前景。但无线传感器网络的大规模应用还不成熟，尚存在很大的研发空间，对无线传感器网络的设计与实现提出了新的挑战，主要表现为低能耗、低成本、微型节点、安全性、自动配置节点、通信有效性等。根据研究现状和技术挑战，无线传感器网络的发展趋势主要体现在以下几方面。

1. 传感器节点性能的提高

由于传感器网络的节点数量非常大，通常会达到成千上万个，要使传感器网络达到实用化，必须降低传感器节点的成本，并利用 MEMS、微无线通信技术使大量节点能够按照一定的规则构建网络。当其中某些节点出现错误时，网络能够迅速自动配置这些节点，提高无线传感器网络的通信有效性和工作时间。

2. 灵活、自适应、安全的网络协议体系

无线传感器网络协议、算法的设计和实现与具体的应用场景有着紧密的关联。由于面向不同应用背景的无线传感器网络所使用的路由机制、数据传输模式、实时性要求，以及组网机制等都有着很大的差异，因此网络性能也有很大的不同。目前的路由协议研究焦点主要集中在提高协议的性能上，对协议的安全性考虑很少。设计并实现安全的路由协议将成为无线传感器网络安全机制研究的重中之重。IPv6 已经逐渐取代 IPv4，成为网络通信的主流协议，在未来的研究中可考虑实现无线传感器网络与 IPv6 的融合。

3. 跨层设计

无线传感器网络具有分层的体系结构，但各层的设计相互独立，且具有一定局限性，因此各层的优化设计并不能保证整个网络的最优设计。为此，跨层设计的概念被提出，以实现逻辑上并不相邻的协议层之间的设计互动与性能平衡。

4. ZigBee 标准规范

ZigBee 标准规范是一种新兴的无线网络通信规范，主要用于近距离无线连接。ZigBee 的基础是 IEEE 无线局域网工作组所制定的 IEEE 802.15.4 标准。IEEE 802.15.4 标准仅处理低级 MAC 层和物理层协议，而 ZigBee 联盟对其网络层协议和 API（Application Program Interface，应用程序接口）进行了标准化，还开发了安全层，以保证这种便携设备不会意外泄露其标识，利用这种网络进行的远距离传输不会被其他节点获得。

5. 网络融合

无线传感器网络与互联网、移动通信网等现有网络的融合将带来更多、更新的应用领域。这种融合不仅使无线传感器网络的性能得到提升，还可增加系统的应用灵活性和适用范围，满足一些特殊场合的应用。

6. 异构化

随着无线传感器网络的发展，网络内部的异构性逐渐突出。传感器节点的异构性不仅与所用传感器的不同种类有关，更体现在节点的能源状况、通信能力、通信愿望和数据处理能力等方面。在异构无线传感器网络中，不同的传感器节点可能因具有不同的通信能力而影响传感数据的正常、可靠通信。因此，在选择路由时，必须考虑潜在通路中各个节点的不同通信能力及通信链路质量等因素。

习题

1. 简述无线传感器网络的发展历程、特点及发展趋势。
2. 比较无线传感器网络与传统传感器网络的不同。
3. 结合无线传感器网络的体系结构框图，分析不同层单元的功能。
4. 说明无线传感器网络设计的要点与步骤。
5. 说明无线传感器网络存在的安全问题及对策。
6. 简述多传感器信息融合的系统结构形式及不同结构形式的特点。
7. 多传感器信息融合的常用算法有哪些？各有何特点？
8. 多传感器信息融合的新技术有哪些？各有何特点？
9. 简述 ZigBee 传输协议的特点及它与其他无线传输协议的比较。
10. 举例说明无线传感器网络技术在实际生活中的其他典型应用。

第8章

传感信号的
数据采集技术

数据采集属于信息科学的一个重要分支，是以传感技术、信号检测与处理、计算机技术等为基础而形成的综合技术。本章围绕传感器的数据采集技术，对数据采集的基本概念与系统组成进行介绍，并对数据采集的输入通道设计方法进行概述，最后重点分析基于 PCI 总线、USB、LabVIEW 和 ZigBee 无线传感器网络的数据采集技术，从而帮助学生深入理解传感器信号采集技术与处理方式。

8.1   数据采集的基本知识

8.1.1   数据采集的基本概念与系统组成

信息技术主要包括信息获取、传输、处理、存储（记录）、显示和应用等。信息技术的三大支柱技术是信息获取技术、通信技术和计算机技术，常被称为 3C（即 Collection、Communication 和 Computer）技术。其中，信息获取技术是信息技术的基础和前提，而数据采集技术是信息获取的主要手段和方法，它是以传感技术、测试技术、电子技术和计算机技术等技术为基础的一门综合应用技术。

数据采集就是将要获取的信息通过传感器转换为信号，并经过信号调理、采样、量化、编码和传输等步骤，最后送到计算机系统中进行处理、分析、存储和显示。数据采集系统的主要目标有两个：一是精度，二是速度。对任何被测量的测量都要有一定的精度要求，否则将失去数据采集的意义；提高数据采集的速度不仅可以提高工作效率，更主要的是可以扩大数据采集系统的适用范围，以便实现动态测量。当前，数据采集系统具有以下几个特点。

（1）一般都含有计算机系统，这使得数据采集的质量和效率等大为提高，同时显著降低了硬件投资成本。

（2）软件在数据采集系统中的作用越来越大，增加了系统设计的灵活性。

（3）数据采集与数据处理相互结合得日益紧密，形成了数据采集与处理相互融合的系统，可实现从数据采集、处理到控制的全部工作。

（4）速度快，数据采集过程一般都具有实时特性。对于通用数据采集系统一般希望有尽可能高的速度，以满足更多的应用环境需求。

（5）随着微电子技术的发展，电路集成度的提高，数据采集系统的体积越来越小，可靠性越来越高，甚至出现了单片数据采集系统。

（6）总线在数据采集系统中的应用越来越广泛，总线技术对数据采集系统结构的发展起着重要作用。

数据采集系统随着新型传感技术、微电子技术和计算机技术的发展而得到迅速发展。由于目前数据采集系统一般都使用计算机进行控制，因此数据采集系统又叫作计算机数据采集系统，主要包括硬件和软件两大部分，其中硬件部分又可分为模拟部分和数字部分。图 8.1 所示为计算机数据采集系统的硬件基本组成。

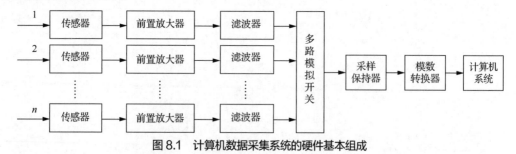

图 8.1   计算机数据采集系统的硬件基本组成

由图 8.1 可知，计算机数据采集系统一般由传感器、前置放大器、滤波器、多路模拟开关、采样保持器（Sampling Holder）、模数转换器（Analog-to-Digital Converter，ADC）和计算机系统组成。具体内容如下。

（1）传感器

传感器的作用是把非电的物理量（如速度、温度、压力等）转换成模拟电量（如电压、电流、电阻或频率）。例如，使用热电偶或热电阻可以获得随着温度变化而变化的电压、转速传感器可以把转速转换为电脉冲等。通常把传感器输出到模数转换器输出的这一段信号通道称为模拟通道。

（2）前置放大器

前置放大器用来放大和缓冲输入信号。由于传感器输出的信号较小（如常用热电偶的输出变化往往在几毫伏到几十毫伏之间，电阻应变片输出电压的变化只有几毫伏，人体生物电信号仅是微伏量级），因此需要对其加以放大以满足大多数模数转换器的满量程输入 5~10V 的要求。此外，某些传感器内阻比较大，输出功率较小，这样前置放大器还起到阻抗变换器的作用来缓冲输入信号。由于各类传感器输出信号的情况各不相同，因此前置放大器的种类也很多。例如，为了减少输入信号的共模分量，就产生了各种差分放大器、仪用放大器和隔离放大器；为了使不同数量级的输入电压都具有最佳变换效果，就产生了量程可以变换的程控放大器；为了减少放大器输出的漂移，就产生了斩波稳零和激光修正的精密放大器。

（3）滤波器

传感器以及后续处理电路中的器件常会产生噪声，人为的发射源也可以通过各种耦合渠道使信号通道出现噪声。例如，工频信号可以成为一种人为的干扰源。为了提高模拟输入信号的信噪比，常常需要使用滤波器对噪声进行一定的过滤。

（4）多路模拟开关

在数据采集系统中，往往要对多个物理量进行采集，即多路巡回检测，这可以通过多路模拟开关来实现，既可以简化设计，又可以降低成本。多路模拟开关可以分时选通多个输入通道中的某一个通道。因此，在多路模拟开关后的单元电路，如采样保持电路、模数转换电路以及处理器电路等，只需要一套即可，这样可以降低成本和缩小体积，但这仅适用于物理量变化比较缓慢、变化周期在数十至数百毫秒的情况下。因为这时可以使用普通的微秒级 ADC 从容地分时处理这些信号。但当分时通道较多时，必须注意泄漏及逻辑安排等问题，当信号频率较高时，使用多路模拟开关后，对模数转换器的转换速率要求也随之上升。在数据通过率超过 40kHz~50kHz 时，一般不宜使用分时的多路模拟开关。多路模拟开关有时也可以安排在放大器之前，但当输入信号的电平较低时，需注意选择多路模拟开关的类型；若选用集成电路的多路模拟开关，由于它比由继电器组成的多路模拟开关导通电阻大、泄漏电流大，有较大的误差产生，因此要根据具体情况来选择。

（5）采样保持器

多路模拟开关之后是模拟通道的转换部分，它包括采样保持器和模数转换器。采样保持器的作用是快速拾取多路模拟开关输出的子样脉冲，并保持幅值恒定，以提高模数转换器的转换精度，如果把采样保持器放在多路模拟开关之前，还可实现对瞬时信号同时进行采样。

（6）模数转换器

采样保持器输出的信号送至模数转换器，模数转换器是模拟输入通道的关键。由于输入信号变化的速度不同，系统对分辨率、精度、转换速率及成本的要求也不同，因此模数转换器的种类也较多。早期的采样保持器和模数转换器需要数据采集系统设计人员自行设计，目前普遍采用单片集成电路，有的单片模数转换器内部包含采样保持电路、基准电源和接口电路，这为系统设计提供了较大方便。模数转换器的结果输出给计算机，有的采用并行输出，有的则采用串行输出。使用串行输出结果的方式对长距离传输和需要光电隔离的场合较为有利。

（7）计算机系统

计算机系统是整个计算机数据采集系统的核心，用于控制整个计算机数据采集系统的正常工作，并且把模数转换器输出的结果读入内存，进行必要的数据分析和处理。计算机还需要把数据分析和处理之后的结果写入存储器以备将来分析和使用，通常还需要把结果显示出来。总的来说，计算机硬件是计算机系统的基础，而计算机软件是计算机系统的"灵魂"。计算机软件技术在计算机数据采集系统中发挥着越来越重要的作用。

8.1.2 采样定理与混频现象

自然界中的物理量大多是在时间上和幅值上均连续变化的模拟量，或称为连续时间函数。而信息处理多由数字计算机来实现，处理的结果又经常需要以模拟量的形式输出给外界的物理系统。这里就需要解决模拟量与数字量的相互转换问题，即采样与恢复的问题。

图 8.2 所示为数据采集系统的简化框图，模拟信号首先经过一个预采样滤波器进行初步处理，主要为满足采样定理的要求而滤除高频干扰；然后由采样器按照预定的时间间隔将模拟信号离散化，从而把连续的模拟信号转换成离散的脉冲信号；再由模数转换器把离散子样进行量化与编码，使之变成数字信号送到处理器进行数字处理；进而再由数模转换器（Digital-to-Analog Converter，DAC）转换成模拟量，经平滑滤波器进行平滑处理后输出到外部系统。

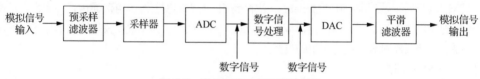

图 8.2 数据采集系统的简化框图

图 8.3 所示为模拟信号的数字化过程。

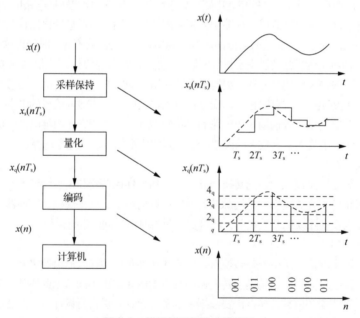

图 8.3 模拟信号的数字化过程

图 8.3 中 T_s 为采样周期，$x(t)$ 表示输入的模拟信号，$x_s(nT_s)$ 表示模拟信号，当模拟信号的宽度很小时，有如下关系式：

$$x_s(nT_s) = x(t) \sum_{n=-\infty}^{+\infty} \delta(t - nT_s) = \sum_{n=-\infty}^{+\infty} x(nT_s) \delta(t - nT_s) \tag{8.1}$$

先从简单的正弦波开始分析，设正弦波为：

$$s(t) = A \sin(2\pi ft + \varphi), f > 0 \tag{8.2}$$

式中，A 为振幅，f 为频率，φ 为初相位。

以 T_s 为采样周期将正弦波离散化，则正弦波的离散信号为：

$$s(nT_s) = A\sin(2\pi f nT_s + \varphi) \tag{8.3}$$

由此可知，若由 $s(nT_s)$ 恢复 $s(t)$，需确定 A、f 和 φ。由于采样周期 T_s 是一个时间间隔，而在时间方向上，正弦波 $s(t)$ 是以 $T = \dfrac{1}{f}$ 为周期的，因此 $s(nT_s)$ 能否恢复出 $s(t)$，这与 T_s 和 T 的关系有密切联系。

分析 T_s 和 T 的关系（即采样频率 f_s 与正弦波频率 f 的关系），可得到如下结论。

正弦波采样定理：对于正弦波 $s(t)$，以 T_s 为采样周期采得离散信号 $s(nT_s)$，则

① 当 $f < \dfrac{1}{2T_s}$ 时，由 $s(nT_s)$ 可以唯一地确定 $s(t)$；

② 当 $f \geqslant \dfrac{1}{2T_s}$ 时，由 $s(nT_s)$ 不能唯一地确定 $s(t)$，即不能确切地恢复原始正弦波 $s(t)$。

图 8.4 中采样频率为 500Hz（即 $T_s =2$ms），5 个正弦波的频率分别为 100Hz、200Hz、300Hz、375Hz 和 400Hz。因为 100Hz、200Hz 的信号频率小于 $\dfrac{f_s}{2} = 250$ Hz，即满足采样定理的要求，所以可以由离散信号恢复出原来的连续信号；而 300Hz、375Hz 和 400Hz 的信号频率都大于 $\dfrac{f_s}{2}$，故离散信号恢复原信号时形成了新的频率的信号，即假频干扰，如图 8.4 中虚线所示。

为此，将采样频率 f_s 的一半称为折叠频率 f_N，又称奈奎斯特（Nyquist）频率，即 $f_N = \dfrac{1}{2}f_s$。可以证明，假频信号 f_P 和原来频率高于折叠频率的连续信号 f_H 是关于 f_N 对称的，如图 8.5 所示。

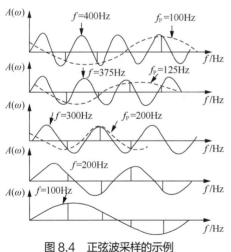

图 8.4　正弦波采样的示例

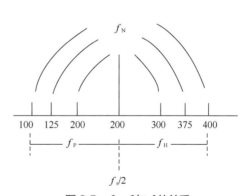

图 8.5　f_N、f_s 与 f_P 的关系

下面讨论对于一般连续信号的采样定理。一般连续信号 $x(t)$，可以表示为无限多个谐波的叠加，信号 $x(t)$ 和频谱 $X(f)$ 的关系为：

$$x(t) = \int_{-\infty}^{+\infty} X(f)\mathrm{e}^{i2\pi ft}\mathrm{d}f \tag{8.4}$$

$$X(f) = \int_{-\infty}^{+\infty} x(t)\mathrm{e}^{-i2\pi ft}\mathrm{d}t \tag{8.5}$$

从上式可知，对频率 f，当 $x(f)\neq 0$ 时，表示连续信号 $x(t)$ 包含频率为 f 的谐波成分；当 $x(f)=0$

时，表示 $x(t)$ 不包含频率为 f 的谐波成分。由离散信号 $x(nT_s)$ 恢复出连续信号 $x(t)$，意味着 $x(t)$ 包含的所有谐波都能由离散谐波（采样周期为 T_s）唯一恢复出来，也就是说，对频率 f，只要 $X(f)\neq0$，必须满足关系 $f<\dfrac{1}{2T_s}$ 或 $T_s<\dfrac{1}{2f}$。如果 $x(f)\neq0$ 的频率 f 可以任意大，那么 $X(f)$ 任意接近 0，这时只能取 $T_s=0$，这表示连续信号 $x(t)$ 不可能由离散信号恢复出来。因此，要由 $x(nT_s)$ 恢复出 $x(t)$，频谱 $x(f)$ 和采样周期 T_s，必须满足以下条件。

$x(f)$ 有截止频率（即最高频率）f，即 $|f|\geqslant f_c$。$x(f)=0$ 时，有

$$T_s\leqslant\frac{1}{2f_c}\ 或\ f_c\leqslant\frac{1}{2T_s}\tag{8.6}$$

下面继续讨论在满足这两个条件的情况下，如何由 $x(nT_s)$ 恢复出 $x(t)$。

$$x(t)=\int_{-\frac{1}{2}T_s}^{\frac{1}{2}T_s}X(f)\mathrm{e}^{i2\pi ft}\mathrm{d}f\tag{8.7}$$

离散信号 $x(nT_s)$ 可表示为：

$$x(nT_s)=\int_{-\frac{1}{2}T_s}^{\frac{1}{2}T_s}X(f)\mathrm{e}^{i2\pi fnT_s}\mathrm{d}f\tag{8.8}$$

当 $|f|\geqslant\dfrac{1}{2T_s}$ 时，$X(f)=0$，$X(f)$ 则由 $\left[-\dfrac{1}{2T_s},\dfrac{1}{2T_s}\right]$ 上的值确定。在这个区间，将 $X(f)$ 展开成傅里叶级数：

$$X(f)=\sum_{n=-\infty}^{+\infty}c_n\mathrm{e}^{-i2\pi fnT_s}\tag{8.9}$$

即

$$X(f)=T_s\sum_{n=-\infty}^{+\infty}x(nT_s)\mathrm{e}^{-i2\pi fnT_s},\ f\in\left[-\frac{1}{2T_s},\frac{1}{2T_s}\right]\tag{8.10}$$

这说明，由 $x(nT_s)$ 可以完全确定 $X(f)$，因而可确定 $x(t)$。

由式（8.10）得：

$$x(t)=\int_{-\frac{1}{2}T_s}^{\frac{1}{2}T_s}\left(T_s\sum_{n=-\infty}^{+\infty}x(nT_s)\mathrm{e}^{-i2\pi fnT_s}\right)\mathrm{e}^{i2\pi ft}\mathrm{d}f=T_s\sum_{n=-\infty}^{+\infty}x(nT_s)\int_{-\frac{1}{2}T_s}^{\frac{1}{2}T_s}\mathrm{e}^{i2\pi f(t-nT_s)}\mathrm{d}f\tag{8.11}$$

进一步计算得：

$$x(t)=\sum_{n=-\infty}^{+\infty}x(nT_s)\frac{\sin\dfrac{\pi}{T_s}(t-nT_s)}{\dfrac{\pi}{T_s}(t-nT_s)}\tag{8.12}$$

由此，采样定理可进一步理解如下。

设连续信号 $x(t)$ 的频谱为 $X(f)$，以采样周期 T_s 采样得到的离散信号为 $x(nT_s)$。如果 $X(f)$ 和 T_s 满足条件式（8.6）和式（8.7），则可由离散信号 $x(nT_s)$ 完全确定频谱 $X(f)$，如式（8.8）所示，并且由 $x(nT_s)$ 完全确定连续信号 $x(t)$，如式（8.12）所示。

值得注意的是，对于采样中的混频现象，当采样定理中的频谱不存在截止频率或者存在截止频率，但采样频率小于 2 倍的截止频率时，离散信号 $x(nT_s)$ 的频谱 $X(f)$ 和连续信号 $x(t)$ 的频谱 $X(w)$ 之间的关系如下。

采样信号 $x(nT_s)$（严格地说是抽样信号）是连续信号 $x(t)$ 和抽样信号（周期脉冲序列）$p(t)$ 在时域相乘的结果。根据时域卷积定理，时域卷积等于频域相乘，所以有

$$X_\Delta(\omega) = F\left[x(nT_s)\right] = F[x(t)*p(t)] = X(\omega)\cdot P(\omega) = \frac{1}{T_s}\sum_{k=-\infty}^{\infty} X(\omega)\delta(\omega - k\omega_s) \tag{8.13}$$

可以看出，当采样定理的采样条件不满足时，离散信号的频率发生了混叠，即信号的高频分量和低频分量重合在一起，使得信号的低频分量失真。

8.1.3　采样方式的分类

采样定理为确定采样频率提供了理论依据，它对信息理论的发展具有重要意义。但在具体实现由连续信号到离散信号的转换时，又涉及采样方式问题。设计采样方式的总原则是：以保证采集精度为前提，以被测信号的具体特性为依据，尽量以较低的速率实现采样，从而减少数据量，降低对传输、变换系统的要求，提高数据处理的效率。

被测信号多种多样，相应的采样方式也各不相同。图 8.6 给出了采样方式的分类，其中基本采样方式可分为两大类：实时采样和等效时间采样。

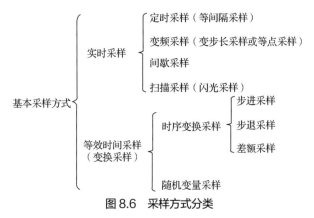

图 8.6　采样方式分类

对于实时采样，当数字化一开始，信号波形的第一个采样点就被采样并数字化，然后，经过一个采样周期，再采入第二个子样，这样一直将整个信号波形数字化后存入波形存储器。实时采样的优点在于信号波形一到就采入，因此适用于几乎任何形式的信号波形，重复的或不重复的，单次的或连续的。又由于所有采样点以时间为顺序，因此易于实现波形显示功能。实时采样的主要缺点是时间分辨率较差，每个采样点的采入、量化、存储等必须在小于采样间隔的时间内完成。若对信号的时间分辨率要求很高，实现起来比较困难。以上描述的是实时采样的基本方法，即定时采样。为了改善采样的性能，可以根据被测信号的特性，采取一些改进措施。其中，间歇采样是以丢失模拟信号的部分信息为代价，来解决数据存储空间不足或数据处理速度不够等问题的。但是，可以将采样段数分得尽可能多，使得各采样时间段和间歇时间段都比较小，来达到即使丢失了间歇段的信息，也不影响后期数据处理的目的。

对于等效时间采样，该技术可以实现很高的数字化转换速率，但这种采样方式的应用前提是信号波形是可以重复产生的。由于波形可以重复取得，故采样可以较慢的速度进行。采样的样本可以是时序（步进、步退、差额）的，也可以是随机的。这样就可以把许多采集的样本合成一个采样密度较高的波形。一般也常将等效时间采样称为变换采样。

图 8.7 所示是等效时间采样保持电路原理。图 8.7 中 K 为由取样脉冲 $p(t)$ 控制的电子开关，也叫取样门，在脉冲持续期 t_w 相当于开关 K 闭合，在脉冲间歇期 T_0 相当于开关 K 断开。开关 K 闭合时，取样电路的输出 $u_s(t) = u_i(t)$。由于脉冲宽度很窄，可以认为在此期间 $u_i(t)$ 的幅值是不变的。$u_s(t)$ 是宽度与脉冲宽度 t_w 相同的离散取样信号，在脉冲间歇期 T_0，开关 K 断开，输入信号

$u_s(t)$ 不能通过开关，则 $u_s(t)$ 幅值为 0，这样通过取样脉冲的作用就将连续信号 $u_i(t)$ 变成了离散信号 $u_s(t)$。

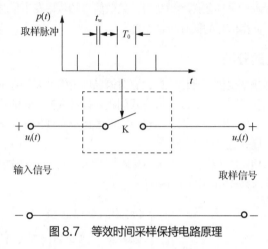

图 8.7　等效时间采样保持电路原理

等效时间采样过程与实时采样过程的不同之处在于取样脉冲与输入信号的时序上的差别。等效时间采样过程对输入信号进行跨周期采样。图 8.8（a）所示为被测的高频信号 $u_i(t)$；图 8.8（b）所示为取样脉冲，取样脉冲的间隔为输入信号 $u_i(t)$ 的周期 $T+\Delta t$（取样脉冲的间隔可以为 $mT+\Delta t$，当被测信号频率特别高时，m 可取大于 1 的整数）。每个采样点相当于前一个采样点时间延迟 Δt，经过多次取样，最后将被测信号的波形展宽显示出来，图 8.8（c）所示为采样值，图 8.8（d）所示是经保持及延迟后形成的波形。这样，通过若干个周期对波形的不同点的采样，就实现了将较高频率的信号以较低采样频率进行离散化。

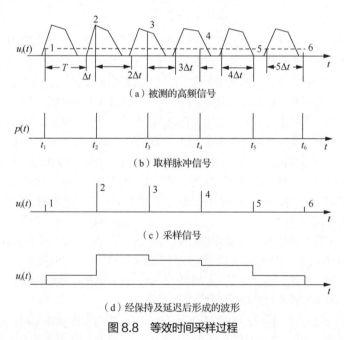

图 8.8　等效时间采样过程

8.1.4　量化与量化误差

由前面介绍的内容可知，传感器的连续模拟信号经采样器采样后，变成时间上离散的采样信号，但其幅值在采样时间 t 内是连续的，因此，采样信号仍然是模拟信号。为了能用计算机处理信号，须将采样信号转换成数字信号，也就是将采样信号的幅值用二进制代码来表示。由于二进制代码的位数是有限的，只能代表有限个信号的电平。故在编码之前，首先要对采样信号进行量化。

量化就是把采样信号幅值与某个最小数量单位的一系列整倍数比较，以最接近采样信号幅值的最小数量单位倍数来代替该幅值。这一过程称为量化过程，简称量化，最小数量单位称为量化单位。量化单位定义为量化器满量程输出（Full Scale Range，FSR）与 2^n 的比值，用 q 表示，因此有

$$q = \frac{\text{FSR}}{2^n} \tag{8.14}$$

式中，n 为量化器的位数。量化器的位数 n 越多，量化单位 q 越小。量化后的信号称为量化信号，把量化信号的数值用二进制代码表示，称为编码。量化信号经编码后转换为数字信号，但量化过程会存在量化误差，具体如下。

1. "只舍不入"法引起的量化误差

由量化引起的误差叫作量化误差（也常称作量化噪声，因它常与噪声有相同影响），记为 e，则

$$e = x_s(nT_s) - x_q(nT_s) \tag{8.15}$$

式中，$x_s(nT_s)$ 为采样信号；$x_q(nT_s)$ 为量化信号。量化误差 e 的大小与所采用的量化方法有关，下面分别讨论使用不同的量化方法引起的量化误差。

"只舍不入"量化特性曲线与量化误差如图 8.9 所示。

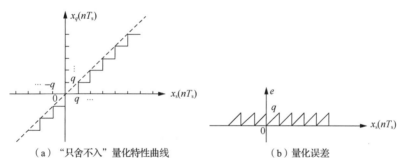

(a) "只舍不入"量化特性曲线　　　　(b) 量化误差

图 8.9　"只舍不入"量化特性曲线与量化误差

量化误差 e 只能是正误差，它可以取 $0 \sim q$ 的任意值，而且机会均等，因此它是在 $[0,q]$ 上均匀分布的随机变量。平均误差（或误差的数学期望）为：

$$\bar{e} = \int_{-\infty}^{+\infty} e p(e) \mathrm{d}e = \int_0^q \frac{1}{q} e \mathrm{d}e = \frac{q}{2} \tag{8.16}$$

式中，$p(e)$ 为概率密度函数，其概率分布如图 8.10（a）所示。由于平均误差 $\bar{e}$ 不等于零，故称为有偏的。量化误差的方差为：

$$\sigma_e^2 = \int_{-\infty}^{+\infty} (e - \bar{e})^2 p(e) \mathrm{d}e = \int_0^q \left(e - \frac{q}{2}\right) \frac{1}{q} \mathrm{d}e = \frac{q^2}{12} \tag{8.17}$$

上式表明：即使模拟信号 $x(t)$ 为无噪声信号，经过量化器量化后，量化信号 $x_q(nT_s)$ 将包含噪声 $\frac{q^2}{12}$。量化误差的标准差为：

$$\sigma_e = \frac{q}{2\sqrt{3}} \approx 0.29q \tag{8.18}$$

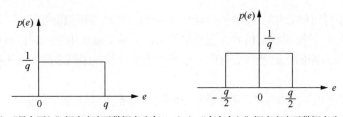

（a）"只舍不入"概率密度函数概率分布　　（b）"有舍有入"概率密度函数概率分布

图 8.10　量化误差概率分布

2. "有舍有入"法引起的量化误差

"有舍有入"量化特性曲线与量化误差如图 8.11 所示，量化误差 e 有正有负，它可以取 $-\dfrac{q}{2} \sim \dfrac{q}{2}$ 的任意值，而且机会均等，因此它是在 $\left[-\dfrac{q}{2}, \dfrac{q}{2}\right]$ 上均匀分布的随机变量。

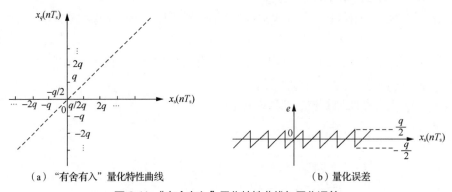

（a）"有舍有入"量化特性曲线　　　　　　　（b）量化误差

图 8.11　"有舍有入"量化特性曲线与量化误差

平均误差（或误差的数学期望）为：

$$\overline{e} = \int_{-\infty}^{+\infty} ep(e)\mathrm{d}e = \int_{-\frac{q}{2}}^{\frac{q}{2}} \frac{1}{q} e \mathrm{d}e = 0 \tag{8.19}$$

式中，$p(e)$ 为概率密度函数，其概率分布如图 8.10（b）所示。

由于平均误差 $\overline{e}$ 等于零，故称为无偏的。最大量化误差为：

$$|e_{\max}| = \frac{q}{2} \tag{8.20}$$

量化误差的方差为：

$$\sigma_e^2 = \int_{-\infty}^{+\infty} (e - \overline{e})^2 p(e)\mathrm{d}e = \int_{-\frac{q}{2}}^{\frac{q}{2}} e^2 \frac{1}{q}\mathrm{d}e = \frac{q^2}{12} \tag{8.21}$$

因此，量化误差的标准差与"只舍不入"的情况相同，即

$$\sigma_e = \frac{q}{2\sqrt{3}} \approx 0.29q \tag{8.22}$$

由此可知，量化误差是一种原理性误差，它只能减小而无法完全消除。量化特性曲线具有非线性的性质，因此，量化过程是一个非线性的变换过程。比较两种量化方法可以看出，"有舍有入"法较好，这是因为"有舍有入"法的最大量化误差只有"只舍不入"法的一半。因此，目前大部分模数转换器都采用"有舍有入"法。但也有少数价格低廉的模数转换器采用"只舍不入"法。对于这种情况，可以通过计算机软件更换为"有舍有入"法。

8.1.5　编码

模数转换过程的最后阶段是编码。编码是指把量化信号的电平用数字代码表示。编码有多种形式，常用的是二进制编码。在数据采集中，被采集的模拟信号是有极性的。因此编码也分为单极性编码与双极性编码两大类。在应用时可根据被采集信号的极性来选择编码形式。

1. 单极性编码

常用的单极性编码的方式有以下几种。

（1）二进制编码。二进制编码是单极性编码中使用非常普遍的一种码制。在数据转换中经常使用的是二进制分数码。在这种码制中，一个十进制数 D 的量化电平可表示为：

$$D = \sum_{i=1}^{n} a_i 2^{-i} = \frac{a_1}{2} + \frac{a_2}{2^2} + \cdots + \frac{a_n}{2^n} \tag{8.23}$$

由式（8.23）可以看出，第 1 位（最高位 MSB）的权值是 1/2，第 2 位的权值是 $\frac{1}{4}$，……，第 n 位（最低位 LSB）的权值是 $\frac{1}{2^n}$。a_i 或为 0 或为 1，n 是位数。十进制数 D 的值就是所有非 0 位的值与它的权值的积的累加和（在二进制中，由于非 0 位的 a_i 均等于 1，故十进制数 D 的值就是所有非 0 位的权值的和）。

当式（8.23）的所有位均为 1 时（n 一定时，这时的 D 取得最大值），$D = 1 - \frac{1}{2^n}$，也就是说在二进制分数码中，十进制数 D 的值是一个小数。

一个模拟输出电压 U_0，若用二进制分数码表示则为：

$$U_0 = V_{FSR} \sum_{i=1}^{n} \frac{a_i}{2^i} = V_{FSR} \left(\frac{a_1}{2} + \frac{a_2}{2^2} + \cdots + \frac{a_n}{2^n} \right) \tag{8.24}$$

式中，U_0 对应于二进制数码转换器模拟输出电压，V_{FSR} 为满量程电压。

在式（8.24）中，最低有效位的值 LSB=$V_{FSR}/2^n$，根据量化单位 q 的定义可知，LSB=q。LSB 代表 n 位二进制分数码所能分辨的最小模拟量值。

（2）二-十进制（Binary-Coded Decimal，BCD）编码。尽管上面介绍的二进制编码是普遍使用的一种码制，但在系统的接口中，经常使用另外一些码制，以满足特殊的需要。例如，在数字电压表、光栅数显表中，数字总是以十进制形式显示出来，以便于人们读数。在这种情况下，BCD 编码有它的优越性。

BCD 编码中，用一组 4 位二进制码来表示一位 0~9 的十进制数。使用 BCD 编码，主要是因为 BCD 编码的每一组 4 位二进制码代表一位十进制数，每一组码可以相对独立地解码去驱动显示器，从而使数字电压表等仪器可以采用更简单的译码器。BCD 编码常使用超量程附加位。这样对模数转换器来说，量程增加了约一倍。如十进制满量程值为 9.99，使用附加位时满量程值为 19.99，在这种情况下，最大输出编码为 1100110011001，附加位也称半位，这样模数转换器的分辨率为 3 位。

2. 双极性编码

在很多情况下，模拟信号是双极性的，即有时是正值，有时是负值。这种情况下就需要用双极性编码来表示。双极性编码也有多种形式，常见的有符号-数值编码、偏移二进制编码、补码。表 8.1 给出了这 3 种编码的示例。

（1）符号-数值编码。在这种码制中，最高位为符号位（通常 0 表示正，1 表示负），其他各位是数值位。这种码制与其他码制比较，优点是信号在零的附近变动 1LSB 时，数值码只有最低位改变，这意味着不会产生严重的瞬态效应，参见表 8.1。从表 8.1 中可以看出，其他双极性码，在零点附近都会产生主码跃迁，即数值码的所有位全都发生变化，因此可能产生严重的瞬态效应和误差。

符号-数值编码的缺点是，有两个码表示零，0^+为0000，0^-为1000。因此从数据转换的角度看，符号-数值编码的转换器要比其他双极性编码的复杂。

（2）偏移二进制编码。偏移二进制编码是转换器最容易实现的双极性编码。从表8.1可以看出，一个模拟输出量，当用偏移二进制编码表示时，其代码完全按照二进制编码的方式变化，不同之处只是前者的代码简单地用满量程值加以偏移。

表8.1　3种编码与十进制（分数）的对应关系

十进制（分数）	符号-数值编码	偏移二进制编码	补码
+7/8	0111	1111	0111
+6/8	0110	1110	0110
+5/8	0101	1101	0101
+4/8	0100	1100	0100
+3/8	0011	1011	0011
+2/8	0010	1010	0010
+1/8	0001	1001	0001
0^+	0000	1000	0000
0^-	1000	1000	0000
−1/8	1001	0111	1111
−2/8	1010	0110	1110
−3/8	1011	0101	1101
−4/8	1100	0100	1100
−5/8	1101	0011	1011
−6/8	1110	0010	1010
−7/8	1111	0001	1001
−8/8		0000	1000

偏移二进制编码的优点是除了容易实现外，还很容易变换成2的二进制补码，缺点是在零点附近发生主码跃迁。

（3）补码。表示双极性信号时，用补码是比较方便的，因为这样可以用加法运算代替减法运算，所以它是一种很适用于算术运算的编码。将偏移二进制编码的符号位取反即可得到补码。另一种构成补码的方法是：正数的补码，其数值与原码完全相同；负数补码的构成方法是，先将其正数位原码逐位取反，然后在最低位加1即可。

8.2　数据采集的输入通道设计

8.2.1　集成运算放大器

在众多的模拟集成电路中，集成运算放大器是基本且用途非常广的一类电路。集成电路（Integrated Circuit，IC）是在20世纪60年代初发展起来的，其是将元件、器件和电路连接并制作在一块硅片上，成为一个不可分割的单元组件或系统。集成电路在半导体集成制造工艺的基础上，实现了元件、电路和系统的结合，因此它的密度高、引线短、外部接线大为减少，并且大大降低了成本，为微电子技术的应用开辟了一个新的时代。

集成运算放大器是具有高放大倍数的直接耦合集成放大电路，是模拟集成电路的典型组件。从集成运算放大器的发展过程来看，一般可划分为4代产品。第一代沿用数字电路工艺和少量横向晶体管，它在性能上满足了中等运算精度的要求；第二代采用了有源负载而简化了电路设计；第三代采用了超β管（即复合管）作为输入级，更进一步提高了电路的性能指标。随着集成电路工艺的进步又出现了第四代的斩波稳零型集成运算放大器和各种特殊型专用集成运算放大器。特别是由于MOS工艺的发展各种大规模和超大规模的集成电路也应用于各种系统中。

集成电路按其制造工艺可分为单片集成电路和混合集成电路。根据性能不同，可将种类众多的集成运算放大器划分为通用型集成运算放大器和专用型集成运算放大器，其中专用型集成运算放大器又可细分为：低功耗型集成运算放大器、高精度型集成运算放大器、高输入阻抗型集成运算放大器、高速宽带型集成运算放大器、高压型集成运算放大器、斩波稳零型集成运算放大器、跨导型集成运算放大器、程控型集成运算放大器、电流型集成运算放大器、仪用放大器等。

通用型集成运算放大器的直流特性较好，性能上满足许多领域应用中的需求，价格便宜，用途广泛。专用型集成运算放大器包含的类型较多，它们的某些性能指标突出，可以满足一些特殊应用的需求。随着集成电路工艺的不断发展，许多集成运算放大器兼有多种优越的性能参数，逐渐接近理想的运算放大器性能指标。

选择器件的一般原则是，在满足电气性能需求的前提下，选择价格低廉的集成运算放大器，即选择性价比高的器件。具体考虑如下。

（1）如果没有特殊要求，选用通用型集成运算放大器。因为这类器件直流性能好、种类多、选择余地大，而且价格便宜。在通用型集成运算放大器中，有单运算放大器、双运算放大器和四运算放大器，如果一个电路中包含两个以上的运算放大器（如数据放大器、有源滤波器或其他电路），则可以考虑选择双运算放大器、四运算放大器，这样有助于简化电路、缩小体积、降低成本，特别是要求几路电路对称时，多运算放大器更显示其优越性。

（2）如果系统在使用场合中对能源有严格的限制，例如遥感、遥测、某些生物功能器械或某些化工控制系统等应用场合，可选择低功耗型集成运算放大器。

（3）如果系统要求比较精密、漂移小、噪声低，则选择高精度低漂移低噪声集成运算放大器。例如，毫伏级或更低的微弱信号检测、精密模拟计算、高精度稳压源、自动控制仪表、高增益直流放大器等应用场合可选此类集成运算放大器。

（4）如果系统要求集成运算放大器具有很高的输入阻抗，可选用高的输入阻抗集成运算放大器。例如，采样保持电路、峰值检波器、优质的对数放大器、优质的积分器、高阻抗信号源电路、生物医电信号的放大及提取、测量放大器等。

（5）如果系统的工作频率很高，则要选择高速及宽带集成运算放大器。例如，高速采样保持电路、模数转换和数模转换电路、较高频率的振荡及其他波形产生器、锁相环电路等。

（6）如果系统的工作电压很高而且要求集成运算放大器的输出电压也很高，可选择高压集成运算放大器。

（7）其他集成运算放大器，如跨导型集成运算放大器、程控型集成运算放大器、电流型集成运算放大器等，可根据实际需要选用。在增益控制，宽范围压控振荡，调制解调，模拟乘法器，伺服放大，驱动，DC-DC变换器等电路中均可选用此类集成运算放大器。

近年来，MOS集成运算放大器得到了很大的发展，它不仅集成度较高，而且设计得当、可兼有高精度、高速、高输入阻抗的优点，是值得特别重视的一类新型的集成运算放大器。

8.2.2　有源滤波器

对不同频率的信号具有选择性的电路称为滤波器，它只允许某些特定频率的信号通过，同时抑制其他频率的信号。过去的滤波器都由 R、L、C 等无源元件组成，称为无源滤波器，现在已经很少使用。目前的低频滤波器大都由 R、C 与有源器件（如运算放大器）组成，称为 RC 有源滤波器。常见滤波器的类型有低通滤波器、高通滤波器、带通滤波器、带阻滤波器、全通滤波器等。除此之外，还有程控有源滤波器，如 MAX 261/262。

1. 低通滤波器

低通滤波器（Low Pass Filter，LPF）用来通过低频信号，抑制高频信号。低通滤波器频率特性如图8.12所示，实线表示理想频率响应，虚线表示实际特性曲线。图8.12中允许信号通过的频段为 $0 \sim \omega_0$，该频段称为低通滤波器的通带；不允许信号通过的频段（$\omega > \omega_0$）称为阻带；$\omega_0 = 2\pi f_0$ 称为截止角频率，f_0 称为截止频率。图8.12中曲线2在通带内没有共振峰（Resonance Peak），当增益下降到 $K_p / \sqrt{2}$（即增益降低3dB）时的频率为截止频率，对应图中 a 点；曲线3在通带内有共振峰，此时规定幅频特性从峰值 K_{Pm} 又回到起始值 K_p 时的频率为截止频率，对应图中 b 点。

2. 高通滤波器

高通滤波器（High Pass Filter，HPF）与低通滤波器的特性相反，允许高频信号通过，抑制低频信号。高通滤波器频率特性如图8.13所示，实线表示理想频率响应，虚线表示实际特性曲线。图8.13中曲线2在通带内没有共振峰，当增益下降到 $K_p / \sqrt{2}$ 时的频率为截止频率（即与曲线2的交点），对应图中 a 点；曲线3在通带内有共振峰，此时规定通带的起点的频率为截止频率，对应图中 b 点。

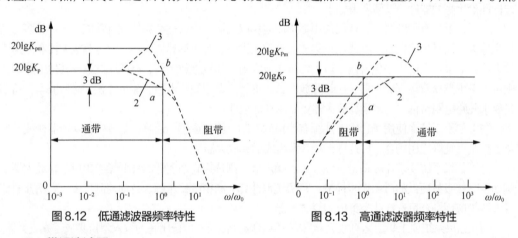

图8.12　低通滤波器频率特性　　　　图8.13　高通滤波器频率特性

3. 带通滤波器

带通滤波器（Band Pass Filter，BPF）只允许通过某一频段内的信号，而在此频段两端以外的信号将被抑制。带通滤波器频率特性如图8.14所示，实线表示理想频率响应，虚线表示实际特性曲线。在 $\omega_1 < \omega < \omega_2$ 的频段内，频率特性曲线有恒定的增益；而当 $\omega > \omega_2$ 或 $\omega < \omega_1$ 时，特性曲线增益迅速下降。带通滤波器通过信号的宽度称作带宽，以 B 表示，显然 $B = \omega_2 - \omega_1$。带宽中心的角频率称作中心角频率，以 ω_0 表示。

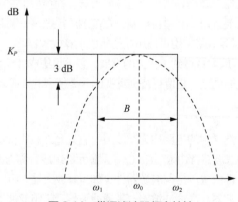

图8.14　带通滤波器频率特性

4．带阻滤波器

带阻滤波器（Band Stop Filter，BSF）与带通滤波器的性质相反，用来抑制某一频段内的信号，而允许频段两端以外的信号通过。带阻滤波器频率特性如图 8.15 所示，实线表示理想频率响应曲线，虚线表示实际特性曲线。带阻滤波器抑制频段的宽度称为阻带宽度，或称频宽，以 B 表示。阻带宽度中心的角频率称作中心角频率，以 ω_0 表示。抑制频段的起始频率 ω_1 和终止频率 ω_2，均按最大增益的 $1/\sqrt{2}$ 倍所对应的频率而定义，对应图 8.15 中 a、b 两点。

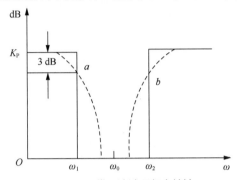

图 8.15　带阻滤波器频率特性

5．衡量滤波器特性的主要参数

标志一个滤波器特性与质量的有以下主要参数。

（1）谐振频率与截止频率：一个没有衰减损耗的滤波器，谐振频率就是它自身的固有频率。截止频率又称为转折频率，是频率特性曲线下降 3dB 所对应的频率。

（2）通带增益：选通的频率范围内滤波器的放大倍数。

（3）频带宽度：对低通滤波器和带通滤波器而言，频带宽度是指滤波器频率特性的通带增益下降的频率范围。对高通滤波器和带阻滤波器而言，频带宽度是指滤波器的阻带宽度。

（4）Q 值和阻尼系数：Q 值定义为谐振频率与带宽之比，即 $Q = \omega_0 / B$；阻尼系数定义为 $Q = \omega_0 / B$，均为衡量滤波器特性的重要指标。

8.2.3　测量放大器

1．测量放大器的原理

在数据采集系统中，被检测的物理量经过传感器变换成的模拟电信号，往往是很微弱的微伏级信号（例如热电偶的输出信号），需要用放大器加以放大。由于通用运算放大器一般都具有毫伏级的失调电压和每度数微伏的温漂，因此通用运算放大器不能直接用于放大微弱信号，而测量放大器则能较好地实现此功能。

图 8.16 所示为测量放大器的原理，它由 3 个集成运算放大器组成：A1、A2 是第一级，组成两个同相比例放大器，具有高输入阻抗；A3 是第二级，组成差动放大器，把双端输入转换为单端输出。测量放大器的增益推导如下。

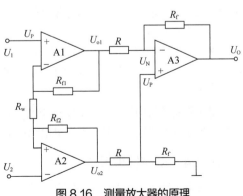

两个同相比例放大器的输出电压分别为：

$$U_{o1} = \left(1 + \frac{R_{f1}}{R_w}\right)U_1 - \frac{R_{f1}}{R_w}U_2 \qquad (8.25)$$

$$U_{o2} = \left(1 + \frac{R_{f2}}{R_w}\right)U_2 - \frac{R_{f2}}{R_w}U_1 \qquad (8.26)$$

图 8.16　测量放大器的原理

作为差动放大器，A3 具有如下关系：

$$\frac{U_{o1} - U_N}{R} = \frac{U_N - U_O}{R_f}$$ （8.27）

由于

$$\begin{cases} U_N = U_P \\ U_P = \dfrac{R_f}{R + R_f} U_{o2} \end{cases}$$ （8.28）

则

$$U_O = \frac{R_f}{R}\left(1 + \frac{R_{f1} + R_{f2}}{R_w}\right)(U_2 - U_1)$$ （8.29）

$$A_v = \frac{R_f}{R}\left(1 + \frac{R_{f1} + R_{f2}}{R_w}\right)$$ （8.30）

根据式（8.30）可知，改变 R_w 能方便地调节测量放大器的增益。测量放大器对直流共模信号的抑制比为无穷大，但是对交流共模信号抑制比不为无穷大，并会对输入信号产生影响，必须加以处理。

2. 测量放大器的主要技术指标

（1）非线性度

非线性度是指测量放大器实际输出输入关系曲线与理想直线的偏差。当增益为 1 时，如果一个 12 位模数转换器有 0.025%的非线性偏差；当增益为 500 时，非线性偏差可达到 0.1%，相当于把 12 位模数转换器变成 10 位以下模数转换器。故在选择测量放大器时，一定要选择非线性偏差小于 0.025%的测量放大器。

（2）温度漂移

温度漂移是指测量放大器输出电压随温度变化而变化的程度。通常测量放大器的输出电压会随温度的变化而发生 $(1\sim50)\,\mu V/\,℃$ 的变化，这也与测量放大器的增益有关。例如，一个温度漂移为 $2\,\mu V/\,℃$ 的测量放大器，当其增益为 1000 时，测量放大器的输出电压产生约 20mV 的变化，这个数字相当于 12 位模数转换器在满量程为 10V 的 8 个 LSB 值。所以在选择测量放大器时，要根据所选模数转换器的绝对精度尽量选择温度漂移小的测量放大器。

（3）建立时间

建立时间是指从阶跃信号驱动瞬间至测量放大器输出电压达到并保持在给定误差范围内所需的时间。

测量放大器的建立时间随其增益的增加而上升。当增益大于 200 时，为了达到误差范围±0.01%，往往要求建立时间为 $50\sim100\mu s$，有时甚至要求高达 $350\mu s$ 的建立时间。因此，可在更宽增益区间内采用可编程的测量放大器，以满足精度的要求。

（4）恢复时间

恢复时间是指测量放大器撤除驱动信号瞬间至测量放大器内饱和状态恢复到最终值所需的时间。因此，测量放大器的建立时间和恢复时间直接影响数据采集系统的采样速率。

（5）电源引起的失调

电源引起的失调是指电源电压每变化 1%，引起的测量放大器漂移电压值。测量放大器一般用作数据采集系统的前置放大器，对于共电源系统，该指标是设计系统稳压电源的主要依据之一。

8.2.4　多路模拟开关

在实际的数据采集系统中，常常要使用一个模数转换器实现对多路模拟信号的转换。通常有下述 3 种方法。

（1）选用具有多路模拟输入通道的模数转换器，即不需外加电路就可实现多路输入，是最简便的多路输入方法之一。

（2）采用模数转换器本身的扩展端实现模拟输入通道的扩展。

（3）采用多路模拟开关扩展输入通道。这是更为常用的方法，因为被测信号是多种多样的，所以上述两种方法的适用范围是有限的。

1. 多路模拟开关的种类

多路模拟开关有机械式、电磁和电子式三大类。机械式多路模拟开关在现代数据采集系统中已很少使用。电磁式多路模拟开关主要是指各种继电器、干簧管继电器等，其中，干簧管继电器体积小、切换速度快、噪声小、寿命长，非常适合在模拟量输入通道中使用。

干簧管继电器由密封在玻璃管内的两个具有高磁导率和低矫顽力的合金簧片组成。簧片的末端为金属触点，两簧片中间有一定的间隙且相互有一段重叠、内充有氮气以防触点氧化；当管外的线路中通以一定的激励电流，将产生沿轴向的磁场，簧片被磁化而相互吸合；当电流断开时，磁场消失，簧片本身的弹性使其断开。干簧管继电器的工作频率一般可达 10～40Hz，断开电阻大于 1MΩ，导通电阻小于 50mΩ，寿命可达 10^{10} 次，吸合和释放时间约 1ms，不受环境温度的影响，而且输入电压、电流容量大，动态范围宽；其缺点是体积大（与电子式多路模拟开关相比），工作频率低，在通断时存在抖动现象，因此一般用于低速高精度测试系统中。

与电磁式多路模拟开关相比，电子式多路模拟开关具有切换速度快、无抖动、易于集成等特点，但其导通电阻一般较大，输入电压、电流容量较小，动态范围很有限，常用于高速且要求系统体积小的场合。常用的电子式多路模拟开关有 4 种。

（1）晶体管开关

晶体管开关的特点是速度快，工作频率高（1MHz 以上），导通电阻小（最小可到 1Ω），但缺点是存在残余电压，且控制电流要流入信号通道，不隔离。

（2）光电耦合开关

将发光二极管与光敏晶体管或光敏电阻封装在一起即可构成光电耦合开关。这种开关由于采用光电转换方式进行开关信号传送，故速度和工作频率属中等，但其控制端与信号通道的隔离较好、耐压高。由于其利用晶体管的导通和截止来实现开关的通和断，因此存在残留失调电压和单向导电情况；如果以光敏电阻器代替光敏晶体管，则可实现双向传送，但光敏电阻器的阻值分散性大，反应速度也较低，因此这类开关多用于要求隔离情况良好但传输精度不高的场合，也常用于输出通道中需通道隔离的场合。

（3）结型场效应晶体管开关

结型场效应晶体管开关是一种使用较普遍的开关，由于场效应晶体管是一种电压控制电流型器件，一般无失调电压，导通电阻为 5～100Ω，断开电阻一般为 10MΩ 以上，且具有双向导通的功能，但这种场效应晶体管一般不易集成。

（4）绝缘栅场效应晶体管开关

绝缘栅场效应晶体管分为 PMOS、NMOS 和 CMOS 这 3 种类型，常用的是 CMOS，如图 8.17 所示。这是一种应用非常普遍的多路模拟开关，它能克服单沟道场效应晶体管开启电阻随输入电压变化而变化的缺点。CMOS 开关具有较其他电子式多路模拟开关明显的特性好、成本低等优点，目前常用的集成多路模拟开关大多采用 CMOS 工艺。以上介绍的多路模拟开关是用来传输电压信号的，故称作电压开关。多路模拟开关也可以用来传输电流信号，这类多路模拟开关叫作电流开关。

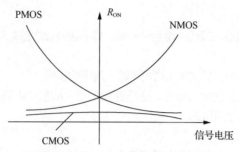

图 8.17 MOS 开关管导通电阻特性

2. 多路模拟开关的主要技术指标

多路模拟开关的主要技术指标可归纳如下。

R_{ON}：导通电阻。R_{ONVS}：导通电阻温度漂移。I_C：开关接通电流。I_S：开关断开时的泄漏电流。C_S：开关断开时的开关对地电容。C_{OUT}：开关断开时，输出端对地电容。t_{ON}：选通信号 EN 达到 50%时到开关接通时的延迟时间。t_{OFF}：选通信号 EN 达到 50%时到开关断开时的延迟时间。

3. 多路模拟开关的主要技术参数

在选择多路模拟开关时，常要考虑下列参数。

（1）通道数量：通道数量对切换开关传输被测信号的精度和切换速度有直接影响，因为通道数目越多，寄生电容和泄漏电流通常越大，尤其是在使用集成多路模拟开关时，尽管只有其中一路导通，但由于其他多路模拟开关只是处于高阻状态，仍存在泄漏电流对导通的那一路产生影响；通道越多，泄漏电流越大，通道间的干扰越多。

（2）泄漏电流：如果信号源内阻很大，传输的是电流量，此时就更要考虑多路模拟开关的泄漏电流，一般希望泄漏电流越小越好。

（3）切换速度：对于需传输快速变化信号的场合，就要求多路模拟开关的切换速度高，当然也要考虑后一段采样保持和模数转换的速度，从而以最优的性能价格比来选取多路模拟开关。

（4）开关电阻：理想状态的多路模拟开关的导通电阻为零，断开电阻为无穷大，而实际的多路模拟开关无法达到这个要求，因此需考虑其开关电阻，尤其当与开关串联的负载为低阻抗时，应选择导通电阻足够小的多路模拟开关。

（5）对多路模拟开关参数的漂移性及每路电阻的一致性也需进行考虑。尤其是进行精密数据采集时，更要特别注意漂移性和一致性。

8.2.5 采样保持器

采样保持电路（采样保持器）又常称为采样保持放大器（Sampling-and-Hold Amplifier，SHA）。模拟信号进行模数转换时，需要一定的转换时间。在这个转换时间内，模拟信号要保持基本不变，这样才能保证转换精度。采样保持器就是完成这种功能的电路，相当于一个"模拟信号存储器"。有些集成模数转换器内部带有采样保持器，这为系统设计提供了方便。

1. 采样保持器的基本原理

采样保持器是指在输入逻辑电平控制下处于"采样"或"保持"两种工作状态的电路。在"采样"状态下电路的输出跟踪输入模拟信号，在"保持"状态下电路的输出保持着前一次采样结束时刻的瞬时输入模拟信号，直至进入下一次采样状态。通常，采样保持器用作锁存某一时刻的模拟信号，以便进行数据处理（量化）或模拟控制。图 8.18 所示是采样保持示意图。

基本的采样保持器由模拟开关、存储元件（保持电容）和缓冲放大器组成，如图 8.19 所示。图 8.19 中 S 为模拟开关，V_c 为确定采样或保持状态的模拟开关的控制信号，C_H 为保持电容。

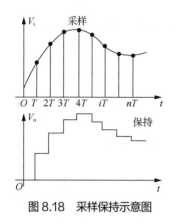

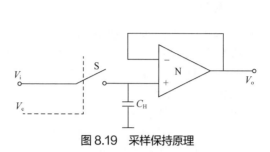

图 8.18　采样保持示意图　　　　　　　　图 8.19　采样保持原理

采样保持器的工作原理为：当 V_c 为采样电平时，开关 S 导通，模拟信号 V_i 通过开关 S 向 C_H 充电，输出电压 V_o 跟踪输入模拟信号的变化；当 V_c 为保持电平时，开关 S 断开，输出电压 V_o 保持在模拟开关断开瞬间的输入模拟信号值。高输入阻抗的缓冲放大器 N 的作用是把 C_H 和负载隔离，否则保持阶段在 C_H 上的电荷会通过负载放掉，无法实现保持功能。

2．采样保持器的性能参数

采样保持器的主要性能参数定义如下。

（1）孔径时间（T_{AP}）：采样保持电路中，由于逻辑输入控制的开关有一定的动作时间，保持命令发出后直到逻辑输入控制的开关完全断开所需要的时间称为孔径时间。实际上，由于这个时间的存在，采样时间被延迟了，如图 8.20 所示。如果保持命令与模数转换命令同时发出，由于孔径时间的存在，所转换的值将不是保持值，而是在 T_{AP} 时间内的一个输入信号的变化值，这将影响转换精度。当输入信号频率低时，对精度影响较小。

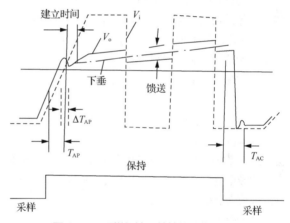

图 8.20　采样保持器特性的工作示意图

（2）孔径时间不确定性（ΔT_{AP}）：它是孔径时间的变化范围。如果改善保持命令发出的时间，则可将孔径时间消除，因此可仅考虑 ΔT_{AP} 对精度及采样频率的影响。

（3）捕捉时间（T_{AC}）：采样保持器处于保持状态时，当发出采样命令后，采样保持器的输出从所保持的值到达当前输入信号的值所需的时间，包括逻辑输入控制开关的延时时间、达到稳定值的建立时间及保持到终值的跟踪时间等，该时间影响采样频率的提高而对转换精度无影响。

（4）保持电压的下降：在保持状态时，保持电容器漏电，使保持电压值不是恒值，在芯片中，该参数由电流 I 表示，也有用下降率来表示的。

（5）馈送：在保持状态时，由于输入信号耦合到保持电容器，故有寄生电容，因此输入电压的变化也将引起输出电压微小的变化。

（6）采样到保持的偏差：采样最后值与建立保持时的保持值之间的偏差电压，它是在电荷转移误差补偿以后仍旧剩余的误差，该误差是不可估计的，因为它与输入信号有关，所以有时也称为非线性偏差。

（7）电荷转移偏差：采样到保持的偏差的基本成分是电荷转移偏差，这是由于在保持状态时电荷通过寄生电容转移到保持电容器上引起的。可稍加一个合适极性的保持信号来补偿，也可加大保持电容器的容量，但后者会增加响应时间。

8.2.6　模数转换器

模数转换器是把采集到的采样模拟信号量化和编码后，转换成数字信号并输出的一种器件。因此在将模拟量转换成数字量的过程中，模数转换器是核心器件。目前，模数转换器已集成在芯片上，一般用户无须了解其内部电路的细节，但应掌握芯片的外特性和使用方法。

1. 模数转换器的分类

模数转换器的品种很多，其分类方法也很多，例如按速度、精度、位数等分类。近年来较常用的是按工作原理分类。若从"量化是一种比较过程"这个基本概念出发，则无论模数转换器怎么多种多样，按"怎样比较"来看工作原理，只有两种类型：直接比较型和间接比较型。

（1）直接比较型

将输入的采样模拟量直接与作为标准的基准电压相比较，得到可按数字编码的离散量或直接得到数字量。这种类型包括连续比较、逐次逼近、斜波（或阶梯波）电压比较等，其中常用的是逐次逼近。这类转换是瞬时比较，抗干扰能力差，但转换速度较快。

（2）间接比较型

输入的采样模拟量不是直接与基准电压比较，而是将二者都变成中间物理量再进行比较，然后将比较得到的时间或频率进行数字编码。由于间接比较是"先转换后比较"，因此形式更加多样。例如双斜式、脉冲调宽型、积分型、三斜率型、自动校准积分型等。这类转换为平均值响应，抗干扰能力较强，但转换速度较慢。

2. 模数转换器的主要技术指标

（1）分辨率

对模数转换器来说，分辨率表示输出数字量变化一个相邻数码所需输入电压的变化量。具体定义为，满量程电压 FSR 与 2^n 之比值，其中 n 为模数转换器的位数。例如，12 位的模数转换器能够分辨出满刻度的 $1/2^{12}$ 或满刻度的 0.24%。一个满刻度为 10V 的 12 位模数转换器能够分辨输入电压变化的最小值为 2.4mV。由于模数转换器分辨率的高低取决于位数的多少，因此通常也以模数转换器的位数来表示分辨率。

（2）量化误差

量化误差是由模数转换器的有限分辨率引起的误差。在不计其他误差的情况下，一个分辨率有限的模数转换器的阶梯状转移特性曲线与具有无限分辨率的模数转换器转移特性曲线之间的最大偏差称为量化误差。在零刻度处有 1/2LSB 偏移的模数转换器的量化误差为±1/2LSB，没有加入偏移量的模数转换器的量化误差为 – 1LSB。

（3）偏移误差

偏移误差是指输入信号为零时，输出信号不为零的值，所以又称为零值误差。假定模数转换器没有非线性误差，则其转移曲线各阶梯中点的连接线必定是直线，这条直线与横轴相交点所对应的输入电压值就是偏移误差。偏移误差通常是由放大器或比较器输入的偏移电压或电流引起的，也可用满刻度的百分数表示。一般在模数转换器外部加一个具有调节作用的电位器便可使偏移误差减小。

（4）满刻度误差

满刻度误差又称为增益误差。模数转换器的满刻度误差是指满刻度输出数码所对应的实际输入电压与理想输入电压之差，一般满刻度误差的调节在偏移误差调整后进行。

（5）线性度

线性度又称为非线性度，它是指模数转换器实际的转移特性曲线与理想直线的最大偏移。

（6）绝对精度

绝对精度定义为输出数码所对应的实际模拟输入电压与理想模拟输入电压之差。绝对误差包括增益误差、非线性误差、偏移误差和量化误差等。

（7）相对精度

相对精度定义为绝对精度与满量程电压之比的百分数。需要说明的是，精度和分辨率是两个不同的概念。精度是指转换后所得结果相对于实际值的准确度；分辨率是指模数转换器所能分辨模拟信号的最小变化值。由此可知，分辨率很高的模数转换器，可能因为温度漂移、线性度不佳等，导致精度并不是很高。

（8）转换速率

模数转换器的转换速率就是在保证转换精度的前提下，能够重复进行数据转换的速度，即每秒转换的次数（MSPS=兆次/秒）。而转换时间则是完成一次模数转换所需的时间（包括稳定时间），它是转换速率的倒数。

8.3　典型的数据采集技术

8.3.1　基于 PCI 总线的数据采集

PCI（Peripheral Component Interconnect，外设部件互连）总线是描述如何通过一个结构化和可控制的方式把系统中的外围设备（简称外设）组件连接起来的标准。PCI 总线是目前局部总线应用最广的技术之一。它有 4 个主要的标准规格，分别支持 32 位与 64 位，其下又分成 3.3V 与 5V 两种信号。PCI 也为局部总线结构，32 位的 PCI 最大数据传输速率为 133Mbit/s，而 64 位的 PCI 最大数据传输速率可达 266Mbit/s，足够运用在高速信号采集与处理和实时控制系统中。PCI 总线的自动配置（Auto Configuration）功能，使用户在安装接口卡时无须拨动开关或跳线，而将一切资源初始设置交给 BIOS（Basic Input/Output System，基本输入输出系统）处理。PCI 与微处理器不直接相连，而是使用电子桥接器连接 PCI 与局部总线。PCI 以桥接/内存控制器与微处理器的局部总线隔离，这就允许 PCI 总线处理较多的外设，而不增加微处理器的负担。

1. PCI 总线的主要性能

PCI 总线的主要性能有：支持 10 台外设；总线时钟频率为 33.3MHz/66MHz；最大数据传输速率为 133Mbit/s；时钟同步方式与 CPU 及时钟频率无关；总线宽 32 位（5V）/64 位（3.3V）；能自动识别外设；特别适合与 Intel 的 CPU 协同工作。

PCI 总线还具有其他特点，具体包括：具有与处理器和存储器子系统完全并行操作的能力；具有隐含的中央仲裁系统；采用多路复用方式（地址线和数据线），减少了引脚数；支持 64 位寻址完全的多总线主控能力；提供地址和数据的奇偶校验；可以转换 5V 和 3.3V 的信号环境。

2. PCI 总线系统结构

PCI 总线是一种不依附于某个具体处理器的局部总线。从结构上看，PCI 总线是在 CPU 和原来的系统总线之间插入的一级总线，具体由一个桥接电路实现对这一层的管理，并实现上下之间的接口以协调数据的传送。PCI 总线也支持总线主控技术，允许智能设备在需要时取得总线控制权，以加速数据传送。

图 8.21 所示是一个基于 PCI 总线的系统逻辑。PCI 总线和 PCI-PCI 桥是将系统组件联系在一起的"黏合剂"。CPU 和音频设备连接主要的 PCI 总线——PCI 总线 0。一个特殊的 PCI 设备——PCI-PCI

桥把主 PCI 总线连接到次 PCI 总线——PCI 总线 1。按照 PCI 规范的术语，PCI 总线 1 是 PCI-PCI 桥的下游，而 PCI 总线 0 是 PCI-PCI 桥的上游。连接在次 PCI 总线上的是系统的 SCSI（Small Computer System Interface，小型计算机系统接口）和以太网设备。物理上 PCI-PCI 桥、次 PCI 总线和这两种设备可以在同一块 PCI 卡上。系统中的 PCI-ISA 桥可支持老的、遗留的 ISA 设备。图 8.21 中还给出了一个超级 I/O 控制芯片，用于控制连接在 ISA 总线上的键盘、鼠标和软驱。

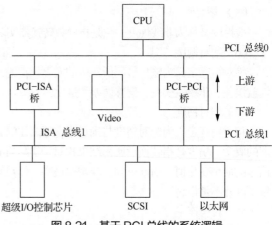

图 8.21　基于 PCI 总线的系统逻辑

3. PCI 总线信号定义

在一个 PCI 应用系统中，如果某个设备取得了总线控制权，就称其为"主设备"，而被主设备选中以进行通信的设备称为"从设备"或"目标设备"。对于相应的接口信号线，通常分为必备信号线和可选信号线两大类。

为实现数据处理、寻址、接口控制和仲裁等系统功能，PCI 接口要求作为目标的设备至少需要 47 个引脚，主设备则需要至少 48 个引脚。PCI 引脚共有 120 个（包含电源、地、保留引脚等，图中未显示），PCI 总线信号定义如图 8.22 所示。

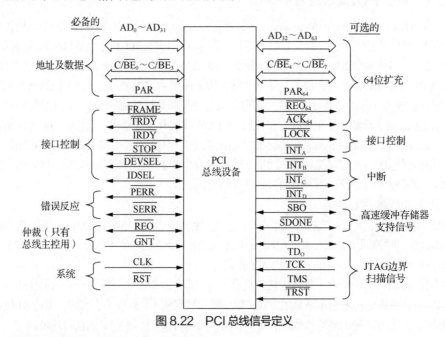

图 8.22　PCI 总线信号定义

4. PCI 总线的数据采集系统需考虑问题

（1）接口驱动

PCI 总线规范规定：PCI 总线是 CMOS 总线，总线的信号驱动采用反射波方式，能力较弱，静态电流很小，因此板卡上的每条信号线只能有一个门电路负载挂接。这不仅包括通常的数据/地址总线，而且包括所有的信号线。因此，用户逻辑和 PCI 插槽连接的每一条信号线都必须在中间设置一个双向三态驱动门（例如，设置若干个 74LS245），状态机和配置空间等用户逻辑必须放置在三态门之后，与总线隔离，否则大多数主板无法启动或因工作时间过长而易烧坏主板。

（2）电压匹配

在 PCI 插槽上，虽然同时提供了+5V 电源和+3.3V 电源（有些主板的+3.3V 电源线是空置的，即没有提供该电源），但目前配置的大都是+5V 规范定义的引脚插槽。实验证明，尽管 PCI 总线规范分为+5V 和+3.3V 两种，但这两种规范是可以兼容的，在+5V 插槽中应用+3.3V 信号接口完全可行。也就是说，用户使用+3.3V 工作电压的 FPGA（Field Programmable Gate Array，现场可编程门阵列）芯片完全适合目前的+5V 规范并能够正常工作。这是因为 PCI 总线的信号驱动采用的是反射波方式而不是入射波方式，PCI 总线驱动器仅把信号电平驱动至 2.5V，依靠反射波叠加形成驻波便可达到规定的+5V 信号电平，使用+3.3V 电压驱动也已超过了规范要求。

（3）时序方面

PCI 总线由于其工作频率为 33MHz 或 66MHz，每个时钟周期只有 30ns 或 15ns，故对时序要求十分严格，特别是对数据变化所占时间应特别注意。PCI 总线规定信号为上升沿采样，下降沿改变数据。状态机设计时要充分考虑接口芯片本身的时延，保证数据在采样上升沿之前稳定。

（4）配置空间

配置空间的设计是实现 PCI 总线扩展卡设计的核心问题。它决定了 PCI 总线扩展卡能否被操作系统识别，能否"即插即用"，决定着软件驱动程序开发的方便程度。一个好的设计可使人方便地应用 Windows 标准控件来控制扩展卡的各种操作。

（5）接口设计

PCI 总线扩展卡接口设计是一项精细和复杂的工作，设计过程中的每一个步骤都需要综合考虑。在实际工作中发现，Intel 芯片组的主板对 PCI 总线的时序要求最为严格，其他公司生产芯片的主板对时序要求较为宽松，只要设计在 Intel 主板上能够稳定工作，设计就基本成功了。

现在市场上有许多专用的 PCI 总线规范接口芯片，这些芯片提供的 PCI 总线扩展卡接口完全符合规范，具体符合的规范版本可以参看具体的芯片，所以即使开发者不是很了解规范的具体细则，也可成功地设计 PCI 总线扩展卡。运用 PCI 总线扩展卡接口芯片时，在连线上只要将对应的引脚连在总线上就可以。

5. PCI 总线的应用实例

PCI 总线可以在 33MHz 主频和 32 位数据总线的条件下达到峰值 132Mbit/s 的带宽，且可扩展为 64 位、66MHz 主频，最大数据传输速率达 528Mbit/s。PCI 总线在高性能、低成本、开放性等方面的优势，其迅速普及和发展。但是 PCI 总线协议比较复杂，较难掌握。故 PCI 总线扩展卡的开发较 ISA 总线等其他扩展卡的难度大。目前一般采用专用接口芯片实现 PCI 总线扩展卡接口，以减少开发难度、降低成本。

PCI9054 是美国 PLX 公司生产的先进的 PCI 总线扩展卡接口芯片，它支持 PCIV2.2 协议，支持 32 位 33MHz 时钟 PCI 总线，特别适用于 PCI 总线外设产品开发。PCI9054 局部总线有 3 种工作模式，即 M 模式、C 模式和 J 模式，可方便地与多种微处理器连接。其中在 C 模式下，局部总线为非复用的 32 位地址/数据总线，时序与控制比较简单。

PCI9054 支持 PCI 总线目标工作方式。在这种工作方式下，PCI 总线上的处理器通过 PCI9054 内部 FIFO（First In First Out，先进先出）实现对局部总线进行单周期、猝发和连续猝发的存储空间的映射操作或单周期的 I/O 空间映射操作。PCI9054 还支持 DMA（Direct Memory Access，直接存储器访问）操作，它具有两个独立的 DMA 通道，实现 PCI 总线和局部总线之间的高速数据传输。

PCI9054 内部原理框图如图 8.23 所示，它采用先进的 PLX 数据管道结构技术，是 32 位、33MHz 的 PCI 总线主 I/O 加速器。

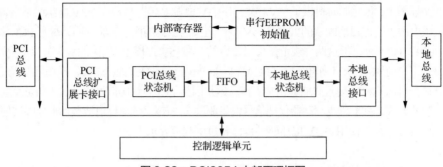

图 8.23　PCI9054 内部原理框图

PCI 9054 主要特性如下。

◆ 符合 PCIV2.1、PCIV2.2 规范,包含 PCI 电源管理特性。

◆ 支持 VPD(Vital Product Data,重要产品数据)的 PCI 总线扩展。

◆ 支持 PCI 总线双地址周期,地址空间高达 4GB。

◆ 提供了两个独立的可编程 DMA 控制器,每个通道均支持块和 Scatter/Gather 的 DMA 方式,
DMA 通道 0 支持请求 DMA 方式。

◆ PCI 总线和局部总线数据传送速率高达 132Mbit/s。

◆ 支持本地总线直接接口 Motorola MPC850 或 MPC860 系列、Intel i960 系列、IBM PPC401
系列及其他类似的总线协议设备。本地总线有 3 种模式,即 M 模式、C 模式和 J 模式,可利用模式
选择引脚进行选择。

◆ 具有可选的串行 EEPROM(Electrically-Erasable Programmable Read-Only Memory,电擦除
可编程只读存储器)接口。

◆ 具有 8 个 32 位 Mailbox 寄存器和 2 个 32 位 Doorbell 寄存器。

8.3.2　基于 USB 的数据采集

1. USB 特点

通用串行总线(Universal Serial Bus,USB)是由 IBM、Intel、Microsoft、NEC 等 8 家公司共同
开发的一种新的外设连接总线。1995 年,通用串行总线应用论坛对 USB 进行了标准化,并发布了
称为 USB 的串行技术规范,USB 最多可连接 127 台外设,USB 支持热插拔、即插即用。

USB 1.1 高速方式的传输速率为 12Mbit/s,低速方式的传输速率为 1.5Mbit/s。USB 2.0 规范是由
USB 1.1 规范演变而来的。它的传输速率达到了 480Mbit/s,足以满足大多数外设的速率要求。在任
何 USB 系统中,只能有一个主机。主机系统中提供 USB 接口驱动的模块,称为 USB 主机控制器。
主机系统中整合有 USB 根(节点)集线器,通过次级的集线器可以连接更多的外设,USB 外设可以
分为网络集线器和功能外设两大类。USB 连接外设和主机时,利用菊花链的形式对端点加以扩展,
形成了图 8.24 所示的金字塔形外设连接方法,可避免 PC 上插槽数量对扩充外设的限制,减少 PC
和 I/O 接口的数量。

2. USB 系统组成

一个 USB 系统主要包括 3 个部分:USB 的互连、USB 设备、USB 主机。

(1)USB 的互连

USB 的互连是指 USB 设备与主机进行连接和通信的操作,主要包括以下几方面。

① 总线的拓扑结构,USB 设备与主机的各种连接方式。

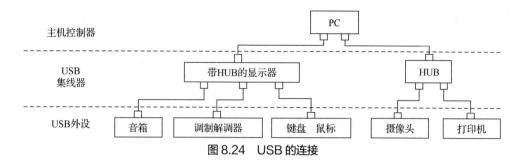

图 8.24　USB 的连接

② 内部层次关系根据性能叠置，USB 的任务被分配到系统的每一个层次。

③ 数据流模式描述了数据在系统中通过 USB 从产生方到使用方的流动方式。

④ USB 的调度提供了一个共享的连接。对可以使用的连接进行调度以支持同步数据传输，并且避免优先级判别的开销。USB 连接了 USB 设备和 USB 主机，USB 的物理连接是有层次的星形结构。每个网络集线器在星形的中心，每条线段是点对点连接，从主机到集线器或其功能部件，或从集线器到集线器或其功能部件。

（2）USB 设备

USB 设备包含一些设备描述器，它们指出了该设备的属性和特征，用于配置设备和定位 USB 客户软件的驱动程序。USB 可以按高速设备或低速设备设计，高速设备最高传输速率为 12Mbit/s（USB 2.0 规范中，将其作为中速设备、高速设备的最高传输速率达到 480Mbit/s），低速设备的传输速率限制在 1.5Mbit/s，功能也有所限制。当设备被连接、编号后，该设备就拥有一个唯一的 USB 地址。USB 设备就是通过该 USB 地址被操作的，每一个 USB 设备通过一个或多个通道与主机通信。所有 USB 设备必须在 0 号端口上有一指定的通道，每个 USB 设备的 USB 控制通道将与之相连。通过此控制通道，所有的 USB 设备都被列入一个共同的准入机制，以获得控制操作的信息。

（3）USB 主机

USB 主机通过主机控制器与 USB 设备进行交互。USB 主机功能包括：检测 USB 设备的安装和拆卸；管理在 USB 主机和 USB 设备之间的控制流；管理在 USB 主机和 USB 设备之间的数据流；收集状态和动作信息；提供能量给连接的 USB 设备。

USB 系统软件与设备软件有几种相互作用方式：设备编号和设置；同步数据传输；异步数据传输；电源管理；设备和总线管理信息。只要可能，USB 系统软件就会使用目前的 USB 主机软件接口来管理上述几种方式。

3. USB 接口芯片应用实例

EZ-USB 是 Cypress 公司带 MCU 的 USB 接口器件，具有全速度、全序列、易开发和软件配置等特点，是设计 USB 设备的首选器件。EZ-USB 的串行接口引擎能自动完成数据收发控制、位填充、数据编码、CRC（Cyclic Redundancy Check，循环冗余校验）和 PID 包解码等 USB 协议处理功能。EZ-USB 在连接时自动进行枚举，建立默认的 EZ-USB 设备。首次枚举成功后，还可以通过软件配置由 8051 内核重新枚举建立用户定制的设备。EZ-USB 的串行接口引擎能自动完成主要 USB 协议处理，简化了设备固件（Firmware）设计。

（1）EZ-USB 的性能

EZ-USB 内有一个智能 USB 引擎，可以代替 USB 外设开发者完成 USB 协议中规定的 80%～90%的通信工作，这使得开发者不需要深入了解 USB 的低级协议，即可顺利地开发出所需要的 USB 外设。EZ-USB 主要包括：内置微处理器；一个 USB 收发模块；一对 USB 口（D+、D-）；24 个 I/O接口；16 位的地址线；8 位的数据线；一个 FC 口；支持 USB 1.0 规范（12Mbit/s）。

EZ-USB 内置的 8051 处理器，相对标准的 8051 处理器进行了改进。以 AN2131Q 为例，主要有以下改进：

- 独立的地址总线和数据总线，总线周期为 4 个时钟周期，平均运行速度提高了近 3 倍；双数据指针和自动指针提高了数据交换效率；
- 扩展的中断系统支持 13 个中断源，并支持自动中断向量；
- 1 个 FC 接口、2 个 UART 接口以及 24 个可配置 I/O 接口；
- 可变周期的 MOVX 指令适用于高、低速存储器芯片的接口；
- 3 个 16 位内置定时/计数器、256 字节内部寄存器 RAM（Random Access Memory，随机存储器）。
- 芯片内部集成 8KB 外部 RAM，8051 内核要用 MOVX 指令访问此 RAM。

（2）EZ-USB 的结构

EZ-USB（AN2131Q）的结构框图如图 8.25 所示。

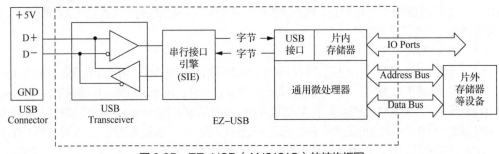

图 8.25　EZ-USB（AN2131Q）的结构框图

EZ-USB（AN2131Q）的封装及其引脚定义如图 8.26 所示。

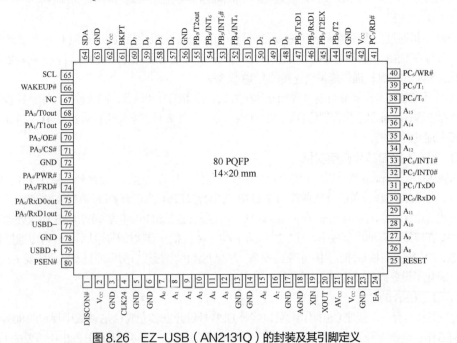

图 8.26　EZ-USB（AN2131Q）的封装及其引脚定义

（3）EZ-USB 的软件配置

外设未通过 USB 接口接到 PC 之前，外设上的固件存储在 PC 上，一旦外设接到 PC 上，PC 先询问该外设是"谁"（即读外设的标识符），然后将该外设的固件下载到 EZ-USB 的 RAM 中，对 EZ-USB 实现软件配置。

软件配置可采用两种方式实现：自动配置和命令配置。

① 自动配置：自动配置是指当设备连接时，固件由专门的装载驱动程序自动装载到设备。这种方式下固件要捆绑在装载驱动程序之中，固件与装载驱动程序之间一一对应，固件修改时要重新生成并重新安装装载驱动程序，固件装载后要重新枚举，以建立定制的 USB 设备，如果不重新枚举，主机会找不到设备。

② 命令配置：命令配置是指在应用程序中通过命令操作将固件装载到设备。这种方式不需要专用的装载驱动程序，可在任何时刻装载任意固件。固件装载后可以不用重新枚举，由 EZ-USB 内核响应主机请求，可以简化固件设计。采用命令配置方式时，在应用程序中要编写固件装载代码。

固件装载代码主要完成下列操作：

- 从 Intel Hex 格式文件中提取出有效的固件代码；
- 向 EZ-USB 请求复位 8051 内核；
- 向 EZ-USB 请求固件下载，固件传至 EZ-USB 的内部 RAM；
- 向 EZ-USB 请求 8051 内核脱离复位状态；
- 对 EZ-USB 外设接口和交替功能进行设置。

8.3.3 基于 LabVIEW 的数据采集

LabVIEW 是由美国国家仪器（NI）公司开发的、优秀的商用图形化编程开发平台，是 Laboratory Virtual Instrument Engineering Workbench 的缩写，意为实验室虚拟仪器集成环境。LabVIEW 提供了一种图形化的编程语言，被称为 G 语言，并通常把利用 LabVIEW 编写的程序称为虚拟仪器（Virtual Instrument，VI）。从 1986 年 NI 公司正式发布 LabVIEW 1.0 for Macintosh 至今，LabVIEW 已是目前应用最广、发展最快、功能最强的图形化软件集成开发环境之一。

1. LabVIEW 的基本特点

（1）图形化编程

LabVIEW 为用户提供了一个简单易用的图形化编程环境。LabVIEW 应用程序的基本组成部分是 VI，它由前面板（用来设计用户界面）和程序框图（用来创建图形化代码）组成，具有非常强的直观性和可读性。

LabVIEW 使用的是 NI 公司已获专利的数据流编程模式，它能使我们从基于文本编程语言的结构形式中解脱出来。由于 LabVIEW 采用的是图形化代码，因此对于熟悉框图和流程图的用户就非常方便。LabVIEW 的执行顺序是由节点间的数据流而不是由文本行的顺序所决定的，因此可以轻松地建立程序框图来并行执行多个操作，并借助于 LabVIEW 的并行特性使多任务和多线程更易于实现。

（2）模块化设计

LabVIEW 的 VI 是设计过程中的模块，可以单独运行或者使其成为子 VI（SubVI），分别对应于传统文本编程中的程序和子程序，因此，LabVIEW 具有良好的模块化和层次结构特点。LabVIEW 中有许多内置的模块，主要分为前面板中的控件模块和程序框图中的函数模块两类，这与传统文本编程中的函数库具有功能上的相似性。

（3）开发效率高

考虑到程序的执行速度，虽然采用了图形化编程方式，但 LabVIEW 是具有编译器的编程环境，所生成的代码已经经过了优化，其执行速度完全可与编译后的 C 语言程序相媲美。因此，采用 LabVIEW 可以大大提高开发效率而不牺牲执行速度。

（4）开放性

LabVIEW 是具有开放性的开发环境，能够方便地与第三方软件相连接，例如.net 组件、ActiveX、DLL（Dynamic Linked Library，动态连接库）及广泛的网络协议等；还可以把 LabVIEW 创建成能够在其他软件环境中调用的独立执行程序或动态连接库，如 Delphi、C++Builder、Visual C++等。

2. LabVIEW 在数据采集领域的应用

LabVIEW 提供的最有力的特性之一就是图形化的编程环境。借助于 LabVIEW，可以在计算机屏幕上创建出完全符合自己要求的用户界面，从而可以操作仪器程序、控制硬件、分析采集到的数据和显示结果等。

由于 LabVIEW 的高效率和开放性，目前已有许多第三方软硬件生产厂商在开发并维护成百上千个 LabVIEW 函数库及仪器驱动程序，以帮助用户借助于 LabVIEW 来轻松使用他们的产品。如凌华（Adlink）和研华（Advantech）等公司，均提供了比较丰富的 LabVIEW 驱动和编程开发支持。

从实际数据采集过程来看，测量应用程序可以被分为 3 个部分：连接或采集实际数据；分析数据以获取有用的信息；向最终用户显示信息。而 LabVIEW 的开放式环境可以简化与几乎任何测量硬件的连接，从而便于实现信号的采集。通过 LabVIEW，并使用 LabVIEW 仪器驱动、交互式仪器助手和内置的仪器 I/O 库，可以快速地采集来自 GPIB（General-Purpose Interface Bus，通用接口总线）、串口、以太网、PXI、USB 和 VXI 等的数据。

3. LabVIEW 在数据采集领域的实际应用

基于 LabVIEW 的数据采集系统结构一般如图 8.27 所示。数据采集硬件由计算机和其 I/O 接口设备两部分组成。I/O 接口设备主要执行信号的输入、数据采集、放大、模数转换等任务。根据 I/O 接口设备总线类型的不同，系统的构成方式主要有 5 种：PC-DAQ/PCI 插卡式虚拟仪器测试系统、GPIB 虚拟仪器测试系统、VXI 总线虚拟仪器测试系统、PXI 总线虚拟仪器测试系统和串口总线虚拟仪器测试系统。

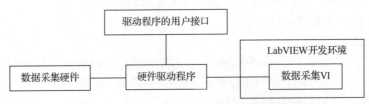

图 8.27　基于 LabVIEW 的数据采集系统结构

其中，PC-DAQ/PCI 插卡式是最基本、最廉价的构成形式，它充分利用了 PC 的机箱、总线、电源及软件资源。图 8.28 所示是 PC-DAQ/PCI 插卡式系统应用示意图。

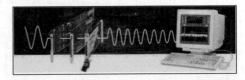

图 8.28　PC-DAQ/PCI 插卡式系统应用示意图

在使用前要进行硬件安装和软件设置。硬件安装就是将 DAQ 卡插入 PC 的相应标准总线扩展插槽内，因采用 PC 本身的 PCI 总线或 ISA 总线，故称由它组成的虚拟仪器为 PC-DAQ/PCI 插卡式虚拟仪器。PC-DAQ/PCI 插卡式系统受 PC 机箱环境和 PC 总线的限制，存在诸多的不足，如电源功率不足、机箱内存在噪声干扰、插槽数目不多、总线面向 PC 而非面向仪器、插卡尺寸较小、插槽之间无屏蔽、散热条件差等。美国 NI 公司提出的 PXI 总线，是 PCI 总线在仪器领域的扩展，是具有性能价格比优势的最新虚拟仪器测试系统。

一般情况下，DAQ 硬件设备的基本功能包括模拟量输入、模拟量输出、数字 I/O（Digital I/O）和定时（Timer）/计数（Counter）。因此，LabVIEW 环境下的 DAQ 模板也是围绕着这 4 大功能来设计的。

LabVIEW 为用户提供了多种用于数据采集的函数、VIs 和 Express VIs。这些函数、VIs 和 Express VIs 大体可以分为两类，一类是 Traditional DAQ VIs（传统 DAQ 函数），另一类是操作更为简便的 DAQmx，这些控件主要位于"函数"选板中的"测量 I/O"和"仪器 I/O"子选板中。其中最为常用的选板是"测量 I/O"中的"Data Acquisition"（数据采集）子选板，如图 8.29 所示。

LabVIEW 是通过 DAQ 函数来控制 DAQ 设备完成数据采集的，所有的 DAQ 函数都包含在"函数"选板的"测量 I/O"的"DAQmx-数据采集"子选板中。

在所有的 DAQ 函数中，使用最多的是 DAQ 助手，DAQ 助手是一个图形化的界面，用于交互式地创建、编辑和运行 DAQmx 虚拟通道和任务。一个 DAQmx 虚拟通道包括一个 DAQ 设备上的物理通道和对这个物理通道的配置信息，例如输入范围和自定义缩放比例。一个 DAQmx 任务是虚拟通道、定时和触发信息以及其他与采集或生成相关属性的组合。下面对 DAQ 助手的使用方法进行介绍。DAQ 助手在"函数"选板的"测量 I/O"的"DAQmx-数据采集"子选板中，如图 8.30 所示。

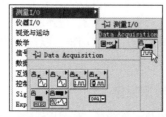

图 8.29 "Data Acquisition"子选板

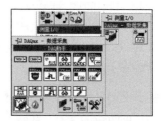

图 8.30 DAQ 助手

此处以基于 LabVIEW 的模拟输入信号采集为例进行介绍。模拟输入是数据采集最基本的功能之一。当采用 DAQ 卡测量模拟信号时，必须考虑下列因素：输入模式（单端输入或者差分输入）、分辨率、输入范围、采样速率、精度和噪声等。其中，输入范围是指模数转换器能够量化处理的最小到最大输入电压值。DAQ 卡提供了可选择的输入范围，它与分辨率、增益等配合，以获得最佳的测量精度。

单端输入以一个共同接地点为参考点。这种方式适用于输入信号为高电平（大于 1V），信号源与采集端之间的距离较短（小于 5m），并且所有输入信号有一个公共接地端。如果不能满足上述条件，则需要使用差分输入。使用差分输入，每个输入可以有不同的接地参考点。并且，由于消除了共模噪声的误差，因此差分输入的精度较高。

要在 LabVIEW 中获取模拟输入信号，首先要利用 DAQmx 创建虚拟通道 VI 节点创建虚拟通道，然后利用 DAQmx 读取节点读取采集卡采样到的数据，并进行显示。

操作步骤如下。

（1）选择"文件"→"新建 VI"，打开一个新的前面板。

① 添加"仪表"控件（控件选板→新式→数值）。设定"仪表"控件的刻度范围为-5～5。

② 添加"停止按钮"控件（控件选板→新式→布尔）。

（2）按<Ctrl+E>键切换到该 VI 的程序框图。

① 添加"DAQmx 创建虚拟通道"功能函数（函数选板→测量 I/O→DAQmx-数据采集）。

• 在多态 VI 选择器中选择"模拟输入"→"电压"。

• 在物理通道输入接线端，选择"创建"→"输入控件"，并重命名控件为物理通道。

② 添加"DAQmx 开始任务"功能函数（函数选板→测量 I/O→DAQmx-数据采集）。

③ 添加"While 循环"功能函数（函数选板→编程→结构）。

④ 在 While 循环内添加"DAQmx 读取"功能函数（函数选板→测量 I/O→DAQmx-数据采集），该 VI 用于读取由多态 VI 选择器指定类型的测量数据。选择"模拟"→"单通道"→"单采样"→

"DBL"。该选项是从一条通道返回一个双精度浮点型的模拟采样。

⑤ 在 While 循环内添加"等待下一个整数倍毫秒"功能函数（函数选板→编程→定时）。在毫秒倍数接线端，选择"创建"→"常量"，并设置常量值为 10。

⑥ 添加"DAQmx 清除任务"功能函数。在清除之前，VI 将停止该任务，并在必要情况下释放任务占用的资源。

⑦ 添加"简易错误处理"功能函数（函数选板→编程→对话框与应用），程序出错时，该 VI 显示出错信息和出错位置。

（3）选择物理通道后，运行该 VI。

（4）将该 VI 保存为 Voltmeter.vi。

连续数据采集，或者说实时数据采集，是在不中断数据采集过程的情况下不断地向计算机返回采集数据。开始数据采集后，DAQ 卡不断地采集数据并将它们存储在指定的缓冲区（Buffer）中，然后 LabVIEW 每隔一段时间将一批数据送入计算机进行处理。如果缓冲区放满了，DAQ 卡就会重新从内存起始地址写入新数据，覆盖原来的数据。这个过程一直持续，直到采集到了指定数目的数据，或者 LabVIEW 主动中止采集过程，或者程序出现错误。这种工作方式对于需要把数据存入磁盘或者观察实时数据很有用。

8.3.4　基于 ZigBee 无线传感器网络的数据采集

ZigBee 无线传感器网络技术是一种近距离、低复杂度、低功耗、低数据传输速率、低成本的双向无线通信技术，主要适用于自动控制和远程控制领域，可以嵌入各种设备中，同时支持地理定位功能。可以发现，不同于传统的端到端的网络，无线传感器网络是一种特殊的 Ad-hoc 网络，是由许多无线传感器节点协同组织起来的。这些微型节点具有无线通信、数据采集和处理、协同工作等功能，可应用于布线和电源供给困难或人员不能到达的区域、一些临时场合等。无线传感器网络的节点可以随机或者特定地布置在目标环境中，它们之间通过特定的协议自组织起来，能够获取周围环境的信息并且协同工作完成特定任务。由这些微型传感器构成的无线传感器网络能够实时监测、感知和采集网络分布区域内的各种监测对象信息，并对这些信息进行处理，传送给需要这些信息的用户，完成无线传感器网络的数据采集。

1. 无线传感器网络结构

在无线传感器网络中，节点通过飞机撒布、人工布置等方式，大量部署在感知对象内部或者附近。这些节点通过自组织方式构成无线传感器网络，以协作的方式感知、采集和处理网络覆盖区域内各种特定的信息，可以实现对任意地点信息在任意时间采集、处理和分析。这种以自组织形式构成的网络，通过多跳中继方式将数据传回 Sink 节点（网关节点），最后借助 Sink 链路将整个区域内的数据传送到远程控制中心进行集中处理。在无线传感器网络中绝大多数的节点只有很小的发射范围，而 Sink 节点作为无线传感器网络内部网络与远程控制中心的接口，发射能力较强，可以把数据发回远程控制节点。

2. ZigBee 无线传感器网络的系统设计

自组织无线传感器网络没有底层的基础设施。在传感器节点被部署到监测环境后，传感器自行构成网络。其基本网络拓扑可分为 3 种。

（1）基于簇的分层结构。这种结构具有天然的分布式处理能力，簇头就是分布式处理中心，每个簇成员都把数据传给簇头，在簇头里完成数据处理和融合，然后由其他簇头多跳转发或直接传给 Sink 节点。在同质的网络中，簇头就是普通的传感器节点，由于簇头的通信和计算任务比较繁忙，能量会很快消耗，为了避免这种情况发生，簇中的成员轮流或者每次选择剩余能量最多的成员做簇头。

（2）基于 Mesh 的平面结构。在这种结构中，传感器节点连成一张网，网络非常稳健，伸缩性好；在个别链路和传感器节点失效时，不会引起网络的分立。可以同时通过多条信源信宿路由传输数据，传输可靠性高，只要对数据进行一定的前向纠错编码，基本不需要采用基于端到端应答的重传通信机制。

（3）基于链的线结构。在这种结构下，传感器节点被串联在一条或多条链上，链尾与 Sink 节点相连。如图 8.31 所示，在星形结构中，所有的设备都与中心设备网络协调器通信。在这种网络中，网络协调器一般使用持续电力系统供电，而其他设备采用电池供电。星形网络适用于家庭自动化、PC 的外设以及个人健康护理等小范围的室内应用。

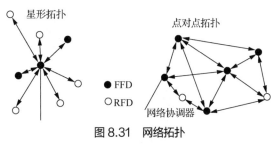

图 8.31　网络拓扑

与星形网络不同，点对点网络只要彼此在对方的无线辐射范围之内，任何两个设备都可以直接通信。点对点网络中也需要网络协调器，负责实现管理链路状态信息、认证设备身份等功能。点对点网络模式可以支持 Ad-hoc 网络，允许通过多跳路由的方式在网络中传输数据。点对点网络可以构造更复杂的网络结构，如 Mesh 网，适合设备分布广的应用，例如在工业检测与控制、货物库存跟踪和智能农业等方面有非常好的应用前景。

3. 基于 ZigBee 无线传感的通信技术应用

CC2431EM 系列模块属于 ZigBee 模块，它采用德州仪器（TI）的 ZigBee SoC 射频芯片 CC 2431，片上集成高性能 8051 内核、模数转换器、USART 等，支持 ZigBee 协议栈，支持网络节点精确定位。该 ZigBee 模块引出所有可用 I/O，用户可使用片上所有资源，方便用户实现高性价比、高集成度的 ZigBee 解决方案。

该模块具有如下特点：工作频率带宽为 2.4GHz～2.4835GHz；支持网络节点定位；数据传输速率达 250kbit/s；输出功率可编程控制（-94dbm）；低功耗，RX 为 27mA，TX 为 25mA；可提供配套的开发、演示套件；用户接口有 24 个引脚，引出所有可用 I/O。

基于 ZigBee 2006 版协议栈的 CC2431 无线定位系统能够实现室内环境定位，可以为面向实用的无线定位提供解决方案，并服务于煤矿井下人员定位系统、监狱人员管理系统、集装箱运输跟踪系统、长距离 RFID（Radio Frequency Identification，射频识别）系统、车辆管理系统、人员管理系统、运动会运动员的计时计圈系统、城市公交智能站台和车辆调度智能管理系统等诸多方面。

CC2431SoC=CC2430+Motorola 基于 IEEE 802.15.4 标准的无线电定位算法。CC2431 由 2.4GHz DSSS（Direct Sequence Spread Spectrum，直接序列扩频）射频收发器核心和高效的 8051 微控制器组成。其中 MCU 包括存储器及外围电路，其他模块提供电源管理、时钟分配和测试等重要功能。

CC2431 的设计结合了 8KB 的 RAM 及强大的外围模块，并且有 3 种不同的版本，它们是根据不同的闪存空间 32KB、64KB 和 128KB 来优化复杂度与成本的组合。CC2431 只有 7mm×7mm 的 48 引脚封装，采用具有内嵌闪存的 0.18μm CMOS 标准技术，如图 8.32 所示。针对协议栈、网络和应用软件执行时对 MCU 处理能力的要求，CC2431 包含一个增强型工业标准的 8 位 8051 微控制器内核，运行时钟频率为 32MHz。CC2431 还包含一个 DMA 控制器，它能够被用于减轻 8051 微控制器内核对数据搬移的操作，因此提高了芯片整体的性能。

在 CC 2431 内有 8KB 静态 RAM，其中的 4KB 是超低功耗 SRAM（Static Random Access Memory，静态随机存储器）。CC2431 集成了 4 个振荡器用于系统时钟和定时操作。CC2431 也集成了用于用户自定义应用的外设。CC2431 包括 4 个定时器，此外，CC2431 内集成了实时时钟、上电复位、8 通道 8～14 位模数转换器等其他外设。CC2431 支持语音、带有定位跟踪引擎。

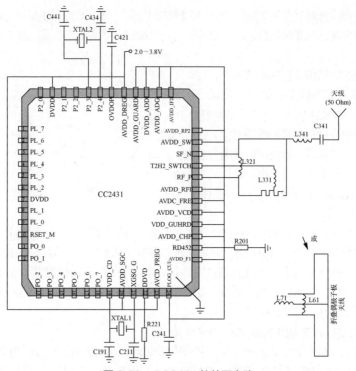

图 8.32　CC2431 的外围电路

CC2431 的射频和模拟部分实现了相关物理层的操作。CC2431 的接收器是基于低-中频结构的，从天线接收的射频信号经低噪声放大器放大并经下变频转换为 2MHz 的中频信号。中频信号经滤波、放大，通过模数转换器转换为数字信号。自动增益控制、信道过滤、解调在数字域完成以获得高精确度及空间利用率。

CC2430 和 CC2431 的最大区别：CC2431 具有包括 Motorola 的有许可证的定位监测硬件核心。采用该核心，可以实现 0.25m 的定位分辨率和 3m 左右的定位精度，这个精度已经大大高于卫星定位的精度，定位时间小于 40ms，采用 CC2431 组成定位系统需要有 3~8 个参考节点组成一个无线定位网络。

习题

1. 什么叫采样？采样频率如何确定？
2. 为什么在实际采样中，不能完全满足采样定理所规定的不失真条件？
3. 什么叫编码？
4. 多路模拟开关输入端一般是几个端子？输出端为几个端子的通道选择器？
5. 为什么要在数据采集系统中使用测量放大器？
6. 采样保持器在模拟输入信号频率很低时，是否有必要使用？试着阐述原因。
7. 模数转换理想特性最大量化误差为多少 LSB？
8. PCI 总线的特点及应用编程？
9. 简述 ZigBee 无线传感器网络的特点。
10. 简述 LabVIEW 在数据采集中的作用。

第 9 章

测量数据的误差与不确定度评定

传感器是一种检测装置，能感受到被测量的信息，是实现自动检测和自动控制的首要环节。但由于测量条件不完善，测量结果存在误差。因此，误差是评定传感器测量系统性能的关键。本章对误差理论中的基本概念进行介绍，并重点阐述测量不确定度的基本知识、评定方法与结果表示，从而使学生能够运用基本的误差理论进行测量数据的准确评价与结果表示。

9.1   测量误差概述

9.1.1   测量误差的定义

传感器是信息获取的源头，传感器的测量数据会产生误差，造成数据不准确。测量是将已知量作为计量单位，利用实验手段把待测量与已知的同类量进行直接或间接的比较，求得二者之间比值的一种过程。任何测量结果都存在不确定度的问题，其原因需要从整个测量过程中的一些环节因素分析，任何测量都不可避免地存在着测量误差。

测量误差是指对一个量进行测量之后，所得到的测量结果与被测量的真值之间的差异，简称误差。误差始终存在于一切测量过程和科学实验中，一切测量都存在着误差。

误差的定义式为：

$$\Delta x = x - x_0 \tag{9.1}$$

式中，Δx 为误差；x 为测量值；x_0 为被测量的真值，常用约定真值、相对真值代替。

真值是指一个物理量在一定条件下所呈现的客观大小或真实数值，又称为理论值或定义值。其在一定条件下总是客观存在的，但是在纯理论意义上的测量是不现实的，因此要确切给出真值的大小十分困难。真值一般分为理论真值、约定真值和相对真值 3 种。

理论真值仅存在于理论之中，如三角形的内角和恒为 180°等。

约定真值在计量学中又称为指定值，一般是由国家设立尽可能维持不变的实物标准或基准，以法令的形式指定其所体现的数值。如指定国际千克原器的质量为 1kg；光在真空中于 1/299792458s 内行进的距离为 1m 等。

相对真值是指在满足规定准确度的条件下，用更高精度的仪器或量具测量得到的数值来代替真值。在日常的测量工作中，由于所有仪器不可能都与国家标准进行比对，一般只能通过多级计量检定进行一系列的逐级比对；在每一级的比对中，又是以上一级标准所体现的值作为近似真值，因此相对真值也称为参考值或传递值。

实际工作中也经常会使用修正值的概念，记为 c：

$$c = -\Delta x = x_0 - x \tag{9.2}$$

修正值与误差的绝对值相等但符号相反，因此将修正值加上测量结果就可以得到真值。修正值常以表格、曲线或公式的形式给出。在自动测量仪器中，可以预先将修正值编成程序存储在仪器中，仪器可以在测量的过程中对测量结果进行自动校正。利用修正值和测量值可以得到被测量的修正结果，修正结果又称为实际值。

在测量工作中会广泛使用仪器和量具，仪器的示值误差、示值相对误差、示值引用误差等相关定义如下：

$$示值误差=示值-对应输入量的真值$$
$$示值相对误差=示值误差/示值×100\% \tag{9.3}$$
$$示值引用误差=示值误差/满量程值×100\%$$

例如某电压表的刻度范围为 0～10V，满量程值为 10V。如果测得在 5V 处所对应的输入量为 4.995V，则此时的示值误差为 5V–4.995V=0.005V，示值相对误差为 0.005V/5V×100%=0.1%，示值引用误差为 0.005V/10V×100%=0.05%。

若将测量结果与仪器的示值理解为测量值，将对应输入量的真值理解为应得值，则可以将误差定义为：误差=测量值–应得值。实际应用时对这个定义的需求如下。

（1）在测量的过程中需要研究测量误差。

（2）在数学计算中，为了避免复杂的计算，需要研究具有一定位数的有限位数值的舍入误差。

如 π 的值取至小数点后两位为 3.14，舍入误差为 3.14-π≈ -0.0016。

（3）在数学计算中有时还需要研究切断误差，以便用简单的有限项对实际或理论的无穷项级数进行取代分析。如当 x 很小时，用 x 近似 $\sin x$ 的切断误差绝对值小于 $|x|^3/6$。

（4）在制造业中经常需要研究加工误差，即实际加工出的量值与设计的预想量值之间的差异。

9.1.2　误差的分类

1. 按表示形式分类

误差按照表示形式可以分为绝对误差、相对误差和引用误差。

（1）绝对误差

绝对误差记为 δ_x：

$$\delta_x = x - x_0 \tag{9.4}$$

绝对误差不是误差的绝对值，其值可正可负，具有与被测量相同的单位，表示测量值偏离真值的程度。由于一般得不到真值，因此绝对误差难以计算。

在实际测量工作中，一般可以用多次测量的算术平均值代替真值。测量值与算术平均值之差称为偏差，又称为残余误差，简称残差，记为 υ_x：

$$\upsilon_x = x - \bar{x} \tag{9.5}$$

式中，$\bar{x}$ 为算术平均值。

绝对误差的特点：绝对误差是一个具有确定的大小、符号及单位的量。其数值大小表明测量值偏离实际值的程度，偏离越大，则绝对误差越大。符号表明测量值偏离实际值的方向，即测量值比实际值大还是小，若测量值大于实际值，则符号为正；反之为负。单位给出被测量的量纲，其与测量值和实际值的单位相同。此外，绝对误差不能完全说明测量的准确度。

（2）相对误差

相对误差是绝对误差与被测量真值之比。相对误差是一个无单位的数，即量纲为 1，记为 r，常用百分数表示：

$$r = \frac{\delta_x}{x_0} \times 100\% \tag{9.6}$$

由于在绝大多数情况下不能确定真值，实际上常用约定真值代替真值。或者在测量结果与真值比较接近时，可以把误差和测量结果之比作为相对误差。例如测量 ^{14}C 的半衰期为 5745 年，利用更精确的测量方法得到的测量结果为 5730 年，可将后者视为真值，则绝对误差为 15 年，相对误差为 15/5745×100%=0.3%。

相对误差的特点：相对误差只有大小和符号，无量纲，一般用百分数表示。相对误差常用来衡量测量的相对准确程度。相对误差越小，测量的准确度越高。对有一定测量范围的测量仪器而言，绝对误差和相对误差都会随测量点的改变而变化，因此通常采用测量范围内的最大误差来表示测量仪器的误差，即对于有多个量程的指示电表，常用引用误差表示其准确度。

（3）引用误差

引用误差又称为引用相对误差或满度误差，定义为在一个量程内的最大绝对误差与量程或测量范围上限之比，记为 r_a：

$$r_a = \frac{\Delta}{B} \times 100\% \tag{9.7}$$

式中，Δ 为测量仪器误差，一般指测量仪器的示值误差，或在某一量程内的最大绝对误差；B 为测量仪器的特定值，一般称为引用值，通常是测量仪器的量程或测量范围上限。

引用误差是测量仪器示值相对误差中比较简单、实用、方便的一种表示形式，可用于描述测量仪器的准确度高低。例如电工仪表的准确度等级是根据引用误差来划分的。利用引用误差可以判别测量仪器是否合格。如果一台测量仪器有若干个刻度，在每一个刻度都有相应的引用误差，则将其中绝对值的最大者称为最大引用误差。

将测量仪器允许最大引用误差百分数的分子称为精度的等级。根据国家规定，我国电工仪表的准确度等级 s 是按引用误差划分的，一般分为 0.1、0.2、0.5、1.0、1.5、2.5、5.0 等 7 个等级，分别表示引用误差不超过的百分数。选定一个仪表等级后，用其测量某一被测量时产生的最大绝对误差和最大相对误差如下：

$$\delta_x = \pm x_m \times s\% \tag{9.8}$$

$$r_x = \frac{\Delta x_m}{x} = \pm \frac{x_m}{x} \times s\% \tag{9.9}$$

式中，x_m 是测量仪器的测量范围上限，s 是选定的仪表等级，x 是被测量的测量结果。

由此可见，绝对误差的最大值与测量仪器的测量范围上限 x_m 成正比；且一旦选定测量仪器之后，被测量的值越接近量程的上限，则测量的相对误差越小，测量越准确。

在测量仪器的准确度等级和量程的选择方面，应当注意掌握几个基本原则。

① 不应单纯追求测量仪器准确度越高越好，而应根据被测量的大小，兼顾测量仪器的准确度级别和测量范围上限合理地进行选择。

② 被测量的值应大于测量仪器测量范围上限的 2/3，即 $x > \frac{2}{3} x_m$，则可以得到这种情况下测量的最大相对误差为：

$$r_x = \pm \frac{x_m}{\frac{2}{3} x_m} \times s\% = \pm 1.5 s\%$$

换句话说，测量误差不会超过仪表等级的 1.5 倍。

③ 在用高准确度的指示仪表来检定低准确度的指示仪表时，两种仪表的测量范围上限应尽可能相等。

④ 在使用万用表的欧姆挡进行测量时，应尽可能地使指针偏转到量程的中心位置，以使测量误差最小。

以电压表检定为例，若检定一只量程为 300V 的 0.5 级电压表，检测时得到全量程内的最大示值误差为 0.9V。问：

① 该电压表是否合格？

② 当被测电压为 100V 左右时，该电压表与量程为 150V 的 1.0 级电压表相比较，选用哪一个更合适？

解：

① 由题意可知，最大示值误差 $\Delta = 0.9\ V$，量程 $B=300V$，由式（9.7）可以得到该电压表的引用误差为：

$$r_a = \frac{\Delta}{B} \times 100\% = \frac{0.9\ V}{300\ V} \times 100\% = 0.3\% < 0.5\%$$

因此该电压表符合 0.5 级电压表要求，合格。

② 由式（9.9）可得，当使用量程为 300V 的 0.5 级电压表进行测量时有：

$$r_{0.5} = \frac{\Delta x_m}{x} = \pm \frac{x_m}{x} \times s\% = \pm \frac{300\ V}{100\ V} \times 0.5\% = \pm 1.5\%$$

当使用量程为 150V 的 1.0 级电压表测量时有：

$$r_1 = \frac{\Delta x_m}{x} = \pm \frac{x_m}{x} \times s\% = \pm \frac{150\ V}{100\ V} \times 1.0\% = \pm 1.5\%$$

　　由此可知，如果量程选择适当，1.0 级电压表和 0.5 级电压表的测量准确度是一样的。考虑到成本随仪表等级增加，因此应当选择量程为 150V 的 1.0 级电压表进行测量。

2. 按误差性质分类

　　误差按照性质可以分为系统误差、随机误差与粗大误差。

　　（1）系统误差

　　系统误差是测量误差的分量，指在对同一被测量的多次测量过程中保持相同绝对值和符号的误差，或在条件改变时以可预知的方式变化的误差。测量过程中往往存在着系统误差，在某些情况下系统误差的数值比较大。

　　在重复测量条件下，系统误差在数值上等于对同一被测量进行无穷多次测量结果的平均值与被测量的真值之差。如果记测量结果为 x，无穷多次测量结果的平均值（即期望）为 $E(x)$，被测量的真值为 μ，则可以将系统误差记为：

$$\Delta l = E(x) - \mu \qquad (9.10)$$

　　其期望和标准差分别为：$E(\Delta l) = c \neq 0$；$\sigma(\Delta l) = 0$。

　　系统误差属于确定性误差，即偏差。

　　按照对系统误差掌握的程度，可以将系统误差分为已定系统误差和未定系统误差。对于已定系统误差，由于误差的绝对值和符号已经确定，故可以设法予以修正；对于个别含有粗大误差的测量数据，经过判定之后也可以剔除；对于未定系统误差，由于误差的绝对值和符号不确定，因此无法进行修正。

　　按照变化规律，也可以将系统误差分为恒定系统误差和变值系统误差，其中变值系统误差又可分为线性系统误差、周期性系统误差和复杂规律系统误差。

　　系统误差具有一定的规律性，可以根据其产生的原因采取一定的技术措施，设法予以消除或者削弱，也可以对测量值进行必要的修正以减弱它的影响。

　　（2）随机误差

　　在对同一被测量的多次测量过程中，测量误差的分量以不可预知的方式变化的误差称为随机误差。在数值上，随机误差是测量结果减去在重复性条件下对同一被测量进行无限多次测量的结果的平均值。记测量结果为 x，随机误差 δ 可以表示为：

$$\delta = x - E(x) \qquad (9.11)$$

　　随机误差 δ 的期望与标准差分别为：$E(\delta) = E(x - E(x)) = 0$；$\sigma(\delta) \neq 0$。随机误差的大小和符号具有不确定性。

　　随机误差多来自难以控制的不确定随机因素。这些随机因素包括空气流动、温度起伏、电压波动、微小振动、电磁场干扰、实验者感觉器官的分辨能力、灵敏程度和仪器的稳定性等。假设系统误差已经修正且被测量本身稳定，则决定测量精度的主要因素就是随机误差。

　　在相同条件下对同一被测量进行大量的重复测量，可以发现绝大多数的随机误差服从一定的统计规律。按照概率密度的分布特点，可分为正态分布和非正态分布两大类。因此，可用概率统计的方法处理随机误差，以获得可靠的测量结果。通过增加测量次数可以减小随机误差的影响，但是不能完全消除随机误差。

　　（3）粗大误差

　　明显超出规定条件下预期结果的误差称为粗大误差，也称为过失误差。粗大误差的数值比较大，明显地歪曲测量结果，应当按照一定的判决准则予以剔除。产生粗大误差的原因很多，可能是某些突发性的因素或疏忽、测量方法不当、操作程序失误、读错示数或单位、记录或计算错误等。

　　在误差理论的研究范畴中，粗大误差属于不允许存在的误差。在没有充分依据时，不能仅凭主观意愿轻易地去掉含有粗大误差的测量数据，而应按照一定的统计准则判断后，慎重地予以剔除。判别粗大误差的常用方法有 3δ 准则、罗曼诺夫斯基准则、格拉布斯准则和狄克逊准则等。

需要注意的是，在一定的测量条件下，各误差是可以互相转化的。对于某项具体的误差，在一定的条件下可能表现为系统误差，在另一种条件下又可能表现为随机误差；反之亦然。如按一定基本尺寸制造的量块，由于存在着制造误差，某一个具体量块的制造误差具有确定的数值，可以认为是系统误差；但对一批量块而言，制造误差在一定的范围内又很可能是变化的，因此又成为随机误差。在使用某一量块时，如果没有检定出该量块的尺寸偏差，仅按照基本尺寸使用，那么制造误差成为随机误差；一旦检定出该量块尺寸偏差，当按实际尺寸使用时，制造误差又属于系统误差。掌握误差转化的特点有助于将系统误差转化为随机误差，通过数据的统计处理减小随机误差的影响，或将随机误差转化为系统误差，通过修正的方法减小该系统误差的影响。因此，一个具体的误差究竟属于哪一类，应根据所研究的实际问题和具体条件，经过分析和实验之后确定。

3. 按误差影响分类

误差按照数值（包括大小及符号）对测量结果的影响，可以分为确定性误差与不确定性误差。

（1）确定性误差

在测量过程中，将各次测量结果依次进行排列，称为测量列。

对某一被测量进行 n 次测量，假定测量列中各次测量误差的数值 δ 不变，均为不等于 0 的常数 c，即测量列 $\delta_i = c$（$i = 1, 2, \cdots, n$），则期望 $E(\delta) = c \neq 0$，标准差 $\sigma(\delta) = 0$。

常数 c 的负值就是修正值，当不对该修正值进行修正（通常称为修正值不修正）时，就产生一个确定性误差。如果使用部门或单位认为修正值甚小而无关紧要，并且一旦修正可能很麻烦时，就出现了修正值不修正的情况。如量块、角块、尺子和砝码等，尽管实际值有时已经通过检定得出，但使用部门或单位一般只使用它们的名义值。

确定性误差即常差。偏倚属于确定性误差。

（2）不确定性误差

测量时设误差列 $\delta_1, \delta_2, \cdots, \delta_n$ 为随机变量 δ 的取值。假定 δ 的特征值为期望 $E(\delta) = 0$，标准差 $\sigma(\delta) \neq 0$。不确定性误差 δ 单次测量的数值 δ 可大可小、可正可负，但期望（即平均值）总为 0。因此，其是期望为 0 的随机变量或中心化的随机变量，具有标准差和半不变量、偏态及峰态等特征量。

不确定性误差是可以用不确定度表征的误差，不确定度用于表示对符号未知的可能误差的评价。

（3）单向误差

确定性误差加不确定性误差为单向误差，用 δ 表示，可分解为：

$$\delta = E(\delta) + (\delta - E(\delta)) \tag{9.12}$$

式中，$E(\delta)$ 为 δ 的期望，是一个确定性误差，期望非 0、标准差为 0；$\delta - E(\delta)$ 为中心化的 δ，是一个不确定性误差，期望为 0、标准差非 0。从数值上看，$\delta - E(\delta)$ 的标准差等于 δ 的标准差。

实际工作中的单向误差可能具有正负号，一般称有一定符号的单向误差为定号误差。在测量过程中，修正值通常是通过公式计算出来的。计算公式可能带有不确定度，这时如果测量结果有修正值，由于修正值带有不确定度，当修正值不修正时就会形成单向误差。

9.1.3　误差的来源

在测量的过程中，误差的来源是多方面的，很多因素可能产生测量误差。在分析和计算测量误差时，不可能、也没有必要将所有因素及其引入的误差逐一计算出来，而是要着重分析引起测量误差的主要因素。

1. 测量设备误差

测量设备误差主要包括标准量具误差、仪器误差和附件误差。

（1）标准量具误差

标准量具误差是指以固定形式复现标准数值的器具，如标准量块、标准砝码和标准电阻等，它们本身体现的数值不可避免地存在误差，并将直接或间接地反映到测量结果中，进而形成测量装置误差。减小标准量具误差的方法是在选用基准器件时尽量使误差小一些。一般要求基准器件的误差占总误差的 1/10～1/3。

（2）仪器误差

仪器仪表直接或间接地将被测量和已知量进行比较。仪器误差包括的范围很广，如在设计测量仪器时采用近似原理而带来的测量原理误差、仪器零部件的制造误差与安装误差引入的固定误差、仪器出厂时标定不准确带来的标定误差、因读数分辨力有限造成的读数误差、模拟式仪表刻度的随机性引入的刻度误差、数字式仪器的量化误差、仪器内部噪声引起的误差、元器件老化与疲劳及环境变化造成的稳定性误差、仪器响应滞后引起的动态误差等。

装置误差是指测量装置在制造过程中由于设计、制造、装配、检定等的不完善，以及在使用过程中，由于元器件的老化、机械部件磨损和疲劳等因素产生的误差。测量装置误差按表现形式分为机构误差、调整误差和量值误差。

机构误差指设备在机理和结构方面存在的误差，如等臂天平的不等臂、线纹尺的分划质量低、量块表面的平面度误差、螺旋测微仪的空行程、零件连接间隙产生的隙动等。仪器或量具未能调整到理想状态（如不垂直、不水平、偏心或定向不准等）会产生调整误差。量值误差是由指示仪表导致的误差，或量值随时间变化的不稳定性，如激光波长的长期稳定性与短期稳定性、尺长的时效性、电阻的老化、晶体频率的长期漂移、量值的不均匀（如硬度块上不同位置处的不同硬度）等所引起的误差。

减小上述误差的主要措施是要根据具体的测量任务，选取正确的测量方法，合理地选择测量设备，尽量满足设备的使用条件和要求。

（3）附件误差

附件误差是指测量仪器的附件和附属工具产生的误差，如由测长仪的标准环规制造误差引入的测量误差等。

2. 测量方法误差

测量方法误差是由于测量方法不完善、测量理论不严密或采用近似原理等引起的误差。测量方法误差包括测量过程中对实际影响因素所引起的误差未能全面考虑，如电测量中的绝缘漏电、引线电阻的压降和平衡线路中的灵敏阈等；或者对某些计算过程或方法进行了不恰当的简化等，如用卷尺测量大型圆柱体的直径，再通过计算求出圆柱体的周长，由于圆周率 π 只能取近似值，因此将会引入误差。

3. 测量环境误差

测量环境误差是由于各种环境因素与规定的标准不一致造成的误差或在空间上的梯度及其随时间的变化引起测量设备的量值变化、机构失灵和相应位置改变等的误差。如在激光光波比长测量中，空气的温度、湿度、尘埃、大气压力等都影响空气的折射率，进而影响激光的波长产生测量误差。电子测量中的环境误差主要源于环境温度、电源电压和电磁干扰，高精度准直测量中的气流、振动也有一定的影响。

通常将测量仪器在规定的测量条件下所具有的误差称为基本误差，超出此条件的误差称为附加误差。减小测量环境误差的主要方法是改善测量条件，对各种环境因素加以控制，使测量条件尽量符合仪器要求，但这是以付出一定的经济代价为基础的。

4. 测量人员误差

由于测量人员主观因素，如技术熟练程度、生理与心理因素、反应速度和固有习惯等引起的误差称为测量人员误差。即使在同一条件下使用同一台仪器进行重复测量，也可能得出不同的结果。如记录某一信号时，测量人员有滞后或超前的趋向，对准标志读数时习惯偏向某一方向等。

为了减小测量人员误差，要求测量人员认真了解测量仪器的特性和测量原理，熟练掌握测量规程，精心进行测量操作，并正确处理测量结果。

5. 被测量的误差

被测量的误差是指被测量定义的不完善、被测量定义实现不理想等产生的误差。对被测量非代表性的抽样或被测量本身的变化有时也应当作为误差因素考虑。

总之，误差来源复杂多样，在进行测量和计算测量结果时，要对上述几个方面的误差进行全面分析，力求做到不遗漏、不重复。对误差来源的研究是测量精度分析的依据，也是减小测量误差和提高测量精度的必经之路。

9.2   测量结果的评价和数据处理

9.2.1   测量结果的评价

测量结果通常用测量精度和测量结果的不确定度来进行评价。

1. 测量精度评价的常用术语

（1）精密度

测量的精密度是指在相同条件下，对被测量进行多次重复测量，测量值之间的一致或符合程度。从测量误差的角度来看，精密度反映的是测量值中的随机误差。精密度高不一定正确度高。也就是说尽管测量值的随机误差小，但其系统误差不一定小。

（2）正确度

测量的正确度是指被测量的测量值与真值的接近程度。从测量误差的角度来看，正确度反映的是测量值的系统误差。正确度高，不一定精密度高。也就是说尽管测量值的系统误差小，但其随机误差不一定小。

（3）精确度

测量的精确度亦称准确度，是指被测量的测量值之间的一致程度及其与真值之间的接近程度，即精密度和正确度的综合。从测量误差的角度来看，精确度是测量值的随机误差和系统误差的综合反映。通常说的测量精度或计量器具的精度，一般指精确度而非精密度，实际上"精度"已成为"精确度"在习惯上的简称。实际工作中对计量结果的评价多是综合性的，只有在某些特定的场合才仅对精密度或正确度单独进行评价。

下面以图 9.1 所示的打靶弹着点为例，来进一步阐述上述 3 个术语的含义。

图 9.1 中，用靶心表示真值的位置，黑点为每次打靶后测量值的位置。图 9.1（a）表示射击的正确度高但精密度较差，即随机误差较大；图 9.1（b）表示射击的精密度高但正确度较差，即系统误差较大；图 9.1（c）表示的是精密度和正确度都比较好，称为精确度高，这时随机误差和系统误差都比较小。JJF 1001—2011《通用计量术语及定义》中强调，"精确度"和"正确度"不是一个量，不能用数值表示；"精密度"通常用不精密程度，以数字形式表示，如规定测量条件下的标准偏差等。

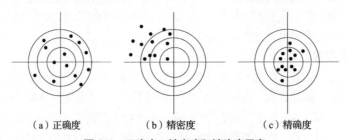

（a）正确度   （b）精密度   （c）精确度

图 9.1   正确度、精密度和精确度示意

2.　测量不确定度的常用术语

测量不确定度是测量结果中无法修正的部分，是评价测量水平的一个重要质量指标。不确定度大，则测量结果的使用价值低；不确定度小，则测量结果的使用价值高。几个常用的测量不确定度术语如下。

（1）标准不确定度

以标准差表示测量结果的不确定度，用 u 表示。

（2）A 类评定

由观测列的统计分析所进行的不确定度评定。

（3）B 类评定

由不同于观测列的统计分析所进行的不确定度评定。

（4）合成标准不确定度

当测量结果由若干个其他量的值求得时，按其他量的方差或协方差计算出的测量结果的标准不确定度，通常以 u_c 表示。

（5）扩展不确定度

扩展不确定度也称展伸不确定度，是一个确定测量结果区间的量，使被测量的值大部分位于其中，由合成标准不确定度乘以包含因子得到，通常以 U 表示。

（6）自由度

求不确定度所用总和中独立项的个数，即总和项数减去其中受约束项的个数。自由度越大，则标准差越可信赖，通常以 v 表示。

（7）包含因子

为求得扩展不确定度，对合成标准不确定度所乘的数字因子。由 t 分布的临界 $t_p(v)$ 给出，通常取 2～3，以 k 或 k_p 表示。

（8）置信概率

扩展不确定度所确定的测量结果区间，包含合理地赋予被测量值分布的概率。

3.　测量不确定度与误差的关系

测量不确定度和误差是误差理论中的两个重要概念。测量不确定度和误差的相同点在于，两者都是评价测量结果质量高低的重要指标。测量不确定度是测量结果本身就带有的一个参数，用于表征合理地赋予被测量之值的分散性。测量误差则是指测量值与被测量的真值之差。误差是不确定度研究的基础，计算不确定度需要从分析误差的性质和规律入手，才能够更好地估计不确定度分量的数值。

测量不确定度和误差之间也有明显的差别。

（1）从定义上讲，误差是测量结果与真值之差，以真值或约定真值为中心；而测量不确定度是以被测量的估计值为中心。因此误差难以准确地量化；而不确定度则是反映人们对测量认识不足的程度，可以定量地进行评定。

（2）从分类来看，误差一般分为系统误差、随机误差和粗大误差，但由于各误差之间并不存在绝对的界限，因此在不同误差的分类判别和计算时不易准确地掌握；测量不确定度则不按性质进行分类，而是按照评定方法分为 A 类评定和 B 类评定两大类。

总之，两类评定方法本身并没有优劣之分，应当结合实际情况的可能性合理选择采用哪一种具体的评定方法，并且还要便于在分析、计算中进行合理的评定。

9.2.2　测量结果的数据处理

在不同的应用条件下，测量结果的数据处理具有不同的目的。

1.　参数测量结果的数据处理

在这种情况下，数据处理的目的是求出未知参数的数值并评定其所含有的误差。不同测量类型的数据处理方法往往不同。例如直接测量的数学处理方法，在古典误差理论中是利用随机误差的正态分布曲线（高斯曲线）引出一系列公式，计算未知参数的最可信赖值及其误差；对于间接测量，数据处理的任务则是根据已知函数关系求出未知参数，并根据各部分误差（误差分量）求出间接测量的误差；当测量结果中既有系统误差，又有随机误差时，还需要利用误差合成的相关理论求出综合误差指标。

2. 测试系统标定实验的数据处理

在对传感器进行静态标定、动态标定实验时，数据处理的目的是建立传感器测试系统的数学模型，计算性能指标，并最后检查所建立的数学模型与实验结果是否吻合。

从实验结果建立数学模型过程的实质是回归分析，进而计算性能指标。在静态标定中应当给出静态数学模型与静态性能指标；在动态标定中则应当给出动态数学模型与动态性能指标。对静态数学模型而言，常见的数学模型有直线方程、一般线性模型、多项式模型、各种指数和对数非线性模型等；动态数学模型则有两大类，即非参数模型和参数模型。由于动态测量可以从时域和频域两个维度进行分析，相应的动态数学模型也有时域和频域两种不同的表达形式。在时域内，单位脉冲响应、单位阶跃响应属于参数模型，且时域内的参数模型有微分方程、传递函数和状态方程等；在频域内，频率响应属于非参数模型。

建立数学模型的常用方法是利用各学科领域提出的物质与能量的守恒性和连续性原理及系统的结构尺寸等，推演出描述系统的数学模型，如偏微分方程、常微分方程等。这种方法只能用于建立简单系统的数学模型；对于复杂的测试系统，用这种方法建立数学模型一般过于复杂，有时候甚至是不可能建立的，因此它的适用范围受到很大限制。利用测试数据建立数学模型的理论和方法逐渐得到人们的重视，这种方法称为系统辨识法。

最后还要指出误差补偿在数据处理工作中的重要性。分析误差的目的是减小误差、提高精度，尤其对传感器测试系统的标定而言，误差补偿是有效提高系统性能的重要途径。

9.3　测量不确定度评定

测量不确定度是指测量结果变化的不确定性，是表征被测量的真值在某个量值范围的一个估计，是测量结果含有的一个参数，用以表示被测量值的分散性。这种测量不确定度的定义表明，一个完整的测量结果应包含被测量值的估计与分散性参数两部分。例如被测量 Y 的测量结果为 $y \pm U$，其中 y 是被测量值的估计，它具有的测量不确定度为 U。显然，在测量不确定度的定义下，被测量的测量结果所表示的并非为一个确定的值，而是分散的无限个可能值所处的一个区间。

根据测量不确定度定义，在测量实践中如何对测量不确定度进行合理的评定，这是必须解决的基本问题。对于一个实际测量过程，有多方面因素影响测量结果的精度，因此测量不确定度一般包含若干个分量，各不确定度分量不论性质如何，皆可用两类方法进行评定，即 A 类评定与 B 类评定。其中一些分量由一系列观测数据的统计分析来评定，称为 A 类评定；另一些分量不是用一系列观测数据的统计分析来评定，而是基于经验或其他信息所认定的概率分布来评定，称为 B 类评定。所有的不确定度分量均用标准差表征，它们或由随机误差引起，或由系统误差引起，都对测量结果的分散性产生相应的影响。

9.3.1　测量不确定度的评定方法

1. 测量不确定度的计算步骤

为了对测量结果进行不确定度评定，可采取如下计算步骤。

（1）分析所有测量不确定度的来源，列出其中对测量结果影响显著的不确定度分量。

（2）计算标准不确定度分量，给出评定的数值 u_i 及其自由度 ν_i。

（3）分析所有不确定度分量之间的相关性，确定各相关系数 ρ_{ij}。

（4）求出测量结果的合成标准不确定度 u_c 及其自由度 v。

（5）若需要给出扩展不确定度，则需将合成标准不确定度 u_c 乘以包含因子 k，得到扩展不确定度 $U = ku_c$。

（6）给出不确定度的最后报告，以规定的方式给出被测量的估计值及合成标准不确定度 u_c 或扩展不确定度 U，并说明细节。

2．标准不确定度的评定

用标准差表征的不确定度，称为标准不确定度，用 u 表示。测量不确定度所包含的若干个不确定度分量，均是标准不确定度分量，用 u_i 表示，其评定方法如下。

（1）标准不确定度的 A 类评定

A 类评定是用统计分析法评定，其标准不确定度 u 等于由系列观测值获得的标准差 σ，即 $u=\sigma$。标准差 σ 的基本求法有贝塞尔法、别捷尔斯法、极差法、最大误差法等。

当被测量 Y 取决于其他 N 个量 $X_1, X_2, \cdots, X_N$ 时，则 Y 的估计值 y 的标准不确定度 u_y 将取决于 X_i 的估计值 x_i 的标准不确定度 u_{xi}，为此要首先评定 x_i 的标准不确定度 u_{xi}。其方法是，在其他 X_j（$j \neq i$）保持不变的条件下，仅对 X_i 进行 n 次等精度独立测量，用统计分析法由 n 个观测值求得单次测量标准差 σ_i，则 x_i 的标准不确定度 u_{xi} 的数值按下列情况分别确定：如果用单次测量值作为 X_i 的估计值 x_i，则 $u_{xi}=\sigma_i$；如果用 n 次测量的平均值作为 X_i 的估计值 x_i，则 $u_{ni} = \sigma_i / \sqrt{n}$。

（2）标准不确定度的 B 类评定

B 类评定不用统计分析法，而是基于其他方法估计概率分布或分布假设来评定标准差并得到标准不确定度。B 类评定在不确定度评定中占有重要地位，因为有的不确定度无法用统计分析法来评定，或者虽可用统计分析法，但不经济可行，所以在实际工作中，采用 B 类评定居多。

设被测量 X 的估计值为 x，其标准不确定度的 B 类评定是借助于影响 x 可能变化的全部信息进行科学判定的。这些信息可能是：以前的测量数据、经验或资料；有关仪器和装置的一般知识；制造说明书和检定证书或其他报告所提供的数据；由手册提供的参考数据等。为了合理使用信息，正确进行标准不确定度的 B 类评定，要求有一定的经验及对一般知识有透彻的了解。

采用 B 类评定，需先根据实际情况分析，对测量值进行一定的分布假设，可假设为正态分布，也可假设为其他分布，有下列几种常见情况。

① 当估计值 x 受到多个独立因素影响，且影响大小相近，则假设为正态分布，由所取置信概率 p 的分布区间半宽 a 与包含因子 k_p 来估计标准不确定度，即

$$u_x = \frac{a}{k_p} \qquad (9.13)$$

式中，包含因子 k_p 的数值可由正态分布积分表查得。

② 当估计值 x 取自有关资料，所给出的测量不确定度 U_r 为标准差的 k 倍时，则其标准不确定度为

$$u_x = \frac{U_r}{k} \qquad (9.14)$$

③ 若根据信息，已知估计值 x 落在区间 $(x-a, x+a)$ 内的概率为 1，且在区间内各处出现的机会相等，则 x 服从均匀分布，其标准不确定度为

$$u_x = \frac{a}{\sqrt{3}} \qquad (9.15)$$

④ 当估计值 x 受到两个独立且皆具有均匀分布的因素影响，则 x 服从在区间 $(x-a, x+a)$ 内的三角

分布，其标准不确定度为

$$u_x = \frac{a}{\sqrt{6}} \tag{9.16}$$

⑤ 当估计值 x 服从在区间 $(x-a,x+a)$ 内的反正弦分布，则其标准不确定度为

$$u_x = \frac{a}{\sqrt{2}} \tag{9.17}$$

（3）自由度

根据概率论与数理统计所定义的自由度，在 n 个变量 v_i 的平方和 $\sum_{i=1}^{n} v_i^2$ 中，如果 n 个 v_i 之间存在着 k 个独立的线性约束条件，即 n 个变量中独立变量的个数仅为 $n-k$，则称平方和 $\sum_{i=1}^{n} v_i^2$ 的自由度为 $n-k$。因此若用贝塞尔公式计算单次测量标准差 σ，式中 $\sum_{i=1}^{n} v_i^2 = \sum_{i=1}^{n} (x_i - \bar{x})^2$ 的 n 个变量之间存在唯一的线性约束条件 $\sum_{i=1}^{n} v_i = \sum_{i=1}^{n} (x_i - \bar{x}) = 0$，故平方和 $\sum_{i=1}^{n} v_i^2$ 的自由度为 $n-1$，则由贝塞尔公式计算的标准差 σ 的自由度也等于 $n-1$。由此可以看出，系列测量的标准差的可信赖程度与自由度有密切关系，自由度愈大，标准差愈可信赖。由于不确定度用标准差来表征，因此不确定度评定的质量如何，也可用自由度来说明。每个不确定度都对应着一个自由度，并将不确定度计算表达式中总和所包含的项数减去各项之间存在的约束条件数，所得差值称为不确定度的自由度。

3. 扩展不确定度的确定

实际工作中，经常要求给出的测量结果区间包含被测量的真值具有一定的置信概率，即给出一个测量结果的区间，使被测量的值大部分位于其中，这时可以使用扩展不确定度表示测量结果。

扩展不确定度由合成标准不确定度 u_c 乘以包含因子 k 得到，它是为了满足提供测量结果一个区间的要求而附加的不确定度，记为 U。

$$U = ku_c \tag{9.18}$$

k 的选取基于区间 $y-U$ 至 $y+U$ 的置信概率，由 t 分布表查出：

$$k = t_p(v) \tag{9.19}$$

式中，v 是合成标准不确定度 u_c 的自由度。

由此可见，计算扩展不确定度的关键环节是确定包含因子。包含因子的计算方法主要有自由度法、简易法和超越系数法 3 种。

（1）自由度法

在根据自由度计算扩展不确定度时，包含因子 k 与被测量估计值 y 的分布有关。当可以按中心极限定理估计为接近正态分布时，k 可以采用 t 分布的临界值按下面的步骤进行计算。

① 计算测量结果的估计值 y，然后求出合成标准不确定度 $u_c(y)$。

② 由韦尔奇-萨特斯韦特公式计算有效自由度 v_{eff}。

$$v_{\text{eff}} = \frac{u_c^4}{\sum_{i=1}^{N} \dfrac{u_i^4}{v_i}} \tag{9.20}$$

式中，N 为不确定度分量的分数；v_i 为各标准不确定度分量 u_i 的自由度。

③ 根据所需的置信概率 p 与有效自由度 v_{eff}，查 t 分布表得到临界值 $t_p(v_{\text{eff}})$。如果 v_{eff} 为非整数，则可以通过内插求出 $t_p(v_{\text{eff}})$，或将 v_{eff} 切断至较小的整数求出 $t_p(v_{\text{eff}})$。

④ 取 $k_p = t_p(v_{\text{eff}})$，由此确定包含因子的值。

⑤ 计算扩展不确定度 $U_p = k_p u_c(y)$。

v_{eff} 充分大时，可近似认为 $k_{95} = 2$，$k_{99} = 3$，进而分别得到 $U_{95} = 2u_c(y)$，$U_{99} = 3u_c(y)$。

一般采用的置信概率 p 为 95%和 99%。在多数情况下采用 p=99%；对某些测量标准的检定或校准，根据有关规定也采用 p=99%。

（2）简易法

有些情况下由于缺少资料而难以确定每一个分量的自由度，则总的自由度无法算出，因此不能确定包含因子 k 的值，一般情况下可取包含因子 k=2～3。

在实际工作中，如果对 y 可能值的分布作出正态分布的估计，虽然未计算 v_{eff}，但当可估计值并不太小时，则 $U = 2u_c(y)$ 大约是置信概率近似为 95%的区间的半宽。

如果可以确定 y 可能值的分布不是正态分布，而是接近其他某种分布，则不应按 k=2～3 或 $k_p = t_p(v_{\text{eff}})$ 计算 U 或 U_p。例如，当 y 可能值近似为矩形分布时，则包含因子 k_p 与 U_p 之间的关系为：对于 U_{95}，$k_p = 1.65$；对于 U_{99}，$k_p = 1.71$。

（3）超越系数法

当自由度的信息无法获得，而测量列为对称分布时，可以通过事先求得该分布函数的四阶矩即超越系数，再根据包含因子与超越系数之间的关系计算出包含因子。

设有若干个不确定度分量 u_i，每个分量的分布都对称，其超越系数记为 γ_i，合成标准不确定度为 u_c，则合成分布的超越系数 γ 为：

$$\gamma = \sum_{i=1}^{n} \gamma_i u_i / u_c^4 \tag{9.21}$$

各种常见对称分布在 4 种置信概率 p 的包含因子 k 与超越系数 γ 之间的对应关系如表 9.1 所示。如果确定了未知分布的超越系数 γ，则可以获得一个包含因子 k，进而求取扩展不确定度。

表9.1　合成分布的包含因子 k 与超越系数 γ

分布方式	超越系数 γ	包含因子 k			
		p=1.0	p=0.9973	p=0.99	p=0.95
正态分布	0	∞	3.00	2.58	1.96
	0.1	—	2.89	2.52	1.95
	0.2	—	2.77	2.45	1.94
正态分布	0.3	—	2.66	2.39	1.93
	0.4	—	2.55	2.38	1.92
	0.5	—	2.43	2.26	1.91
三角分布	0.6	2.45	2.32	2.20	1.90
	0.7	2.34	2.24	2.14	1.86
	0.8	2.22	2.15	2.08	1.83
	0.9	2.11	2.00	2.01	1.80
椭圆分布	1.0	2.00	1.98	1.95	1.76
	1.1	1.86	1.86	1.83	1.70
均匀分布	1.2	1.73	1.73	1.71	1.65
	1.3	1.62	1.62	1.61	1.57
	1.4	1.52	1.52	1.51	1.49
	1.5	1.41	1.41	1.41	1.41
	1.6	1.33	1.33	1.33	1.33
反正弦分布	1.7	1.25	1.25	1.25	1.25
	1.8	1.16	1.16	1.16	1.16
	1.9	1.08	1.08	1.08	1.08
两点分布	2.0	1.00	1.00	1.00	1.00

4．测量不确定度的合成

当测量结果受多种因素影响形成了若干个不确定度分量时，测量结果的标准不确定度用各标准不确定度分量合成后所得的合成标准不确定度 u_c 表示。为了求得 u_c，首先需分析各种影响因素与测量结果的关系，以便准确评定各不确定度分量，然后才能进行合成标准不确定度计算，如在间接测量中，被测量 Y 的估计值 y 由 N 个其他量的测量值 $x_1, x_2, \cdots, x_N$ 的函数求得，即

$$y = f(x_1, x_2, \cdots, x_N)$$

且各直接测量值 x_i 的标准不确定度为 u_{xi} ，它对被测量估计值影响的传递系数为 $\partial f / \partial x_i$ ，则由 x_i 引起 y 的标准不确定度分量为

$$u_i = \left| \frac{\partial f}{\partial x_i} \right| u_{xi} \qquad (9.22)$$

而 y 的不确定度 u_y 应是所有不确定度分量的合成，用合成标准不确定度 u_c 来表征，计算公式为

$$u_c = \sqrt{\sum_{i=1}^{N} \left(\frac{\partial f}{\partial x_i} \right)^2 (u_{xi})^2 + 2 \sum_{1<i<j}^{N} \frac{\partial f}{\partial x_i} \frac{\partial f}{\partial x_j} \rho_{ij} u_{xi} u_{xj}} = \sqrt{\sum_{i=1}^{N} u_i^2 + 2 \sum_{1<i<j}^{N} \rho_{ij} u_i u_j} \qquad (9.23)$$

式中，ρ_{ij} 为任意两个直接测量值 x_i 与 x_j 不确定度的相关系数。

若 x_i 、x_j 的不确定度相互独立，即 $\rho_{ij} = 0$ ，则合成标准不确定度计算公式（9.23）可表示为

$$u_c = \sqrt{\sum_{i=1}^{N} \left(\frac{\partial f}{\partial x_i} \right)^2 u_{xi}^2} = \sqrt{\sum_{i=1}^{N} u_i^2} \qquad (9.24)$$

当 $\rho_{ij} = 1$ 且 $\partial f / \partial x_i$ 、$\partial f / \partial x_j$ 同号，或 $\rho_{ij} = -1$ 且 $\partial f / \partial x_i$ 、$\partial f / \partial x_j$ 异号，则合成标准不确定度计算公式（9.23）可表示为

$$u_c = \sum_{i=1}^{N} \left| \frac{\partial f}{\partial x_i} \right| u_{xi} \qquad (9.25)$$

若引起不确定度分量的各种因素与测量结果之间为简单的函数关系，则应根据具体情况按 A 类评定或 B 类评定来确定各不确定度分量 u_i 的值，然后按上述不确定度合成方法求得合成标准不确定度。如当

$$y = x_1 + x_2 + \cdots + x_N$$

则

$$u_c = \sqrt{\sum_{i=1}^{N} u_{xi}^2 + 2 \sum_{1<i<j}^{N} \rho_{ij} u_{xi} u_{xj}} \qquad (9.26)$$

用合成标准不确定度作为被测量 Y 估计值 y 的测量不确定度，其测量结果可表示为

$$Y = y \pm u_c \qquad (9.27)$$

9.3.2　测量结果的不确定度报告

1. 测量结果的报告形式

（1）详细给出原始测量数据。

（2）描述被测量估计值及其不确定度评定的方法。

（3）列出所有不确定度分量、自由度及相关系数，并说明它们是如何得出的。

（4）提供数据分析的方法，使每个重要步骤易于效仿。

（5）给出用于分析的全部常数、修正值及其来源。

对上述信息要逐条检查，确认是否清楚和充分。如果增加了新的信息或数据，还要进一步考虑是否会得到新的结果。

2. 测量结果的表示方式

测量结果一般分为合成标准不确定度和扩展不确定度两种表示方式。

对于合成标准不确定度的表示：其主要用于基础计量学研究、基本物理常量测量和复现国际单

位制的国际对比等。需要报告的基本内容如下。

（1）说明被测量 Y 是如何定义的。

（2）给出被测量 Y 的估计值 y 及其合成标准不确定度 $u_c(y)$，并给出相应的单位。

（3）如果需要，还应当给出相对合成标准不确定度 $u_c(y)/|y|$，其中 $|y| \neq 0$。

（4）如果用户对测量结果还有进一步要求，如要求计算包含因子或了解测量过程，还应当给出更加详细的信息，或者公开包含这些信息的有关文件，例如估计的有效自由度 v_{eff}、A 类或 B 类评定的合成标准不确定度、估计的有效自由度等。

（5）如果测量过程同时需要确定两个或多个输出量的估计值 y_i，则还应给出协方差或相关系数。

以标称值为 100g 的标准砝码 m_s 为例，假定测量结果为 100.02147g，合成标准不确定度 $u_c(m_s)$ 为 0.35mg，则测量结果可以表示为以下几种形式。

形式 1：$m_s =$ 100.02147g，合成标准不确定度为 $u_c(m_s)=$ 0.35mg。

形式 2：$m_s =$ 100.02147（35）g，括号内的数为合成标准不确定度的值，其末位与所述结果的末位对齐。

形式 3：$m_s =$ 100.02147（0.00035）g，括号内的数为合成标准不确定度的值，与所述结果有相同的计量单位。

形式 4：$m_s =$（100.02147±0.00035）g，其中加减号后面的数不表示置信区间，而是合成标准不确定度的值。

需要说明的是，形式 2 的表示方式最为简洁，建议采用；但形式 4 要尽量避免，因为传统上它用以表示高置信概率的区间，这样很可能与扩展不确定度相混淆。

对于扩展不确定度的表示：当测量结果是用扩展不确定度 $U = ku_c(y)$ 度量时，应按下列方式表示。

① 说明被测量 Y 是如何定义的。

② 给出被测量 Y 的估计值 y，写出测量结果 $Y=y \pm U$，并注明相应的单位。

③ 如果需要，也可以给出相对扩展不确定度 $U_{rel} = U/|y|$，其中 $|y| \neq 0$。

④ 给出获得扩展不确定度所用包含因子 k 的值，为了用户方便，最好同时给出合成标准不确定度 $u_c(y)$。

⑤ 给出与区间（$y-U,y+U$）相关的置信概率 p，并说明它是如何确定的。

⑥ 如果用户对测量结果还有进一步要求，还应给出以下信息，或者介绍包含这些信息的有关文件，例如估计的有效自由度 v_{eff}、A 类评定与 B 类评定的合成标准不确定度及其有效自由度。

扩展不确定度 U 的报告可用下面两种形式之一来说明测量结果。

形式 1：以标称值为 100g 的标准砝码 m_s 为例，测量的估计值 $y=$100.02147g，相应的合成标准不确定度 $u_c = 0.35$mg。

形式 2：测量结果表示为 $m_s =$（100.02147 ± 0.0079）g，其中加减号后面的数值是扩展不确定度 $U = ku_c$，而 U 是由合成标准不确定度 $u_c = 0.35$mg 和包含因子 $k=2.26$ 确定的，k 的取值是基于自由度 $v=9$ 的 t 分布，置信概率为 95%。

3. 测量结果的有效数字位数

测量结果的不确定报告中合成标准不确定度 $u_c(y)$ 和扩展不确定度 U（或它们的相对形式）的有效位数一般为两位。在计算过程中的不确定度可以适当多取一些，以减小后面计算的舍入误差。

在报告最终结果时，有时可将不确定度的后几位数字进位而不是舍弃。

例如，$u_c(y) = 10.47$mΩ 可进位到 11mΩ，但一般舍弃为 10mΩ 也是可以的。

对于输出、输入的估计值，应舍入到与其不确定度末位的数字对齐。

如 $y=10.05762\Omega$，$u_c(y)=0.027\Omega$ 则应将 y 进位至 10.058Ω。如果相关系数的绝对值接近 1，则一般应给出 3 位有效数字。

总之，测量不确定度用合成标准不确定度表示时，应给出合成标准不确定度 u_c 及其自由度 v。当测量不确定度用扩展不确定度表示时，除给出扩展不确定度 U 外，还应该说明它计算时所依据的合成标准不确定度 u_c、自由度 v、置信概率 p 和包含因子 k。

为提高测量结果的使用价值，在不确定度报告中，应尽可能提供更详细的信息。例如，给出原始观测数据；描述被测量估计值及其不确定度评定的方法；列出所有的不确定度分量、自由度及相关系数，并说明它们是如何获得的。

习题

1. 在一元线性回归分析中，若规定回归方程必须过坐标系原点，尝试建立这一类回归问题的数学模型并推导回归方程系数的计算公式。

2. 在重复试验的回归分析问题中，设变量 x 取 N 个试验点，每个试验点处对变量 y 重复观测 m 次，求证：用全部 mN 个数据点求出的 y 对 x 回归方程与用 y 平均值的 N 个数据点求出的 y 对 x 回归方程相同。问：若在 x 的各个试验点处对 y 重复观测的次数不等，用上述两种方法求出回归方程是否相同？

3. 下表给出在不同质量下弹簧长度的观测值（设质量的观测值无误差）。

质量/g	5	10	15	20	25	30
长度/cm	7.24	8.12	8.95	9.91	10.92	11.80

（1）绘制散点图，观察质量与长度之间是否呈线性关系。

（2）求弹簧的刚性系数和自由状态下的长度。

4. 用直线检验法验证下列数据可以用曲线 $y=ax^b$ 表示。

x	1.585	2.512	3.979	6.310	9.988	15.85
y	0.03162	0.02291	0.02089	0.01950	0.01862	0.01513

5. 用多元回归分析方法，由下表所列数据确定 y 对 x 的回归曲线 $\hat{y}=b_0+b_1x_1+b_2x_2$。

x	0	1	2	3	4	5	6	7	8	9
y	9.2	7.1	3.2	4.6	4.8	2.9	5.6	7.1	8.7	10.2

6. 伽利略时代的物理学家为了研究重力加速度，曾观测小球沿斜面自由滚下的运动规律。假设在倾角 $10°$ 的斜面上观察小球自静止状态开始滚动，经过 1s、1.5s、2s、2.5s、3s、3.5s、4s，滚过的距离分别为 0.87m、1.90m、3.38m、5.42m、7.70m、10.37m、13.63m，试确定小球的运动方程并由此计算重力加速度的值。

7. 某圆球的半径为 r，若重复 10 次测量得 $r\pm\sigma_r=(3.132\pm0.005)\,\text{cm}$，试求该圆球的最大截面。

8. 已知两个独立测量值的标准不确定度和自由度分别为 $u_1=10$，$v_1=10$；$u_2=10$，$v_2=1$，求扩展不确定度。

9. 某校准证书说明，标称值 10Ω 的标准电阻器的电阻 R 在 20℃时为（10.0007422 ± 129）$\mu\Omega$（p=99%），求该电阻的标准不确定度，并说明属于哪一类评定的不确定度。

10. 校准证书说明，名义值 1kg 的不锈钢质量标准的质量 m=1000.000325g，该值的不确定度按 3 倍标准差为 240μg。求此不锈钢质量 B 类评定的不确定度。

参考文献

[1] 樊尚春. 传感器技术及应用[M]. 4版. 北京：北京航空航天大学出版社，2022.

[2] 钱政，王中宇，屈玉福，等. 误差理论与数据处理[M]. 2版. 北京：科学出版社，2022.

[3] 蒋亚东，太惠玲，谢光忠，等. 敏感材料与传感器[M]. 北京：科学出版社，2016.

[4] 蒋亚东，谢光忠. 敏感材料与传感器[M]. 成都：电子科技大学出版社，2008.

[5] 陈艾. 敏感材料与传感器[M]. 北京：化学工业出版社，2004.

[6] 郭国聪，姚元根，吴克琛，等. 结构敏感功能材料的基础研究[J]. 化学进展，2001（2）：151-155.

[7] 张建辉. 硅基微压力传感器关键工艺研究[D]. 湖南：国防科学技术大学，2005.

[8] 张胜兵. 多孔硅相对湿度传感器的研究[D]. 合肥：合肥工业大学，2015.

[9] 蒙彦宇. 压电智能传感驱动器力学性能及其应用[M]. 武汉：武汉大学出版社，2016.

[10] 邓甲昊，侯卓，陈慧敏. 新型磁探测技术[M]. 北京：北京理工大学出版社，2019.

[11] 娄春华，刘喜军，张哲. 聚合物结构与性能[M]. 哈尔滨：哈尔滨工程大学出版社，2016.

[12] 甘小荣，赵慧敏. 二维纳米材料传感检测与环境监测[M]. 北京：化学工业出版社，2022.

[13] GIUSTINO F, LEE J H, TRIER F, et al. The 2021 quantum materials roadmap[J]. Journal of Physics-Materials, 2020, 3(4): 042006.

[14] 苏巴斯·钱德拉·穆科霍达耶，塔里库尔·伊斯拉姆. 可穿戴传感器[M]. 北京：机械工业出版社，2020.

[15] 中国科协学会学术部，中国科协学会服务中心. 柔性智能可穿戴技术的未来[M]. 北京：中国科学技术出版社，2018.

[16] 李华，朱雨田，赵桂艳. 导电高分子基柔性应变传感材料研究进展[J]. 辽宁石油化工大学学报，2022，42（02）：44-49.

[17] 阮小莹，贾可，王胜男，等. 可穿戴拉伸传感织物的研究进展[J]. 传感器与微系统，2021，40（10）：10-13.

[18] 王泽鸿. 柔性电子织物材料的微结构设计及功能化应用研究[D]. 上海：东华大学，2021.

[19] 张玲. 基于表面改性的柔性印刷传感器的制备与性能研究[D]. 哈尔滨：哈尔滨工业大学，2022.

[20] 孙立涛，万树. 石墨烯基传感器件[M]. 上海：华东理工大学出版社，2020.

[21] 朱宏伟，杨婷婷，姜欣，等. 石墨烯传感器及其在物联网中的应用[M]. 北京：化学工业出版社，2021.

[22] 唐文彦. 传感器[M]. 北京：机械工业出版社，2014.

[23] LEE C, WEI X, KYSAR J W, et al. Measurement of the elastic properties and intrinsic strength of monolayer graphene[J]. science, 2008, 321(5887): 385-388.

[24] BUNCH J S, VAN DER ZANDE A M, VERBRIDGE S S, et al. Electromechanical resonators from graphene sheets[J]. Science, 2007, 315(5811): 490-493.

[25] SORKIN V, ZHANG Y W. Graphene-based pressure nano-sensors[J]. Journal of molecular modeling, 2011, 17: 2825-2830.

[26] KOEING S P, BODDETI N G, DUNN M L, et al. Ultrastrong adhesion of graphene membranes[J]. Nature Nanotechnology, 2011, 6(9): 543-546.

[27] GOLDSCHE M, SONNTAG J, KHODKOV T, et al. Tailoring mechanically tunable strain fields in graphene[J]. Nano Letters, 2018, 18(3): 1707-1713.

[28] NAIR R R, BLAKE P, GRIGORENKO A N, et al. Fine structure constant defines visual transparency of graphene[J]. Science, 2008, 320(5881): 1308-1308.

[29] CASIRAGHI C, HARTSCHUH A, LIDORIKIS E, et al. Rayleigh imaging of graphene and graphene layers[J]. Nano Letters, 2007, 7(9): 2711-2717.

[30] BONACCORSO F, SUN Z, HASAN T, et al. Graphene photonics and optoelectronics[J]. Nature Photonics, 2010, 4(9): 611-622.

[31] BALANDIN A A, GHOSH S, BAO W, et al. Superior thermal conductivity of single-layer graphene[J]. Nano Letters, 2008, 8(3): 902-907.

[32] CI H, CHEN J, MA H, et al. Transfer‑free quasi‑suspended graphene grown on a Si Wafer[J]. Advanced Materials, 2022, 34(51): 2206389.

[33] COCCO G, CADELANO E, COLOMBO L. Gap opening in graphene by shear strain[J]. Physical Review B, 2010, 81(24): 241412.

[34] WAN S, ZHU Z, YIN K, et al. A highly skin-conformal and biodegradable graphene-based strain sensor[J]. Small Methods, 2018, 2(10)：1700374.

[35] WAN S, BI H, ZHOU Y, et al. Graphene oxide as high- performance dielectric materials for capacitive pressure sensors[J]. Carbon, 2017, 114：209-216.

[36] PARK Y, SHIM J, JEONG S, et al. Microtopography-guided conductive patterns of liquid-driven graphene nanoplatelet networks for stretchable and skin-conformal sensor array[J]. Advanced Materials, 2017, 29(21): 1606453.

[37] 李念强, 魏长智, 潘建军, 等. 数据采集技术与系统设计[M]. 北京: 机械工业出版社, 2009.

[38] 肖忠祥. 数据采集原理 [M]. 西安: 西北工业大学出版社, 2001.

[39] 周林, 陈燕东, 张玉强, 等. 数据采集与分析技术[M]. 2版. 西安: 西安电子科技大学出版社, 2005.

[40] 马明建. 数据采集与处理技术（上册）[M]. 西安: 西安交通大学出版社, 2012.